JN247035

（ a ） 上面から（→本文p.10）

（ b ） 下面から

口絵 1　RC床版の最終破壊状況（陥没破壊）

試験機の全容（走行台車とクランク装置）
（→本文p.15）

口絵 2　床版用輪荷重走行試験機—初代GONGORO—

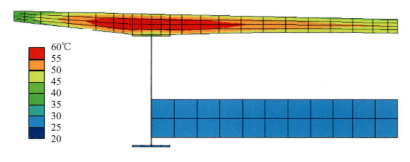

（a）床版内部の温度分布（→本文p.115）

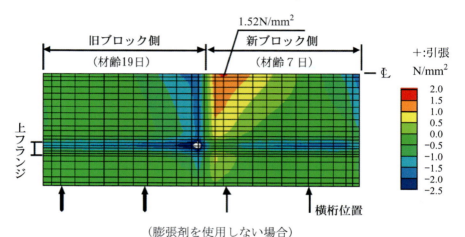

（膨張剤を使用しない場合）

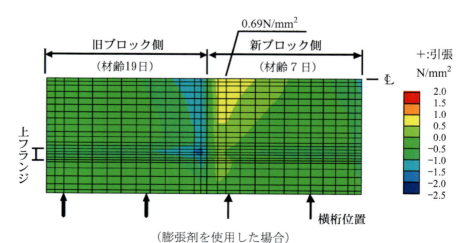

（膨張剤を使用した場合）

（b）継手部床版上面の応力分布（→本文p.116）

口絵3　藁科川橋場所打ちPC床版の温度応力解析結果

（ａ）ロビンソンタイプ合成床版（→本文p.127）

（ｂ）サンドイッチタイプ合成床版（→本文p.152）

口絵4　鋼板・コンクリート合成床版の架設状況

口絵5　ループ継手を有するフルプレキャスト床版の架設状況（→本文p.181）

口絵6 ハーフプレキャスト合成床版の架設状況（→本文p.185）

口絵7 舗装中の雨水も排水する新形式排水ますと防水層の取り合い（→本文p.205）

口絵8 RC床版の新素材による補強例―格子貼り―（→本文p.246）

道路橋床版

設計・施工と維持管理

松井繁之 編著

森北出版株式会社

ま え が き

　道路網の一部である橋梁において不具合が発生すると，ただちに，その上の交通を止めて修繕し，最小時間で再び交通を開放しなければならない．とくに，高速道路は，道路ネットワークの最重要路線であるので，これらの修繕は夜間工事で行うか，片側通行止めで行う必要がある．範囲の広い区間で同時に多数の構造物を修繕するリフレッシュ工事では，最大5日の連続工事しか認められていない．これらの修繕工事のなかで，とくに重要な工事は床版に関するものである．

　これまで約40年にわたり，床版の損傷問題が多発し，それらの修繕のための維持管理が行われてきた．同時に，新設橋梁の床版では，より耐久性の高い床版の開発が要求されてきた．そしてここ10年の間に，耐久性の高い床版が多数開発され，その結果として橋梁形式の革新が進んでいる．いまや床版は二次部材ではなく，主要構造部材と認識されるに至っている．このため，既存床版でもより高い耐久性を確保し，橋梁の寿命を大幅に増進させる補強による延命化が強く要求されている．発注者からは床版に高い耐荷力と長寿命の性能が要求され，施工者側はそれに応える品質保証をしなければならない．これには，床版構造の選択，設計・施工に十分な知識と経験をもってあたる必要がある．

　編者は約35年間，道路橋床版に関する研究，とくに，自動車が走り抜けることを再現した輪荷重走行試験機を開発し，実橋での床版損傷を再現させる形で，基本の鉄筋コンクリート床版の疲労損傷機構の解明，PC床版や鋼板とコンクリートを合成させた合成床版の高耐久化構造の開発と検証，これまでに開発されてきた各種既存床版の補修・補強工法の効果評価の研究などを行ってきた．これらの研究に関して，学部学生を含む多数の博士前期課程学生，ならびに博士の学位をめざした博士後期課程学生，社会人学生，ならびに企業から輪荷重走行試験機による床版研究のために研究生として派遣され，のちに論文博士号を取得した技術者の方々に，研究分担者として活躍していただいた．これらの研究者で，編者を委員長とした社会基盤維持管理研究会を結成し，調査研究や各種の団体に対する技術相談を受けるなどの社会貢献を行ってきた．

　上記の床版をとりまく環境のなかで，編者は，これまで床版の設計や維持管理に関する適切な参考書がまったくないことに気づき，この35年間で蓄積したノウハウを1

冊の技術書としてまとめることを提案し，社会基盤維持管理研究会のメンバーで執筆を分担していただくこととなった．本書は，多数ある既刊橋梁工学の本にはまったく書かれていない床版の詳細技術についてまとめている．橋梁が本格的に性能照査型設計法で設計されるようになった現在，本書の内容は貴重な技術参考書になるものと確信している．

　本書を出版するにあたり，執筆にご参加いただきました社会基盤維持管理研究会の各位に謹んで謝意を表します．さらに，本書の原稿をまとめていただきました幹事にはその労をねぎらうものであります．

　最後に，種々のご配慮・ご指導をいただきました森北出版株式会社社長の森北博巳氏をはじめ，関係各位にも感謝の意を表します．

平成 19 年 8 月

編者 松 井 繁 之

「道路橋床版」編集委員会構成

委員長　松井　繁之　　大阪大学名誉教授・大阪工業大学教授
幹事長　石﨑　　茂　　（株）富士技建

幹　事
大西　弘志　大阪大学大学院　　　　　武藤　和好　（株）富士技建
谷垣　博司　兵庫県

委　員
大久保宣人　片山ストラテック（株）　　岡本　　浩　三星物産
河西　龍彦　（株）宮地鐵工所　　　　久保　圭吾　（株）宮地鐵工所
杉原　伸泰　日立造船鉄構（株）　　　林　　秀侃　（株）IHI インフラシステム
東山　浩士　近畿大学　　　　　　　平城　弘一　元 摂南大学
平塚　慶達　ショーボンド建設（株）　本間　淳史　東日本高速道路（株）
真鍋　英規　（株）国際建設技術研究所　水越　睦視　高松工業高等専門学校
三田村　浩　寒地土木研究所　　　　横山　雅臣　元（株）ピーエス三菱

編集幹事
第 1 章～第 3 章　石﨑　　茂
第 4 章　武藤　和好
第 5 章　大西　弘志
第 6 章　石﨑　　茂，武藤　和好
第 7 章　谷垣　博司

執筆者一覧
第 1 章　松井　繁之
第 2 章　石﨑　　茂，東山　浩士
第 3 章　石﨑　　茂，東山　浩士
第 4 章　武藤　和好，横山　雅臣，真鍋　英規，本間　淳史，岡本　　浩，
　　　　久保　圭吾，河西　龍彦，大久保宣人，杉原　伸泰，三田村　浩
第 5 章　大西　弘志
第 6 章　松井　繁之，大西　弘志，水越　睦視
第 7 章　谷垣　博司，平塚　慶達

目　　　次

第 4 章　　各種床版の設計・施工法　‥‥‥‥‥‥‥　63

第 5 章　　床 版 防 水　　　　　　　191

第 6 章　　道路橋床版の維持管理　　　　　213

第7章　　交通荷重の実態と床版の疲労に及ぼす影響　………　251

第1章 序　　論

1.1　道路橋床版の役割と変遷

　鉄道橋では一般に床版がなく，桁上に渡された枕木の上にレールが設置され，その上を列車の活荷重が走行する．一方，道路橋では，戸口から戸口までドライバーの意志によって任意の経路を走ることができる自動車を通過させる必要がある．ときには，先に行く自動車を橋の上で追い越すこともできるようにする必要があり，平滑な路面の形成が不可欠である．ある間隔で配置された複数の主桁上に形成される**平面構造物** (plate) が**床版** (deck) といわれるものである．

　この床版を鉄筋コンクリートやコンクリート板に PC 鋼線で圧縮軸力を与えた構造でつくる場合を**スラブ** (版：slab) という．主桁に直角方向に主鉄筋を配置し，主桁と平行方向にも配力鉄筋とよばれる鉄筋を配置してコンクリートを打設する．この格子状の鉄筋層を，自動車荷重を受けて床版コンクリートが引張応力状態となる床版の下側のみに配置する場合を単鉄筋断面，圧縮側にも配置する場合を複鉄筋断面という．昭和 39 年の道路橋示方書あたりからは複鉄筋断面が一般的となったが，その圧縮側鉄筋量は引張側の半分程度と規定されていた．

　明治の初頭から昭和 30 年ころまでは，コンクリートの品質がよくなく，その許容応力度は非常に低く抑えられ，かつ，鉄筋も材質が高品質でないので低い許容応力度に設定されており，その結果として，床版厚は昭和 39 年示方書で設計されたものより厚いものになっていた．なおかつ，床版上面に摩耗層としてコンクリートのかぶりが大きくとられていたこともあった．

　昭和 30 年代の後半から，東京オリンピック (1964 年) および大阪万国博覧会 EXPO'70 (1970 年) の開催に向け，近代的な道路網を構築する国家プロジェクトが策定され，東名・名神高速道路や首都高速道路，ならびに阪神高速道路が急ピッチで建設されることとなった．折しも，高強度の異形鉄筋が開発され，許容応力度がそれまでの 1400 kgf/cm^2 (137 N/mm^2) から 1800 kgf/cm^2 (177 N/mm^2) まで引き上げられた．同時に，セメントの品質改良と配合の研究が進み，コンクリートについても高強度化が推

進された結果，圧縮強度 400 kgf/cm^2 (39 N/mm^2) のものが製造可能となり，許容応力度も圧縮強度の 1/3 まで大きくしてよいと規定された．このため，これら両材料の大きな許容応力度を目標にし，それらの許容値ぎりぎりまで発生応力が高まるように部材断面を薄く (小さく) 絞り込んだ最適設計と称する設計がなされるようになった．そして，その設計法にもとづいて，上記の高速道路や多数の近代橋梁が建設され，近年の社会基盤の基礎となったのである．その後，示方書は数次にわたって改訂されつつ今日まで約 40 年が経過し，高速道路の総延長が約 7000 km に達するとともに，一般国道のバイパス建設や広域農道の整備・改築が進んだのである．

1.2 既存 RC 床版の損傷事故と設計法の変遷

このような新規道路網の整備が進む一方で，昭和 40 年代の前半から，道路橋の鉄筋コンクリート床版 (以下，「RC 床版」という) に一部コンクリートが抜け落ちるなどの損傷問題が発生し [1, 2]，この問題の解明と対策が土木技術者や橋梁管理者にとって非常に重要な任務となった．検討が進むにつれて，この損傷問題は大型車両の通行台数の急速な増加と過積載輪荷重の急速な増大による一種の疲労現象であるとの認識が一般化することとなった．

疲労損傷の内的要因として，高強度の異形鉄筋を使用したために床版厚が薄くなったこと，配力鉄筋量が主鉄筋量の 25 ％程度しか配置されていないことなどが指摘され [3, 4]，RC 床版の疲労耐久性向上のための方策として配力鉄筋量の増加，床版厚の増加，ならびに鉄筋の許容応力度の低減が，建設省 (当時) 道路局長より相次いで通達された．そして，昭和 46 年の道路局長通達とその内容を受けた昭和 48 年の道路橋示方書において RC 床版の設計法が大幅に改訂され，これが現行基準の基礎となっている．その後，現在に至るまで，支持桁の不等沈下による付加曲げモーメント [5]，床版厚の割増係数，主鉄筋応力の余裕確保などの改訂が順次行われてきた．

設計基準の改訂とともに，定点載荷や多点移動載荷による疲労試験を用いて RC 床版の疲労強度の解明が試みられてきたが [6, 7]，定量化されるには至らなかった．その後，昭和 50 年代に入って開発された輪荷重走行試験機を用いた疲労実験の結果から，やっと昭和 39 年鋼道路橋示方書で設計された床版が非常に疲労強度の低いものであることが証明された [8, 9]．

このような示方書の改訂と平行して，既設の道路橋床版の補修・補強が道路管理者や土木技術者の主要維持管理業務となり，各種の補強工法が開発され，適用が進められてきた．そして今日，これまでにも増してこの管理業務の重要性が叫ばれるようになった．これは，今日までの膨大な量の橋梁ストックがあるがゆえに，新規の社会資

本整備に財政を費やせないためである．また，この間に十勝沖地震 (1968 年) や宮城県沖地震 (1978 年) をはじめとする大きな地震が全国的に発生し，地震による橋梁の落橋が危惧され，落橋防止装置の設置が義務付けられたため，維持管理の主力が一時その方面に注がれることもあった．

　平成 5 年には，貨物輸送の効率化や国際物流の円滑化などを背景に，設計自動車荷重がそれまでの 20 t (196 kN) から 25 t (245 kN) に改訂された．これは，車両の大型化と道路交通量に占める大型車混入率の増大に配慮して採用された活荷重であり，A 活荷重と B 活荷重の 2 種類の荷重によって構成される道路等級に応じた床版設計用の軸重である．同時に主桁設計のための L 荷重も 2 種類の等分布荷重に改訂された．

　この活荷重改訂によって，床版の損傷対策よりも主桁などの支持桁の補強対策に維持管理の中心が傾きつつあった．そのような環境変化のなかで，平成 7 年 1 月に未曾有の直下型地震である兵庫県南部地震が発生し，多くの橋梁が転倒，落橋するとともに，重度の損傷被害を受け，その復旧に全精力が投入されたのである．そして，全国的にも耐震強度の見直しが緊急課題となり，約 10 年経過した現在になってやっと沈静化してきたといえる．

　上記に示した道路橋示方書における床版に関する諸規定の変遷について主要なものをまとめてみると，**表 1.1** のようになる．床版に載荷される輪荷重あるいは軸重が明治時代当初から順次大きく変化したことが最も主要な変遷である．次に変化の大きなものは，設計曲げモーメントの算定式が，昭和 39 年示方書までは主桁に直角方向の主鉄筋断面のみに与えられていたが，解析によると配力鉄筋断面にも主鉄筋断面の 70 % 近い曲げモーメントが発生しているのがわかったため，その後の示方書において橋軸方向の曲げモーメント式も提示されることとなった．

　また，昭和 39 年示方書で設計した床版に，ひび割れ損傷が最も早く，かつ多く発生したのは，許容応力度を高めにとったために床版厚が小さくなり，せん断耐力が不足したことにあると認識され，その後の示方書では最小床版厚の規定が設けられることとなった．また，鉄筋の許容応力度も SD345 などの降伏点の高い鉄筋を使用した場合でも，ひび割れ損傷の発生を抑える観点から，許容応力度は 1400 kg/cm^2(137 N/mm^2) に抑えられた．さらに，最近では鉄筋の発生応力を 1200 kg/cm^2(118 N/mm^2) 程度におさめるように勧告している．

　RC 床版の支間長については，現行の示方書でも 4 m に抑えられているが，プレストレストコンクリート床版 (以下，「PC 床版」という) については道路橋示方書において 6 m までとしている．また，最近になって，広幅員の場所打ち PC 床版が第二東名・名神高速道路で採用されているが，これらの床版では独自に設計曲げモーメントを算出している．また，構造細目も独自のものを使用している．さらに，鋼板・コ

ンクリート合成床版については適用支間長を約 8 m まで長支間化できることを期待して，土木学会で制定された鋼構造物設計指針[10] で広幅員に対応できる合成床版の設計指針が提案され，活用されている．

表 1.1　道路橋示方書における鉄筋コンクリート床版諸規定の変遷

規格等の名称	制定年月	最小厚 (cm)	許容応力度 (kgf/cm²) 鉄筋	コンクリート	連続版の曲げモーメント (M) 算定式と設計輪荷重 (P：輪荷重, L：床版支間, i：衝撃係数)	
道路構造に関する細則	大正15年6月	規定なし	1200	45	$M = \dfrac{P(L-b/2)}{4}(1+i)$, $i = \dfrac{20}{60+L} \leqq 0.3$	1等橋 $P = 4.5\,\mathrm{t}$
鋼道路橋設計示方書案	昭和14年2月		1200	45 $\sigma_{28}/3 \leqq 65$	$M = \dfrac{P(L-b/2)}{4}(1+i)$, $i = \dfrac{20}{50+L}$	1等橋 $P = 5.2\,\mathrm{t}$
鋼道路橋設計示方書	昭和31年6月	全厚：14 (有効高：11)	1400	$\sigma_{28}/3 \leqq 70$ $\sigma_{28} \geqq 160$	$M = \dfrac{0.4P(L-1)}{L+0.4}(1+i)$, $i = \dfrac{20}{50+L}$ 配力鉄筋：主鉄筋の 25 % 以上	1等橋 $P = 8.0\,\mathrm{t}$ $2 \leqq L \leqq 4\,\mathrm{m}$
鋼道路橋設計示方書	昭和39年6月		1400 (SS41) 1600 (SS50) 1800 (SSD49)	$\sigma_{28}/3 \leqq 80$ $\sigma_{28} \geqq 180$	$M = \dfrac{0.4P(L-1)}{L+0.4}(1+i)$, $i = \dfrac{20}{50+L}$ 配力鉄筋：主鉄筋の 70 % 以上	
建設省道路局長通達	昭和42年9月					
鋼道路橋床版の設計に関する暫定基準案	昭和43年5月	$3L + 11$ $\geqq 16$	1400 (SD24, SD30)			1等橋 $P = 8.0\,\mathrm{t}$ $L \leqq 4\,\mathrm{m}$
建設省道路局長通達	昭和46年3月			$\sigma_{28}/3 \leqq 100$ $\sigma_{28} \geqq 210$	$M = 0.8(0.12L + 0.07)P$：主鉄筋 $M = 0.8(0.10L + 0.04)P$：配力鉄筋 (衝撃を含む算定式)	
鋼道路橋設計示方書	昭和48年2月					
建設省道路局通達	昭和53年4月	$d_0 = 3L + 11$ $\geqq 16$ $d = k_1 k_2 d_0$ k_1：交通量係数 k_2：付加モーメント係数	$\leqq 1200$			大型車計画交通量1000 台超のとき $P = 9.6\,\mathrm{t}$ に割増
道路橋示方書	昭和55年2月					
建設省都市局・道路局通達	平成5年3月			$\sigma_{28}/3 \leqq 100$ $\sigma_{28} \geqq 240$	$M = 0.8\alpha(0.12L + 0.07)P$：主鉄筋 $M = 0.8\alpha(0.10L + 0.04)P$：配力鉄筋 $\alpha = 1 + (L - 2.5)/12$： $L \geqq 2.5$ に対する割増し係数 (衝撃を含む算定式)	B活荷重 $P = 10.0\,\mathrm{t}$ $L \leqq 4\,\mathrm{m}$
道路橋示方書	平成6年2月					
道路橋示方書	平成8年2月					

注） 表内の許容応力度および輪荷重 P は当時の重力単位系で記したが，SI 単位系では許容応力度の 1 kgf/cm²は 0.0980665 N/mm²に，輪荷重の 1 t は 9.80665 kN に相当する．

1.3 高耐久性床版の開発

既存 RC 床版の維持管理が適切に行われ，補修・補強が積極的に実施される一方で，輪荷重走行試験機による実験・実証を経た高耐久性を有する床版の開発がなされ，これらを適用することによって，第二東名・名神高速道路や地方高速道路の建設において新形式の合理化橋梁が多数生み出されてきた．

このように，床版が大きな集中荷重である輪荷重を直接担う部材であるため，新構造形式のキーポイントになっていることは明らかであり，以前は床版は二次部材であると考えられていたが，いまでは重要な一次部材と認識されるようになった．このような開発成果を得て，場所打ち PC 床版，プレキャスト PC 床版がひび割れ損傷の生じにくい床版形式として広く認められることとなった．そして，既存橋梁の床版の取替えにもプレキャスト PC 床版が活用されている．最近の PC 床版の主流は，橋軸直角方向に緊張材を配置するのものになっているが，これも力学上の合理性があり，かつ，経済性も満足するとの認識によるものである．

また，PC 床版に対抗するものとして，鋼板を床版下面側に配置し，コンクリートと合成する鋼板・コンクリート合成床版が，現場での工期を短縮できる高耐久性床版として種々形を変えて開発されてきた．高架高速道路では同じ規格の橋梁単位が多数連続するので，工場でつくられたこれらの基本構造部分である補剛された鋼板を型枠の代わりに設置することによって大幅な工期短縮，軽量による重機の小型化，型枠不要による経費節減，ならびに工事中の安全確保ができるものとして着目され，活用頻度が高まっている．

これまでに開発された多数の合成床版は，底鋼板の補剛の方法ならびにコンクリートとの合成を確保するためのずれ止めの形式，床版断面の形状などが異なっているが，その基本設計は土木学会制定の鋼構造物設計指針[10]によっている．旧建設省土木研究所で立ち上げられた共同研究，すなわち，輪荷重走行試験機による階段載荷試験方法での耐久性評価の研究において設定された，「荷重 16 t (157 kN) から 4 万回ごとに 2 t (19.6 kN) ずつ増加させ，40 t (392 kN) までの 52 万回の走行荷重に耐えられるかという目標」をほとんどの合成床版が達成しており，高耐久性が証明されている．

1.4 床版の分類

1.3 節で述べたように，これまで種々の床版構造が開発されてきた．そして，従来，これらの床版構造は，材料や構造形式によって**図 1.1** のように分類されてきた[10]．しかし，橋梁は架設場所が異なれば設計条件や施工方法が異なるので，画一的に同じ床版をどこにでも活用するのは難しくなる．架設現場の環境条件に従って，床版の製

作方法を基本的に変える必要があり，たとえば，同じ構造形式であってもコンクリートの施工を現場打ちとするのか，完全にプレハブ化して大型重機で架設することにより，工期を短縮すべきなのか，検討する必要がある．

このような検討は設計の当初に行われるべきであるので，床版の分類を図 1.2 のように現場施工条件を考慮に入れたものにしたほうがよいと考えられる．大分類の一つ

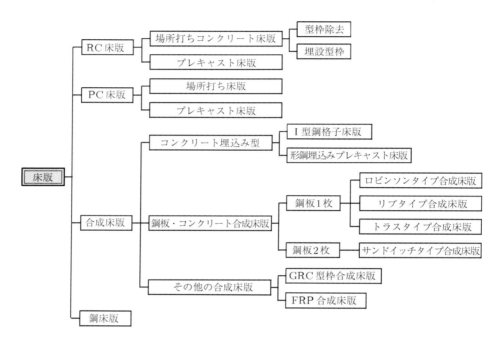

図 1.1　床版構造の従来の分類法

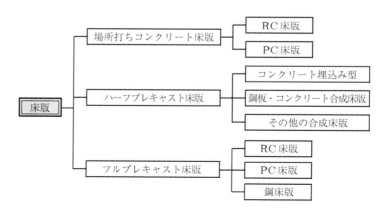

図 1.2　床版構造の新しい分類法

にハーフプレキャスト床版 (あるいはハーフプレハブ床版) をフルプレキャスト床版と場所打ち床版に並べて入れてある．鋼板・コンクリート合成床版などはこのハーフプレキャスト床版のジャンルに入る．

1.5　維持管理の必要性と床版補強工法

今日，多くの人が報告しているように，既存橋梁のストック量は膨大となり，2020年以降，供用期間が 50 年を超える橋梁が毎年 2000 橋以上の規模で増加していくが，これまでの共通認識である設計耐用年数 50 年を超えても架け替えることは大変難しい社会情勢であるため，これらの橋梁を何らかの補修・補強を施すことによって延命させ，さらに数十年使用していかなければならない時代となっている．

この場合，主構造である主桁は当然所要の活荷重に抵抗できる補強を施し，かつ，鉄筋コンクリート床版は押抜きせん断疲労破壊に至らないような補強をするのも，また当然のことである．耐震補強という緊急事業がほぼ終了した今後は，一刻も早く既存橋梁の延命補強をしていかなければならない．猶予はないのである．

これまでに開発されてきた床版補修・補強方法のおもなものは，

① 縦桁増設工法
② 鋼板接着工法
③ 上面増厚工法

の 3 種類で，これらを併用したもの，および，使用材料を代えたものがある．

上記以外に，鋼板接着工法の鋼板の代わりとして，炭素繊維シートやアラミド繊維シートをエポキシ樹脂を接着材として貼り付ける FRP 接着工法，細い鉄筋網をアンカーボルトで仮止めし，ポリマーセメントモルタルをこて塗りあるいは吹き付け工法で固着させる下面増厚工法が開発されている．

一方，床版と主桁を同時補強する最も有効な方法として，外ケーブル補強があげられる．これは，外ケーブルの偏心配置によって，桁には曲げ応力の低減を施し，床版には圧縮の橋軸方向プレストレスが与えられるためである．既存床版の損傷の初期原因は橋軸直角方向のひび割れ発生であり，そのひび割れ面のこすり合わせ挙動と雨水の浸入が重なり重度の損傷に至るのである．橋軸直角方向のひび割れが存在していても，輪荷重によって発生するせん断力およびねじりモーメントによるひび割れ面のずれ挙動をプレストレスによって拘束することは，疲労進行の抑制に非常に有効である．そのうえ，外ケーブル補強工法による死荷重の増加は無視できるほど小さく，耐震性の面でも有利な工法といえる．そのほか，主桁の補強方法として下フランジに鋼板や形鋼を配置する補強工法や，主桁本数を増加する工法なども採用されている．

第**2**章　床版の劣化と損傷

2.1　劣化損傷の現状と要因

2.1.1　損傷事例の分類

　RC 床版の点検調査では，まず目視による外観調査が行われるのが一般的である．そして，外観に変状が発見された場合，床版上面では舗装はく離によるひび割れの観察，床版下面では，たたき点検，赤外線カメラによるひび割れ調査，あるいはコア採取による破壊試験などの詳細調査，および着目床版の補修履歴に関する文献調査が実施される．

　目視による外観調査で発見される変状としては，床版上面の点検では，**写真 2.1** に示すような舗装上面の割れやポットホールが一般的である．ときには**写真 2.2** のような陥没が発見される場合もある．また，割れが発見された舗装をはぎ取ってみると，床版上面のコンクリートが**写真 2.3** のように骨材化している場合も比較的多く見かけられる．

　床版下面の点検では，**写真 2.4** に示すような，間隔の狭いひび割れ網が形成され，このひび割れから遊離石灰が漏出しているもの，あるいは，ひび割れ網の一部でかぶりコンクリートがはく落しているもの，なども多く見かけられる．

　これら RC 床版の損傷を要因ごとに大きく分類すれば，次の 3 種類に分けられる．

① 　外荷重によるもの
② 　気象環境条件によるもの
③ 　材料劣化によるもの

　これまでの調査から，①の外荷重による損傷は，そのほとんどが過積載車を含む重車両の繰返し走行による疲労劣化であり，②の気象環境条件による損傷は，雨水のひび割れへの浸入による疲労劣化の促進，海浜部の飛来塩分や，凍結防止剤の散布による塩化物の浸入による鉄筋の腐食などがあげられる．また，③の材料劣化によるものには，中性化による鉄筋の腐食やアルカリ骨材反応などが含まれる．

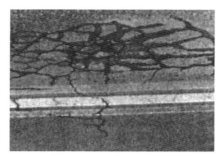

写真 2.1　舗装上面の割れ

写真 2.2　床版の陥没 (⇒ 口絵1)

写真 2.3　床版上面の骨材化現象

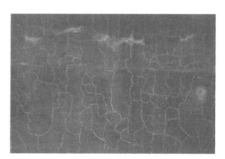

写真 2.4　床版下面のひび割れ網

　上記に述べたような床版損傷にかかわる現象とその要因について，これまでに報告されている RC 床版の外観変化に従って分類整理したものを**表 2.1** に示す．

　表 2.1 より，輪荷重の繰返し走行による疲労と，ひび割れからの雨水の浸入による疲労現象の促進が，RC 床版の劣化損傷の最も大きな要因といえる．そして，塩害やコンクリートの中性化がこれに複合することによって，劣化が加速されるものと考えられる．

表 2.1　損傷事例の分類と損傷要因

外観上の変状	変状を誘発する現象	考えられる損傷要因
過度のひび割れ網の形成	曲げひび割れの進展	輪荷重の繰返し走行による疲労
	内部コンクリートの膨張	アルカリ骨材反応
ひび割れからの遊離石灰の漏出	ひび割れからの雨水の浸入	雨水の浸入による疲労現象の促進
		雨水による塩害と疲労現象の複合劣化
かぶりコンクリートのはく落	下面鉄筋の腐食膨張	中性化，内在または飛来塩分による塩害
	曲げひび割れの進展	輪荷重の繰返し走行による疲労
上面コンクリートの骨材化現象	舗装からの雨水の浸入	雨水の浸入による疲労現象の促進
	浸入雨水による鉄筋の腐食膨張	雨水による塩害と疲労現象の複合劣化
コンクリートの部分的な抜け落ち	押抜きせん断破壊	輪荷重の繰返し走行による疲労

2.1.2　実橋における劣化損傷過程

　前項に示したように，道路橋 RC 床版の劣化損傷要因の分析から，RC 床版の劣化損傷の最も大きな要因は過積載車を含む重車両の繰返し走行による疲労劣化と考えられることから，走行輪荷重の影響による RC 床版の疲労損傷機構を解明する調査・研究が多くの機関で精力的に実施され[1〜3]，橋軸直角方向に主鉄筋を有する一般的な RC 床版に対し，図 2.1 に示すような劣化損傷過程が明らかにされてきた[4]．

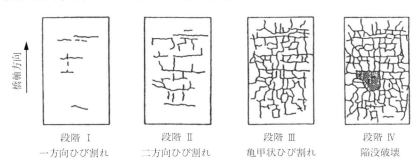

図 2.1　道路橋 RC 床版のひび割れ損傷過程

段階 I

　鋼桁がコンクリートの乾燥収縮を拘束するため，微細な乾燥収縮ひび割れが橋軸直角方向に発生する．また，重車両の走行により，曲げ強度の小さい配力鉄筋断面の曲げひび割れ，すなわち，橋軸直角方向のひび割れが床版下面に発生しはじめる．

段階 II

　走行輪荷重の繰返し載荷により橋軸直角方向のひび割れ本数が増加するなどの進展の結果，床版の異方性化が進行する．このため，曲げモーメントが主鉄筋方向に再配分され，橋軸方向の曲げひび割れが床版下面に発生する．これより，床版下面のひび割れは二方向ひび割れへと進展する．

段階 III

　二方向のひび割れは，走行輪荷重の繰返しにより発生する垂直せん断力やねじりせん断力により床版下面全体に進展し，亀甲状ひび割れへと発展する．床版上面では，ねじりモーメントによって主桁付近で水平せん断力が卓越し，45°方向の主応力が交番し，それによって床版上面においても橋軸直角方向にひび割れが発生する．また，せん断力の作用により，床版下面の橋軸直角方向ひび割れの一部は，床版上面からのひび割れと連結して貫通する．そして，この貫通ひび割れに雨水が浸入する場合には，遊離石灰を析出することになる．

段階 IV

貫通ひび割れを有する床版上を輪荷重が繰返し走行するため，ひび割れの開閉やこすり合わせ現象が繰返され，ひび割れに面したコンクリートに角落ちやはく落が発生する．そして，そのまま放置して使用し続けると重車両の輪荷重による押抜きせん断により局所的な陥没破壊を引き起こし終局に至る．

2.1.3　塩害による劣化損傷

塩害によるコンクリートの劣化は海浜部のコンクリート構造物で多く報告されている．道路橋 RC 床版においても，中性化の進行したコンクリート，海砂を使用したコンクリート，あるいは海浜部における飛来塩分や寒冷地における凍結防止剤散布により塩分濃度が増大したコンクリートでは，雨水が床版上面に発生したひび割れからコンクリート内部に浸入し，鉄筋の腐食が進行する場合がある．このような床版では，腐食部鉄筋の体積膨張により，上側鉄筋上部のかぶりコンクリートがひび割れ劣化したり，下側鉄筋下部のかぶりコンクリートがはく落する損傷が早期に発生することが多い．

また，コンクリート橋でコンクリートがはく落した部分を部分的に断面修復しても，塩分を含む旧コンクリートに雨水がひび割れを通して修復部の新設コンクリートに浸透した場合，新旧コンクリート間に鉄筋を介したマクロセル腐食回路が形成され，新設コンクリート近傍の既設コンクリート内鉄筋の腐食が急激に進行する事例 [5] も報告されている．

2.1.4　その他の劣化損傷要因

上記以外のコンクリート構造物の劣化損傷要因として，道路橋の橋脚などに見られるアルカリ骨材反応による劣化があげられる．これは，コンクリート中のアルカリ金属と骨材中の準安定なシリカ成分とが反応して生成されるアルカリシリカゲルが，吸水膨張することにより発生する現象で，未供用床版でも骨材の膨張によりコンクリート表面にひび割れが発生したり，内部コンクリートの膨張圧により鉄筋が破断したりする例が報告されている [6]．

しかし，床版は，通常，薄板構造であり，膨張圧が版の耐荷力に与える影響は小さいため，アルカリ骨材反応により RC 床版が劣化する事例は少ないと考えられる [7]．ただし，アルカリ骨材反応による骨材自身の変状により，コンクリートの圧縮強度や弾性係数が低下することが懸念されるため注意が必要である．

2.2　輪荷重走行試験機による劣化損傷の再現

2.2.1　道路橋 RC 床版の疲労試験法の変遷

　昭和 40 年代後半より急増した損傷事例の調査結果により，最終破壊まで到達した床版の損傷部における破壊性状は，そのほとんどが陥没または部分的な抜け落ちであり，押抜きせん断破壊の性状を呈していることがわかってきた．

　しかし，床版の静的試験で得られる終局強度，すなわち，床版の押抜きせん断耐荷力が実際の輪荷重に比べて著しく大きな値となることから，RC 床版の損傷を版の静的強度と関連づけて評価するのは困難であり，輪荷重の繰返し載荷による疲労問題として評価するのが妥当であると認識されるようになった．すなわち，床版の最終破壊は，床版が輪荷重の繰返し載荷により疲労劣化し，構造系が変化した後の系に対する押抜きせん断破壊ではないかと考えられた．

　角田ら [8] は，一方向スラブの支間中央に部分分布荷重を繰返し載荷する定点載荷疲労試験を実施し，静的な押抜きせん断強度に対して疲労押抜きせん断強度が 100 万回載荷後の系で 55%，200 万回載荷後の系で 45% 程度に低減することを報告している．

　しかし，この定点繰返し載荷による疲労強度がなお実際の輪荷重の 3 倍以上となること，また，この試験方法で得られる床版下面のひび割れパターンは図 **2.2** のとおりであり，実際の損傷床版で見られる図 **2.3** のひび割れパターンと著しく異なることなどから，岡田ら [2] は輪荷重の移動繰返しによるひび割れの進展が RC 床版を破損に至らしめる主要因と考え，繰返し荷重の載荷位置を図 **2.4** に示すように一定の繰返し載荷回数ごとに載荷点を移動させる多点移動載荷疲労試験を実施した．そして，この方法で図 **2.5** のような実橋における損傷床版に近いひび割れパターンを再現した．ただし，この実験は載荷位置の移動順序をひび割れの進行を見ながら人為的に決定するものであり，実際の輪荷重の移動を模した実験とはなっていない．

　また，後藤 [9] は，損傷床版の観察より，貫通ひび割れからの漏水が疲労劣化進展の重要な要因と考え，人為的にひび割れを発生させた床版に対し，漏水を生じさせた状態での多点移動載荷疲労試験により，RC 床版が静的強度より著しく小さい荷重で押抜きせん断破壊することを確認している．

　上記の定点繰返し載荷による疲労試験では，ほとんどの場合，供試体の最終破壊形態が主鉄筋の破断をともなう押抜きせん断破壊であったのに対し，実橋で見られる損傷床版の最終破壊状況の観察結果では，鉄筋はまったく健全であり，コンクリート断面のみがせん断破壊する押抜きせん断の破壊形態であり，実験結果と明らかな相違が認められている．一方，岡田らの多点移動載荷疲労試験 [2] において，実橋より取り出したひび割れが進展した損傷床版の疲労試験では，設計輪荷重の 1.5 倍の荷重で 526

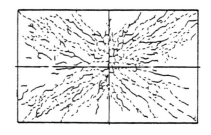

図 2.2　定点載荷疲労試験における
　　　　放射状ひび割れパターン

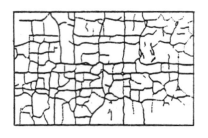

図 2.3　実橋における格子状ひび割れ
　　　　パターン

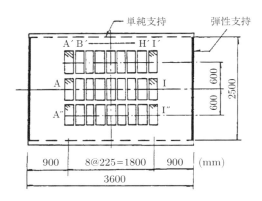

図 2.4　多点移動載荷疲労試験

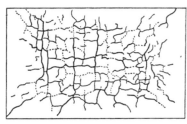

図 2.5　多点移動載荷疲労試験による
　　　　ひび割れパターン

万回の載荷後に押抜きせん断破壊したのに対し，同一設計仕様により新規に製作した
試験体の疲労試験では，設計輪荷重の2倍を超える荷重で230万回，あるいは513万
回載荷しても破壊には至らなかった．

　これらのことから，実橋床版では配力鉄筋に直角なひび割れ面に作用するせん断力
が輪荷重の移動で常時交番することにより，ひび割れが床版上面へ進展すると考えら
れるが，定点載荷や多点移動載荷による疲労試験では，ひび割れ面内でせん断力が常
時交番しないことが疲労劣化が極端に遅れる大きな要因であると考えられた．

　以上のことから，松井[10]は，床版の疲労劣化は，輪荷重の走行による荷重の移動
繰返しによって生じる鉛直方向の交番せん断力や床版面内のねじりモーメントによる
交番せん断力の繰返し作用によるひび割れの進展にあると考えた．そして，RC床版
の疲労損傷機構を解明するには，実際と同じように，輪荷重の走行繰返し載荷を再現
できる疲労試験機を開発する必要があると考え，**図 2.6**に示すような輪荷重走行試験
機を考案した．

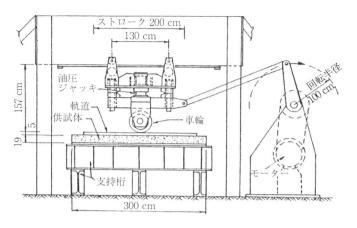

図 2.6　輪荷重走行試験機の構造概要

　この試験機は，モーターの回転運動を台車の往復運動に変換する駆動部分と，一定の輪荷重値を保ちながら往復運動する台車部分とで構成されている．そして，台車の車輪は，疲労試験における重載荷での何百万回もの移動繰返しに耐えられるよう，ゴムタイヤに換えて鉄輪を使用している．ただし，鉄輪を直接床版面に載荷した場合，鉄輪と床版の接触部で線載荷となり，床版表面の不陸により局部的な集中載荷となったりして実際と異なる載荷状態となる．そこで，これを防ぎ，ゴムタイヤのような部分分布載荷が得られるよう，図 **2.7** に示すような載荷装置が使用されている．すなわち，実際のゴムタイヤの接触面を模した矩形の鋼製ブロックを床版上面に敷設した薄い合板上に配置し，このブロックが繰返し載荷の間に移動しないよう，側板(ガイド)

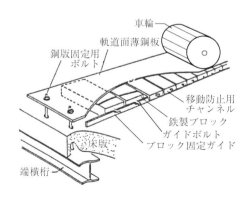

図 2.7　輪荷重載荷装置の載荷機構

写真 2.5　輪荷重走行試験機による疲労試験 (⇒ 口絵 2)

を介してボルトで個々のブロックを連結するとともに，鉄輪と載荷ブロックの間に載
荷用の薄鋼板を挿入することによって鉄輪から載荷ブロックへのスムーズな荷重伝達
が行えるようにしている．この輪荷重走行試験機による載荷状況を**写真 2.5** に示す．

　そして，松井[10] は，この輪荷重走行試験機を用いて実物大の RC 床版に対する多
数の疲労試験を実施し，輪荷重の繰返し走行により，二辺を単純支持した床版の上面
にもひび割れが進展すること，走行回数の増加にともない残留たわみも増加すること，
また，ひび割れの進展にともない板剛性が低下することなどを確認するとともに，実
橋床版に見られるひび割れパターン，および実橋床版の最終破壊形態であるコンク
リートの押抜きせん断による陥没破壊モードを再現することに成功した．

　さらに，これらの疲労試験の結果をもとに，RC 床版の疲労劣化にもマイナーの線
形累積被害則が適用できる[11] ものとして，RC 床版の一般化した S–N 曲線が求めら
れた[4, 10]．

　このようにして得られた RC 床版の S–N 曲線をそれまでの定点載荷による疲労試験
より得られた S–N 曲線と併記して**図 2.8** に示す．この図では，通常，RC 床版の最終
破壊が押抜きせん断破壊モードとなることから，縦軸は作用輪荷重を版の静的押抜き
せん断強度で無次元化した量を用いている．この図からわかるように，定点載荷疲労
試験によって得られた S–N 曲線に比べて，輪荷重走行試験機を用いた疲労試験によっ
て得られる S–N 曲線はかなり下方にプロットされ，200 万回の繰返し載荷に対応する
疲労強度で比較すれば，輪荷重走行試験機によるものは定点載荷によるものの約 1/2

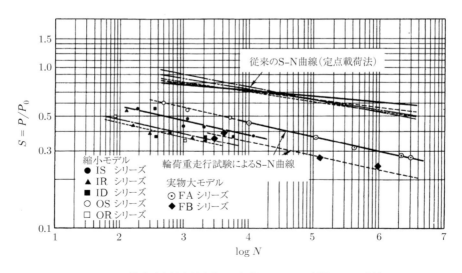

図 2.8　輪荷重走行疲労試験により得られた RC 床版の S–N 曲線

となっている．したがって，このことからも，定点載荷による疲労試験と輪荷重走行試験による疲労試験で最終破壊のモードが異なることが説明できる．

すなわち，定点載荷の疲労試験では，鉄筋の応力レベルが低い場合，床版は疲労破壊に至らないため，実験では鉄筋の応力度が降伏点近くになるまで載荷荷重を大きめに設定することになり，鉄筋が疲労破断する破壊モードとなる．しかし，輪荷重走行試験機による疲労試験では，ひび割れの進展により定点載荷に比べてかなり低い荷重で床版が押抜きせん断破壊に至るため，鉄筋は疲労限以下の応力度での繰返し載荷となる．このため，鉄筋は健全で疲労破断することなくコンクリートのみが押抜きせん断破壊する破壊モードとなるのである．

2.2.2　輪荷重走行試験機の活用実績

前項で述べたように，輪荷重走行試験機による実験によって，輪荷重走行による床版に作用するせん断応力の交番作用の再現が可能となり，実橋で観察される RC 床版のひび割れ進展の機構が明らかにされ，RC 床版の疲労損傷機構がほぼ解明されたといえる．

その後，グレーチング床版やロビンソンタイプの合成床版など，他形式の床版に対しても本試験機を用いた疲労試験が実施され，これまでの試験法では得られなかった種々の疲労劣化現象が明らかとなった．そして，これらの試験によって得られた成果が上記形式の床版構造の改善や設計法の確立にも大いに貢献したといえる．

上記 3 種類の床版を代表例として，定点載荷疲労試験によって得られる疲労破壊特性と，輪荷重走行試験機を用いた疲労試験により明らかにされた事項，あるいは事象を比較する形で**表 2.2** に示す．

これらに加えて，最近になって輪荷重走行試験機は，新形式床版の開発や RC 床版の損傷対策を策定するための種々の検討にも活用されている．すなわち，新形式床版の輪荷重走行に対する疲労耐久性の検証に用いることにより，ハーフプレキャスト合成床版や新形式合成床版などの新しい高耐久性床版の開発に貢献するとともに，プレキャスト PC 床版の現場継手構造の開発にも活用されている．

また，損傷床版の補修工法の有効性や補強効果の検証にも用いられ，鋼板接着工法，下面増厚工法，炭素繊維シート貼付け工法，上面増厚工法など，RC 床版の補修・補強工法の開発にも活用されている．そのほか，まだ使用例は少ないが，床版の防水工や舗装の耐久性評価，あるいは鋼床版の疲労亀裂に対する補修・補強工法の開発などにも有効と認められている．

このようにして，当初は RC 床版の損傷機構解明を目的として開発された輪荷重走行試験機は，床版の技術革新をめざすさまざまな用途に活用され，床版関連技術の発

表 2.2　輪荷重走行試験機の活用例と解明された事象

		試験法の違いによる損傷モードの相違点		解明された事象
		定点載荷疲労試験	輪荷重走行試験	
R C 床 版	ひび割れ パターン	載荷点を中心とする放射線状のひび割れ	下面は格子状ひび割れ，上面は橋軸直角方向の平行なひび割れ	走行輪荷重による交番せん断力の繰返し作用によるひび割れの進展機構
	最終破壊 モード	鉄筋の疲労破断を伴う押抜きせん断破壊	鉄筋は健全でコンクリートのみが押抜きせん断破壊する破壊形態	ひび割れの貫通により梁化した床版の押抜きせん断による破壊機構
グレーチング 床版		両試験法とも I ビームウェブのパンチ孔周辺から疲労亀裂が発生し，I ビームが疲労破断に至る破壊モード．輪荷重走行試験の亀裂発生繰返し回数は定点繰返し試験に比べて著しく小さい		輪荷重の移動により発生するせん断力やねじりモーメントによるひび割れの進展で直交異方性が顕在化し，I ビームの荷重分担率が大きくなり疲労寿命が大幅に減少
ロビンソンタ イプ合成床版		スタッド溶接部での底鋼板の疲労亀裂が先行する破壊モード	スタッドが溶接部からせん断疲労により破断する破壊モード	輪荷重の移動によりスタッド根元部に作用する回転せん断力が疲労強度を支配する事象

展に今後とも貢献するものと期待されている．

2.3　RC 床版の疲労損傷機構

2.3.1　床版に作用する断面力の特徴

RC 床版に輪荷重のような接地面積の小さな部分分布荷重が載荷されると，床版内の微小六面体要素の主鉄筋断面および配力鉄筋断面に，**図 2.9** に示すような曲げモーメント（M_x，M_y），せん断力（Q_x，Q_y），ねじりモーメント（M_{xy}）が作用する．自動車荷重は床版上を 1 日に何回も繰返し通過するため，これら三つの断面力が繰返し作用することになる．

また，以下に詳しく述べるが，これら三つの断面力のうち，配力鉄筋断面に作用するせん断力 Q_y とねじりモーメント M_{xy} は車両の走行によりその作用方向が正負交番するため，RC 床版の疲労損傷に与える影響が大きい．さらに，これら三つの断面力によって発生するひび割れの動きは，**図 2.10** に示す三つの基本的なモードで表されるが，せん断力とねじりモーメントによるひび割れ面のこすり合わせ現象によって，ひび割れ面の摩耗が進行する．

これら三つの断面力の分布特性は，弾性薄板曲げ理論による解析から求めることができる．**図 2.11** は，一方向単純支持の無限版である．このような境界条件を有する

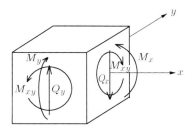

図 2.9　三つの断面力 (曲げモーメント，せん断力，ねじりモーメント)

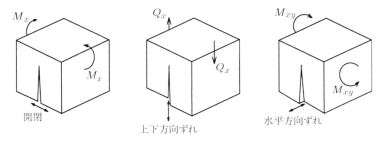

図 2.10　ひび割れの基本モード

床版の中央点，あるいは床版支間長の 1/4 点に輪荷重が載荷されたときの断面力の分布は，弾性薄板曲げ理論による等方性板解析により，**図 2.12** および **図 2.13** のような分布特性を示す．それぞれの図に示した曲げモーメントおよびせん断力は，単位幅，単位輪荷重あたりの値である．ここで，主鉄筋断面は **図 2.11** の x 軸に直角な断面，配力鉄筋断面は y 軸に直角な断面である．

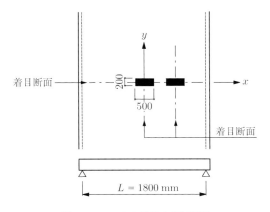

図 2.11　一方向単純支持無限版

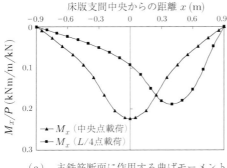 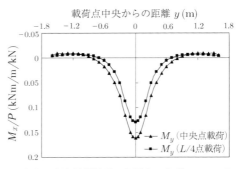

（a） 主鉄筋断面に作用する曲げモーメント （b） 配力鉄筋断面に作用する曲げモーメント

図 2.12 載荷断面における曲げモーメントの分布

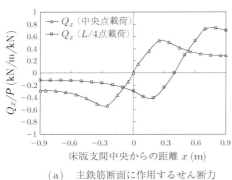 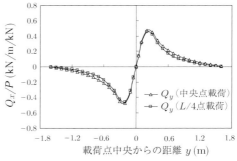

（a） 主鉄筋断面に作用するせん断力 （b） 配力鉄筋断面に作用するせん断力

図 2.13 載荷断面におけるせん断力の分布

図 2.12 (a) は，主鉄筋断面に作用する曲げモーメントの分布である．最大曲げモーメントは載荷点直下で現れる．また，主鉄筋断面に作用する曲げモーメントは床版支間長の全域にわたって分布する．これは床版が単純支持されているためであり，主桁などによる支持辺の拘束がある場合には，支持辺近傍で曲げモーメントの符号が逆転し，負曲げモーメントが作用することがある．**図 2.12 (b)** は，配力鉄筋断面に作用する曲げモーメントの分布である．一般に，配力鉄筋断面に作用する曲げモーメントの分布幅は，主鉄筋断面に作用する曲げモーメントの分布幅と比較して輪荷重載荷面形状の影響により分布範囲が狭くなる．また，載荷位置から橋軸方向にある距離だけ離れると，曲げモーメントの正負逆転により，わずかな負曲げモーメントが生じる．

図 2.13 (a) および **(b)** は，主鉄筋断面および配力鉄筋断面に作用するせん断力の分布である．いずれの断面においても輪荷重の載荷縁において最大せん断力が現れる．とくに，ある着目点を輪荷重が通過する場合，その前後において，配力鉄筋断面に作

用するせん断力は作用方向が交番する．このため，ひび割れ面のこすり合わせ現象が生起し，疲労に対して十分に留意することが必要となる．

ねじりモーメントは，輪荷重の載荷位置から支持辺へ向かって大きくなる．また，輪荷重の載荷位置が支持辺に近くなるにつれて，ねじりモーメントは大きくなる．さらに，ねじりモーメントは輪荷重の移動にともない交番する断面力であり，床版上面に発生したひび割れの進展，貫通ひび割れの形成を促進する．

図 **2.12 (a)** および図 **2.13 (a)** に示したように，主鉄筋断面に作用する曲げモーメントおよびせん断力は，車両の走行位置，すなわち，輪荷重の載荷位置によってその最大値や分布形状が異なる．とくに，載荷位置が支持桁に近くなるにつれて，支持桁に近い載荷縁におけるせん断力が大きくなる．RC 床版の最終破壊形態は押抜きせん断であることが多いことから，せん断力が卓越する位置に輪荷重が繰返し載荷されると，疲労破壊が起こりやすくなることが理解される．このような現象も輪荷重走行試験機によって明らかにされている[4]．

2.3.2　主桁との合成作用による影響

鋼道路橋における主桁と RC 床版との結合方法には，大きく分けて二つある．一つは，スタッドジベルなどのずれ止めを主桁上フランジに溶接し，RC 床版と一体化を図り，外力に抵抗する主桁の断面剛性を増すために，両者の合成効果を積極的に期待する合成桁結合である．もう一つは，設計においては主桁と RC 床版の一体化挙動を期待しない非合成桁結合である．しかし，非合成桁結合でも主桁上フランジにスラブアンカーが溶接されるため，実橋では，主桁と RC 床版とが一体化して挙動しているという調査結果[12]もある．

RC 床版のコンクリートが打設されると，コンクリートは水和反応とともに発熱・膨張する．その後，コンクリート表面から徐々に温度が低下することにより断面内に温度勾配が生じ，それと同時に水和反応に不要となった余剰水が蒸発することによってコンクリートは乾燥収縮する．これらの体積変化がずれ止めを介して主桁の剛性によって拘束されるため，橋軸方向に内部引張ひずみが発生し，ひずみが大きい場合には橋軸直角方向のひび割れが供用前に発生することになる．

RC 床版は比較的薄いコンクリート構造部材であるため，これら自己収縮によって発生したひび割れは輪荷重の繰返し作用と相まって容易に貫通する．橋軸直角方向の貫通ひび割れは，RC 床版の疲労寿命を著しく低下させる原因となる．それゆえ，このようなひび割れの発生を避けるよう，コンクリート打設前後の施工管理計画を詳細かつ慎重に立てる必要がある．

2.3.3 交通荷重による疲労損傷機構

交通荷重の繰返しによる RC 床版の疲労損傷の進行過程は**前項 2.1.2** で述べたとおりであるが，劣化進行の力学的な機構を概説すると，以下のとおりである．

輪荷重により床版に発生する曲げモーメントの作用で，床版下面に橋軸方向および橋軸直角方向の引張応力が発生する．床版にはすでにこの段階でコンクリートの温度変化や乾燥収縮により橋軸方向に引張応力が導入され，ときにはひび割れが発生している場合もあるため，容易に橋軸直角方向のひび割れが発生・進展する．この段階が一方向ひび割れの発生段階である．

橋軸直角方向にひび割れが生じると，橋軸方向の曲げ剛性が橋軸直角方向の曲げ剛性に比べてかなり低下し，床版の耐荷性状は等方性板から直交異方性板へと変化する．そして，橋軸方向の剛性低下により橋軸方向の曲げモーメント負担率が低下するため，剛性の大きな橋軸直角方向の曲げモーメント負担率が大きくなる．したがって，橋軸方向にも新たなひび割れが発生する．この段階が二方向ひび割れの発生段階である．

二方向ひび割れは交通荷重の繰返し作用により，しだいにその長さ，幅，深さを増し，同時にねじりモーメントの作用や乾燥収縮によって橋軸直角方向のひび割れが床版上面から発生する．さらに，交通荷重が繰返し作用すると床版下面のひび割れが細分化され，亀甲状ひび割れとなる．その後，続く荷重作用によって床版上・下面からのひび割れが貫通し，床版は橋軸直角方向に梁を並べたような構造系に移行する．そして，床版上面から雨水が貫通ひび割れに浸透すると，コンクリート中の石灰成分が遊離石灰となって床版下面に析出するとともに，疲労耐久性が低下しはじめる．

20 〜 30 cm 角程度の亀甲状ひび割れになると，新たなひび割れの発生は停止するが，交通荷重の繰返し作用によるひび割れの開閉，こすり合わせ現象により，そのひび割れの下部で角落ちが発生し，損傷が急速に進行する．ひび割れ面の劣化がさらに進行すると，コンクリートのはく離，陥没が生じる．この時点が押抜きせん断破壊状態といえる．

陥没が生じると，舗装面に放射状，あるいは，蜘蛛の巣状のひび割れが発生する．陥没を生じた部分の床版は交通荷重を鉄筋のみで支持することになり，この状態がある限度に達するとコンクリートが完全に抜け落ちる最終破壊に至る．

第 1 章で述べたが，これまでいく度となく道路橋示方書の RC 床版に関する活荷重，曲げモーメント式，床版厚，鉄筋量などの規定が改訂され，耐久性の高い RC 床版へと移り変わってきた．**図 2.14** に，昭和 39 年，48 年，平成 8 年の道路橋示方書に準じて製作された RC 床版に対して独立行政法人土木研究所で実施された階段載荷試験方法による疲労試験の結果を示す．この図から，これらの RC 床版の耐久性の違いが確認できる[13]．

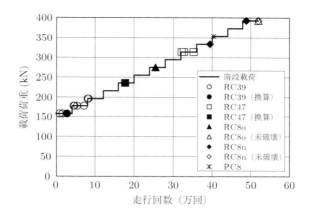

図 2.14　土木研究所での輪荷重走行試験結果

2.3.4　雨水による疲労損傷への影響

　コンクリートの温度変化や乾燥収縮，交通荷重の繰返し作用により床版上・下面に発生したひび割れが床版断面を貫通すると，路面に降った雨水が舗装内を浸透し，床版上面からひび割れ内へと浸透する．交通荷重の繰返しによってひび割れは開閉を繰返すが，この浸透水がひび割れ面の摩耗を促進する．すなわち，交通荷重の走行により，ひび割れ面のこすり合わせ現象とひび割れ面内の水が路面に吹き出すポンピング現象が生じる．さらに，これらの現象により RC 床版表面のコンクリートはセメントペーストと骨材に分離され，**2.1.1 項**に示した**写真 2.3** のような骨材化現象が生じる．そして，これらの劣化現象が RC 床版の疲労寿命を著しく低下させることが，RC 床版上面に水を張った状態での輪荷重走行試験結果によって確認されている [14]．すなわち，湿潤状態での RC 床版の疲労寿命は，乾燥状態での疲労寿命に比べて，極端に低下することが実証されている．RC 床版の疲労寿命に与える雨水の影響については**3.4.3 項**で詳しく述べる．

2.3.5　疲労損傷と劣化進行過程との関係

　コンクリート標準示方書・維持管理編 [15] では，松井らの研究成果を参照し，疲労による実橋床版の劣化進行過程を**図 2.15** のように示している．**2.3.3 項**で述べた交通荷重による疲労損傷の進行との関係を見てみると，供用開始後の一方向ひび割れ発生段階が潜伏期，二方向ひび割れ発生段階が進展期となり，疲労による床版の劣化が徐々にその挙動に現れてくる．しかし，この段階ではまだ床版としての性能は低下していない．亀甲状ひび割れが形成され，ひび割れの開閉，こすり合わせ現象が顕著となりはじめる段階が加速期である．この段階から劣化が顕著となりはじめ，床版とし

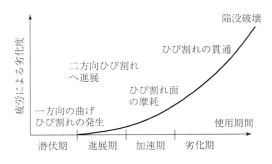

図 2.15　疲労による床版の劣化進行過程

ての性能低下が見られるようになる．さらに，貫通ひび割れが形成され，角落ちが進み，陥没に至るまでの段階が劣化期である．

第3章　床版設計の基本

3.1　鉄筋コンクリート床版の理論

3.1.1　概　説

RC 床版に作用する外力は，主として，床版自重，舗装，地覆，高欄などの死荷重，および通行車両の輪荷重であり，いずれも床版中央面と直角方向に作用する横荷重である．道路橋示方書[1] では，通行車両の輪荷重を，トラックの後輪荷重のダブルタイヤ幅を想定して 20×50 cm の面積に作用する部分分布荷重として定義している．一方，道路橋に使用される RC 床版は，通常，支間長に対して版厚の小さい薄板構造であるため，弾性薄板曲げ理論により算定される曲げモーメント，およびせん断力によって断面設計を行えば，十分安全性が評価できるものと考えられてきた．そこで，ここでは面外鉛直荷重を受ける薄板の曲げ理論の概要について述べる．

3.1.2　横荷重を受ける板の微小変形理論

（1）　板曲げの微分方程式

荷重が平面板の表面に垂直方向に作用し，かつ，この荷重によって生じる板のたわみが板厚に比べて小さい場合，以下に示す板曲げ問題の微小変形理論の基本仮定 (Kirchhoff-Love の仮定) が適用できる．

すなわち，

① 　板は厚さに比べ支持間隔の大きい平面材で，弾性，等質，等方性材料で構成されるものとする．

② 　板のたわみは厚さに比べて小さく，変形前に板の中央面に垂直であった線素は変形後も中央面に対して垂直を保持する．

③ 　板の中央面に垂直な方向のひずみ，および板の変形による中央面の面内力 (膜力) によるひずみは無視できる．

以上の仮定のもとで，図 **3.1** に示すように右手系直交座標の X，Y 軸を板の中央面

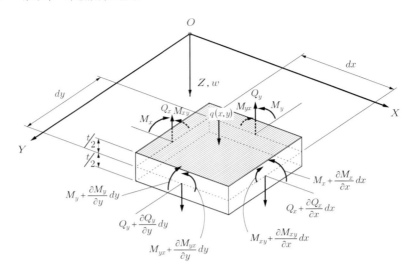

図 3.1 微小要素に作用する力

に置き，板から切り出した微小六面体要素を考える．板が xy 平面に対して直角方向の力を受けたとき，この微小六面体要素の $x = x$ の yz 面に平行な断面，および $y = y$ の xz 面に平行な断面に作用する内力は，x，y 方向の単位幅あたりの曲げモーメント M_x，M_y とねじりモーメント M_{xy}，M_{yx}，および要素側面に鉛直方向に作用する単位幅あたりのせん断力 Q_x，Q_y である．

これらの曲げモーメントおよびせん断力は座標値 x，y の関数であり，座標値 x，y がそれぞれ微小量 dx，dy だけ増加した場合，これらの内力の増分を考慮すれば，微小六面体要素における $x = x + dx$ の yz 面に平行な断面，および $y = y + dy$ の xz 面に平行な断面の，それぞれに作用する内力は，**図 3.1** に示すとおりとなる．

いま，板の上面に鉛直方向の分布荷重 $q(x, y)$ が作用しているものとすると，微小要素に作用する外力は $q\,dxdy$ と書ける．したがって，微小要素に作用する鉛直方向の力のつり合いから次式が成り立つ．

$$\frac{\partial Q_x}{\partial x}\,dxdy + \frac{\partial Q_y}{\partial y}\,dxdy + q\,dxdy = 0 \tag{3.1}$$

これより，

$$\frac{\partial Q_x}{\partial x} + \frac{\partial Q_y}{\partial y} + q = 0 \tag{3.2}$$

が得られる．

また，微小要素に作用する y 軸まわりの曲げモーメントのつり合いから，

$$\left(M_x + \frac{\partial M_x}{\partial x}\,dx\right)dy - M_x\,dy + \left(M_{yx} + \frac{\partial M_{yx}}{\partial y}dy\right)dx$$

$$- M_{yx}\,dx - \left(Q_x + \frac{\partial Q_x}{\partial x}\,dx\right)dy\frac{dx}{2} - Q_x\,dy\frac{dx}{2} = 0 \qquad (3.3)$$

となる.

ここで,せん断力の二次の微小項 $1/2(\partial Q_x/\partial x)(dx)^2\,dy$ を無視すれば,**式 (3.3)** は次のようになる.

$$\frac{\partial M_x}{\partial x}\,dxdy + \frac{\partial M_{yx}}{\partial y}dydx - Q_x\,dxdy = 0 \qquad (3.4)$$

これより,

$$\frac{\partial M_x}{\partial x} + \frac{\partial M_{yx}}{\partial y} = Q_x \qquad (3.5)$$

となる.

同様にして,微小要素に作用する x 軸まわりの曲げモーメントのつり合いから,

$$\frac{\partial M_y}{\partial y} + \frac{\partial M_{xy}}{\partial x} = Q_y \qquad (3.6)$$

となる.

ここで,**式 (3.5)**,および **式 (3.6)** を式 (3.2) に代入し,$M_{xy} = M_{yx}$ を考慮すれば,次式が得られる.

$$\frac{\partial^2 M_x}{\partial x^2} + 2\frac{\partial^2 M_{xy}}{\partial x \partial y} + \frac{\partial^2 M_y}{\partial y^2} = -q \qquad (3.7)$$

式 (3.7) を板のたわみ w を用いて表現するため,以下の変形を行う.いま,要素の板厚を t とすれば,モーメント成分 M_x,M_y,M_{xy} は,微小要素内の応力成分 σ_x,σ_y,τ_{xy} を用いて次のように表せる.

$$M_x = \int_{-t/2}^{t/2} \sigma_x z\,dz \qquad (3.8\,\mathrm{a})$$

$$M_y = \int_{-t/2}^{t/2} \sigma_y z\,dz \qquad (3.8\,\mathrm{b})$$

$$M_{xy} = \int_{-t/2}^{t/2} \tau_{xy} z\,dz \qquad (3.8\,\mathrm{c})$$

ここで,前述 ③ の仮定より,z 方向応力 σ_z を 0 とみなせば二次元弾性論におけるフック (**Hook**) の法則より,次式が得られる.

$$\sigma_x = \frac{E}{1-\nu^2}\left(\varepsilon_x + \nu\varepsilon_y\right) \qquad (3.9\,\mathrm{a})$$

$$\sigma_y = \frac{E}{1 - \nu^2}\left(\varepsilon_y + \nu\varepsilon_x\right) \tag{3.9 b}$$

$$\tau_{xy} = \frac{E}{2(1 + \nu)}\gamma_{xy} \tag{3.9 c}$$

ここに，ε_x, ε_y : それぞれ x, y 方向の曲げひずみ

　　　　γ_{xy}　　　：ねじりによるせん断ひずみ

　　　　E　　　　　：ヤング係数

　　　　ν　　　　　：ポアソン比

また，三次元弾性論より，ひずみ成分 ε_x, ε_y, γ_{xy} は，板のたわみ w を用いて次式で表せる．

$$\varepsilon_x = -z\frac{\partial^2 w}{\partial x^2} \tag{3.10 a}$$

$$\varepsilon_y = -z\frac{\partial^2 w}{\partial y^2} \tag{3.10 b}$$

$$\gamma_{xy} = -2z\frac{\partial^2 w}{\partial x \partial y} \tag{3.10 c}$$

式 (3.8) に，**式 (3.10)** を考慮して，**式 (3.9)** を代入し，積分を実行すれば，M_x, M_y, M_{xy} はそれぞれ次のように表せる．

$$M_x = -D\left(\frac{\partial^2 w}{\partial x^2} + \nu\frac{\partial^2 w}{\partial y^2}\right) \tag{3.11 a}$$

$$M_y = -D\left(\frac{\partial^2 w}{\partial y^2} + \nu\frac{\partial^2 w}{\partial x^2}\right) \tag{3.11 b}$$

$$M_{xy} = D(1 - \nu)\frac{\partial^2 w}{\partial x \partial y} \tag{3.11 c}$$

ここに，D は板の曲げ剛性で，

$$D = \frac{Et^3}{12(1 - \nu^2)} \tag{3.12}$$

である．

式 (3.7) に，**式 (3.11)** を代入すれば，次式に示す横荷重を受ける板の支配方程式が得られる．

$$\frac{\partial^4 w}{\partial x^4} + 2\frac{\partial^4 w}{\partial x^2 \partial y^2} + \frac{\partial^4 w}{\partial y^4} = \frac{q(x, y)}{D} \tag{3.13}$$

式 (3.13) におけるたわみ関数 w の解が，ある境界条件のもとで得られれば，板の任意点における曲げモーメント，およびねじりモーメントは，**式 (3.11)** より計算できる．また，せん断力 Q_x, Q_y は**式 (3.5)**, **(3.6)**, および**式 (3.11)** より次のように

なる.

$$Q_x = \frac{\partial M_x}{\partial x} + \frac{\partial M_{yx}}{\partial y} = -D\frac{\partial}{\partial x}\left(\frac{\partial^2 w}{\partial x^2} + \frac{\partial^2 w}{\partial y^2}\right) \tag{3.14 a}$$

$$Q_y = \frac{\partial M_y}{\partial y} + \frac{\partial M_{xy}}{\partial x} = -D\frac{\partial}{\partial y}\left(\frac{\partial^2 w}{\partial x^2} + \frac{\partial^2 w}{\partial y^2}\right) \tag{3.14 b}$$

（2）　境界条件

通常，鉄筋コンクリート床版は，四辺支持の矩形版，相対二辺支持あるいは一辺固定他辺自由の無限連続版，三辺支持一辺自由の矩形版などである．そこで，以下においては，板の側辺が x および y 軸に平行な長方形版を考え，例として，板の側辺 $x = a$ における境界条件を力学表現で示す．

（a）　固定縁

固定縁では，板の縁に沿って板厚中央面のたわみ，および回転角が拘束されるため，境界条件は，次式で与えられる．

$$(w)_{x=a} = 0 \tag{3.15 a}$$

$$\left(\frac{\partial w}{\partial x}\right)_{x=a} = 0 \tag{3.15 b}$$

（b）　単純支持縁

単純支持縁では，板の支持縁に沿ってたわみ w が 0 となるが，支持縁においては回転が自由であるため，$x = a$ で M_x は 0 となる．すなわち，

$$(w)_{x=a} = 0 \tag{3.16 a}$$

$$\left(\frac{\partial^2 w}{\partial x^2} + \nu\frac{\partial^2 w}{\partial y^2}\right)_{x=a} = 0 \tag{3.16 b}$$

である．

ただし，**式 (3.16 b)** において，支持縁では y の値にかかわらず w は 0 であり，$\partial^2 w/\partial y^2$ は常に 0 となるため，**式 (3.16 b)** は $\partial^2 w/\partial x^2 = 0$ と等価である．

（c）　自由縁

自由縁では，自由縁 $x = a$ に沿ってまったく拘束を受けないため，自由縁に荷重が作用しない場合，曲げモーメント，および鉛直方向力がすべて 0 となる．すなわち，

$$(M_x)_{x=a} = 0 \tag{3.17 a}$$

$$(V_x)_{x=a} = 0 \tag{3.17 b}$$

である.

　板端における鉛直方向力は，横方向せん断力とねじりモーメントによるせん断力の二つの成分で構成される．これより，**式 (3.17 b)** は次のように表せる．

$$(V_x)_{x=a} = \left(Q_x - \frac{\partial M_{xy}}{\partial y} \right)_{x=a} = 0 \tag{3.18}$$

　したがって，これらの式に**式 (3.11 a,c)**，および**式 (3.14 a)** の M_x, M_{xy}, Q_x を代入することにより，自由縁での境界条件は結局次のように表せる．

$$\left(\frac{\partial^2 w}{\partial x^2} + \nu \frac{\partial^2 w}{\partial y^2} \right)_{x=a} = 0 \tag{3.19 a}$$

$$\left(\frac{\partial^3 w}{\partial x^3} + (2 - \nu) \frac{\partial^3 w}{\partial x \partial y^2} \right)_{x=a} = 0 \tag{3.19 b}$$

（３）　直交異方性板

　前項では，板の直交二方向の材料特性の等しい等方性板を対象としたが，RC 床版などの実際の構造部材では直交二方向の材料特性が異なることが多い．そこで，前項で誘導した等方性弾性板の基礎式は次のようにして直交異方性弾性板に拡張できる．

　いま，右手系直交座標の x, y 軸を直交異方性板の主軸方向に一致させ，直交二方向の弾性係数，およびポアソン比をそれぞれ E_x, E_y, および ν_x, ν_y とすれば，直交異方性板における応力とひずみの関係は，次のようになる．

$$\varepsilon_x = \frac{\sigma_x}{E_x} - \nu_y \frac{\sigma_y}{E_y} \tag{3.20 a}$$

$$\varepsilon_y = \frac{\sigma_y}{E_y} - \nu_x \frac{\sigma_x}{E_x} \tag{3.20 b}$$

$$\gamma_{xy} = \frac{\tau_{xy}}{G_{xy}} \tag{3.20 c}$$

　ここで，直交異方性材料のせん断弾性係数 G_{xy} は，E_x, E_y および ν_x, ν_y を用いて次のように表せる．

$$G_{xy} \approx \frac{\sqrt{E_x E_y}}{2(1 + \sqrt{\nu_x \nu_y})} \tag{3.21}$$

式 (3.20) を σ_x, σ_y, τ, について解けば,

$$\sigma_x = \frac{E_x}{1 - \nu_x \nu_y} (\varepsilon_x + \nu_y \varepsilon_y) \tag{3.22 a}$$

$$\sigma_y = \frac{E_y}{1 - \nu_x \nu_y} (\varepsilon_y + \nu_x \varepsilon_x) \tag{3.22 b}$$

$$\tau_{xy} = G_{xy}\gamma_{xy} \qquad (3.22\,\mathrm{c})$$

となる.

前述 (1) の等方性板の場合と同様に,式 **(3.8)** に式 **(3.10)** を考慮して,式 **(3.22)** を代入し,積分を実行すれば次式が得られる.

$$M_x = -D_x \left(\frac{\partial^2 w}{\partial x^2} + \nu_y \frac{\partial^2 w}{\partial y^2} \right) \qquad (3.23\,\mathrm{a})$$

$$M_y = -D_y \left(\frac{\partial^2 w}{\partial y^2} + \nu_x \frac{\partial^2 w}{\partial x^2} \right) \qquad (3.23\,\mathrm{b})$$

$$M_{xy} = 2D_{xy} \frac{\partial^2 w}{\partial x \partial y} \qquad (3.23\,\mathrm{c})$$

ここに,D_x,D_y は,それぞれ,直交二方向の板の曲げ剛性で,

$$D_x = \frac{E_x t^3}{12(1 - \nu_x \nu_y)} \qquad (3.24\,\mathrm{a})$$

$$D_y = \frac{E_y t^3}{12(1 - \nu_x \nu_y)} \qquad (3.24\,\mathrm{b})$$

となる.

また,D_{xy} は直交異方性板のねじり剛性で,

$$D_{xy} = \frac{G_{xy} t^3}{12} \qquad (3.25)$$

となる.

板要素のつり合い方程式,式 **(3.7)** に,式 **(3.23)** を代入すれば,直交異方性板の支配方程式として次式が得られる.

$$D_x \frac{\partial^4 w}{\partial x^4} + 2H \frac{\partial^4 w}{\partial x^2 \partial y^2} + D_y \frac{\partial^4 w}{\partial y^4} = q(x, y) \qquad (3.26)$$

ここに,$2H = \nu_y D_x + \nu_x D_y + 4D_{xy}$ で,この H を一般に直交異方性板の有効ねじり剛性とよんでいる.

Maxwell-Betti の相反定理より,

$$\nu_x E_y = \nu_y E_x, \qquad (3.27\,\mathrm{a})$$

あるいは,

$$\nu_x D_y = \nu_y D_x \qquad (3.27\,\mathrm{b})$$

となり,

したがって,

$$H = \nu_y D_x + 2D_{xy} = \nu_x D_y + 2D_{xy} \tag{3.28}$$

となる.

また，せん断力 Q_x, Q_y は式 **(3.5)**，**(3.6)** に式 **(3.23)** を代入して，次式を得る.

$$Q_x = -\frac{\partial}{\partial x}\left(D_x \frac{\partial^2 w}{\partial x^2} + H \frac{\partial^2 w}{\partial y^2}\right) \tag{3.29 a}$$

$$Q_y = -\frac{\partial}{\partial y}\left(D_y \frac{\partial^2 w}{\partial y^2} + H \frac{\partial^2 w}{\partial x^2}\right) \tag{3.29 b}$$

3.1.3 支持桁で弾性支持された床版の有限要素法解析

（1） 基礎理論

一般に，道路橋の RC 床版は，それが合成桁あるいは非合成桁のいずれの場合も，鋼桁上に設けられた何らかのずれ止めによって固定されている．また，床版は輪荷重の繰返し走行によりひび割れが進展すると，主鉄筋方向と配力鉄筋方向の鉄筋位置および鉄筋量の違いから，直交異方性板として挙動する．したがって，床版面に対し，鉛直方向に作用する輪荷重あるいは死荷重に対する橋梁構造全体のなかの床版の挙動は，床版中央面に対し，偏心して設置された主桁や横桁に弾性支持された直交異方性板として解析できる．

そこで，ひび割れの進展により直交異方性化した RC 床版をもつ橋梁において，床版の面外荷重による曲げせん断挙動を解析するにあたって，**3.1.2 項**の平板曲げ要素の仮定のほかに，以下のような構造モデルを仮定する．

① 梁要素は断面積に比べて長さの長い部材で構成され，軸方向ひずみのみを考慮し，断面方向，すなわち鉛直方向のひずみは無視する．

② 板要素と梁要素で構成される系の応力とひずみの関係は，弾性線形理論に従うものとし，系の断面内で曲げによるせん断ひずみゼロの仮定 (平面保持の仮定) が成立する．

③ 床版要素と梁要素はずれ止めによって完全剛結されているものとし，節点における両者間のずれは考慮しない．

④ 外力は床版面に対して垂直に作用するものとし，物体力は考慮しない．

以上の仮定のもとでは，直交異方性板とこれを弾性支持する梁で構成される系に対し，作用する荷重と変形の関係は線形であり，系を有限要素に分割した場合，おのおのの要素に対して一般に次式が成り立つ．

$$\mathbf{F}^e = \mathbf{K}^e \boldsymbol{\delta}^e \tag{3.30}$$

ここに，$\mathbf{F}^e$： 要素の節点力ベクトル

$\qquad\quad\mathbf{K}^e$： 要素剛性マトリックス

$\qquad\quad\boldsymbol{\delta}^e$： 要素の節点変位ベクトル

ここで，薄板曲げ要素に対して有限要素法の周知の理論を適用すれば，要素剛性マトリックス $\mathbf{K}^e$ は次式で与えられる [2]．

$$\mathbf{K}^e = \left(\mathbf{C}^{-1}\right)^T \left(\int_V \mathbf{Q}^T \mathbf{D} \mathbf{Q}\, dV\right) \mathbf{C}^{-1} \tag{3.31}$$

ここに，$\mathbf{C}$： 要素の節点座標値により定まる要素の変位関数の係数マトリックス

$\qquad\quad\mathbf{Q}$： 要素の節点変位をひずみに関係づけるひずみマトリックス

$\qquad\quad\mathbf{D}$： 要素の応力とひずみの関係を与える弾性マトリックス

したがって，薄板曲げ要素に対し，適切な変位関数を仮定すれば，系を構成するおのおのの要素に対し，**式 (3.31)** によって要素剛性マトリックスを計算することができる．これをもとに系全体の剛性マトリックスが求められ，系の各節点に作用する節点外力ベクトルに対応する系の節点変位ベクトルは，次式に示す連立方程式の解として計算することができる．

$$\mathbf{R} = \mathbf{K}\boldsymbol{\delta} \tag{3.32}$$

ここに，$\mathbf{R}$： 系全体に作用する節点外力ベクトル

$\qquad\quad\mathbf{K}$： 系全体の剛性マトリックス

$\qquad\quad\boldsymbol{\delta}$： 系全体の節点変位ベクトル

さらに，**式 (3.32)** により系の節点変位が求まれば，おのおのの要素に作用する応力度は次式より計算することができる．

$$\boldsymbol{\sigma}^e = \mathbf{D}\mathbf{Q}\mathbf{C}^{-1}\boldsymbol{\delta}^e \tag{3.33}$$

ここに，$\boldsymbol{\sigma}^e$： 各要素の節点応力ベクトル

（2）RC床版の直交異方性の評価

RC床版における直交異方性の影響は，板要素の弾性マトリックスを算定する際，直交二方向の床版の曲げ剛性を，引張側コンクリートを無視した断面で評価する Huber の提案式 [3] にもとづいて評価することができる．すなわち，

$$\mathbf{D}^b = \begin{bmatrix} D_x & D_1 & 0 \\ D_1 & D_y & 0 \\ 0 & 0 & D_{xy} \end{bmatrix} \tag{3.34}$$

$$D_x = \frac{E_c}{1 - \nu_c^2} \left[I_{cx} + (n-1)I_{scx} + nI_{stx} \right] \tag{3.35 a}$$

$$D_y = \frac{E_c}{1 - \nu_c^2} \left[I_{cy} + (n-1)I_{scy} + nI_{sty} \right] \tag{3.35 b}$$

$$D_1 = \nu_c \sqrt{D_x D_y} \tag{3.35 c}$$

$$D_{xy} = \frac{1 - \nu_c}{2} \sqrt{D_x D_y} \tag{3.35 d}$$

となる.

　　ここに，$\mathbf{D}^b$　　　　：板曲げ要素の弾性マトリックス

　　　　　　D_x　　　　　：配力鉄筋方向の版の曲げ剛性

　　　　　　D_y　　　　　：主鉄筋方向の版の曲げ剛性

　　　　　　E_c　　　　　：コンクリートのヤング係数

　　　　　　ν_c　　　　　：コンクリートのポアソン比

　　　　　　I_{cx}, I_{cy}　：それぞれ，橋軸方向および橋軸直角方向に直角な断面の中立軸に関するコンクリートの断面二次モーメント

　　　　　　I_{scx}, I_{stx}：それぞれ，橋軸方向に直角な断面における圧縮鉄筋および引張鉄筋の中立軸に関する断面二次モーメント

　　　　　　I_{scy}, I_{sty}：それぞれ，橋軸直角方向に直角な断面における圧縮鉄筋および引張鉄筋の中立軸に関する断面二次モーメント

（3）　支持桁の偏心により床版に導入される面内力の取扱い

　支持桁の偏心により床版に導入される面内力は，通常の場合，軸方向の圧縮応力であるため，床版の面内剛性の評価においては，床版は全断面が有効に作用するものと考え，床版を等方性板として評価すればよい．すなわち，面内力に対する要素の応力とひずみとを関係づける弾性マトリックスは次式で与えられる.

$$\mathbf{D}^p = \frac{E_c t^3}{1 - \nu_c^2} \begin{bmatrix} 1 & \nu_c & 0 \\ \nu_c & 1 & 0 \\ 0 & 0 & (1-\nu_c)/2 \end{bmatrix} \tag{3.36}$$

　　ここに，$\mathbf{D}^p$：板要素の面内力に対する弾性マトリックス

（4）　床版の変位関数と支持桁との結合

　床版の変位関数を与える要素座標系として，**図 3.2** に示すような，長方形板要素の一辺に x 軸をとり，板要素面内に y 軸，要素面に直角方向に z 軸をとる座標系を選べば，要素の各節点における変位としては，x, y, z 方向の変位 u, v, w と，x および y 軸まわりの回転変位 θ_x, θ_y の五つの変位成分が考慮でき，4 節点を有する長方形要

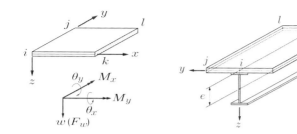

図 3.2 長方形板要素

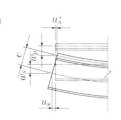

図 3.3 板要素と棒要素の結合

素の 1 要素あたりの自由度は 20 となる.

そこで，要素境界線上の変位の連続性を考慮して面内変位 u，v を線形近似し，鉛直変位 w を三次曲線で近似した次式による変位関数 [2] を用いるものとする.

$$u = \alpha_1 + \alpha_2 x + \alpha_3 y + \alpha_4 xy \tag{3.37 a}$$

$$v = \alpha_5 + \alpha_6 x + \alpha_7 y + \alpha_8 xy \tag{3.37 b}$$

$$w = \alpha_9 + \alpha_{10} x + \alpha_{11} y + \alpha_{12} x^2 + \alpha_{13} xy + \alpha_{14} y^2 + \alpha_{15} x^3$$
$$+ \alpha_{16} x^2 y + \alpha_{17} xy^2 + \alpha_{18} y^3 + \alpha_{19} x^3 y + \alpha_{20} xy^3 \tag{3.37 c}$$

これより，要素の節点変位ベクトルは，式 (**3.37**) および，$\theta_y = \partial w / \partial x$, $\theta_x = -\partial w / \partial y$ より求められる係数マトリックス $\mathbf{C}$ により，未定係数ベクトル $\boldsymbol{\alpha}_n^e$ に関係づけられる．すなわち，

$$\boldsymbol{\delta}^e = \mathbf{C} \boldsymbol{\alpha}_n^e \tag{3.38}$$

である.

次に，板要素と支持桁との結合は，板の中央面における板要素と桁要素との変位の連続性を考慮すれば，板の中央面における支持桁の軸方向変位 u_s^*，および鉛直たわみ w_p は，図 **3.3** に示すように，板の中央面と桁の中立軸との偏心距離 e を用いて以下のように表現できる.

$$u_s^* = \beta_1 + \beta_2 x \tag{3.39 a}$$

$$w_p = \beta_3 + \beta_4 x + \beta_5 x^2 + \beta_6 x^3 \tag{3.39 b}$$

微小変位の仮定から，

$$u_s = u_s^* - e \frac{\partial w}{\partial x} = \beta_1 + \beta_2 x - e\beta_4 - 2e\beta_5 x - 3e\beta_6 x^2 \tag{3.40 a}$$

$$w_s = w_p = \beta_3 + \beta_4 x + \beta_5 x^2 + \beta_6 x^3 \tag{3.40 b}$$

となり，また，

$$\theta_y = \frac{\partial w}{\partial x} = \beta_4 + 2\beta_5 x + 3\beta_6 x^2 \tag{3.41}$$

となる．

これより，桁要素の節点変位ベクトルは，**式 (3.40)** および**式 (3.41)** より板要素と同様に係数マトリックス $\mathbf{C}_1$ により，未定係数ベクトル β_n^e に関係づけられる．すなわち，

$$\delta^e = \mathbf{C}_1 \beta_n^e \tag{3.42}$$

となる．

以上より，棒要素の変位は**式 (3.42)** を用いて板中央面での変位によって表現できる．

3.2 RC 床版の設計曲げモーメント式

前節でも述べたように，道路橋に用いられる RC 床版は，

① 支間長に対して板厚の小さい薄板構造であるため，弾性薄板曲げ理論により算定される曲げモーメント，およびせん断力によって断面設計を行えば十分安全性が確保できると考えられること，

② 道路橋示方書 [1] の最小厚規定を満足する床版では，通常，床版の押抜きせん断耐荷力が輪荷重により床版に発生する最大せん断力に比べて著しく大きい値となること，

などから，わが国では，コンクリート下面の曲げひび割れを極力少なくするための最小厚規定と床版各部の発生最大曲げ応力を材料ごとに決められた許容応力度以内におさめることによって鉄筋コンクリートの断面が決定されている．すなわち，最小厚規定により床版厚を決定した後，死荷重および輪荷重により床版に発生する最大応力度を求め，コンクリートおよび鉄筋に対して決められている許容応力度以下となるよう，鉄筋径および間隔が決定される．なお，床版の設計曲げ強度は，通常，部材断面や材料強度のばらつきを考慮して定められた安全率を考慮して算定される．

また，輪荷重により床版に発生する最大曲げモーメントは，通常，床版支間の関数として与えられる設計曲げモーメント式により算定される．この設計活荷重曲げモーメント式は，床版の種々の支間長に対してその都度最大値を求めるための解析を行う必要がないよう，床版の各種支持条件および各支間長ごとに，輪荷重を可能な限り載荷して床版各部位の発生最大曲げモーメントをあらかじめ算定し，これらの結果を床版支間長をパラメータとして最小 2 乗法によって線形関数化し，これに適当な安全係数を考慮して導かれたものである．

　以下に，RC 床版の設計に用いられる床版の曲げ強度算定法と設計活荷重曲げモーメント式について概説する．

3.2.1　床版の曲げ強度算定法

　道路橋に用いられる RC 床版では，設計において想定していない荷重に対してもじん性の高い構造とするため，鉄筋は圧縮側にも引張側の 1/2 以上を配置するよう規定されている．このため，通常，RC 床版の断面構成は，主鉄筋方向および配力鉄筋方向とも図 **3.4** に示すような複鉄筋長方形断面が用いられる．したがって，床版の断面を設計するには，床版の各部位に発生する最大曲げモーメントから計算される複鉄筋長方形断面の最大応力度が，コンクリートおよび鉄筋のそれぞれの許容応力度を超えないよう鉄筋配置を決定すればよい．このためには，主鉄筋方向および配力鉄筋方向のコンクリートの圧縮縁および引張鉄筋に対する床版の断面係数を算定する必要がある．以下に，これらの断面係数の算定法を示す．

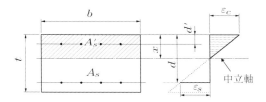

図 3.4　複鉄筋長方形断面

　いま，図 **3.4** に示すような幅 b，有効厚 d の複鉄筋長方形断面を考える．この断面に床版の上面が圧縮となる曲げモーメントが作用したとき，引張側コンクリートの強度を無視すれば，断面の中立軸まわりの内力曲げモーメントの総和は 0 となることから，

$$\frac{bx^2}{2} + nA_s'(x - d') - nA_s(d - x) = 0 \tag{3.43}$$

となる．

　式 **(3.43)** を解いて，床版の中立軸の位置 x は，次式で与えられる．

$$x = -\frac{n(A_s + A_s')}{b} + \sqrt{\left[\frac{n(A_s + A_s')}{b}\right]^2 + \frac{2n}{b}(A_s d + A_s' d')} \tag{3.44}$$

　次に，引張コンクリートを無視した複鉄筋長方形断面の中立軸まわりの断面二次モーメント I は，

$$I = \frac{bx^3}{3} + nA_s'(x - d')^2 + nA_s(d - x)^2 \tag{3.45}$$

となる．

式 (3.45) に式 (3.43) の関係を考慮すれば，

$$I = \frac{bx^2}{2}\left(d - \frac{x}{3}\right) + nA_s'(x - d')(d - d') \tag{3.46}$$

となり，したがって，コンクリートの圧縮縁に関する断面係数 W_c は，

$$W_c = \frac{I}{x} = \frac{bx}{2}\left(d - \frac{x}{3}\right) + nA_s'\frac{(x - d')}{x}(d - d') \tag{3.47}$$

となる．

また，引張鉄筋に関する断面係数 W_s は，

$$W_s = \frac{1}{n}\frac{I}{d - x} = \frac{W_c}{n}\frac{x}{d - x} \tag{3.48}$$

となる．

なお，道路橋示方書[1] では，RC 床版の断面係数を算定する際の鋼とコンクリートのヤング係数比として，$n = 15$ を用いるよう規定している．このヤング係数比は，実際のコンクリートのヤング係数にひび割れによる残留変形も考慮した値として規定したものである．

3.2.2 活荷重曲げモーメントのパラメトリック解析と 各種設計曲げモーメント式

輪荷重により RC 床版の各部位に発生する最大曲げモーメントは，着目する部位の発生曲げモーメントが最大となるよう，道路橋示方書[1] の規定から，設計後輪荷重を橋軸方向に 1 台，橋軸直角方向に可能な限り載荷することにより算定される．床版が一方向版で，かつ，床版を等方性弾性板と仮定した場合，床版の各種支持条件に対して床版支間を変化させ，床版各部位ごとの発生最大曲げモーメントを算出し，これを床版支間の関数として整理することにより設計曲げモーメント式が得られる．

なお，床版が直交異方性板の場合，主鉄筋断面と配力鉄筋断面の曲げ剛性の比により，直交二方向の荷重分担率が変化するため，発生最大曲げモーメントも変化する．このため，床版の直交異方性を考慮する場合，床版の直交二方向の剛比が収束するまで繰返し計算が必要となる．

以下に，現在わが国で用いられている道路橋床版の設計曲げモーメント式について，算定上の仮定および算定根拠について概説する．

（1） 道路橋示方書 [1]

わが国における道路橋 RC 床版の設計規定の基本となる道路橋示方書に定められた設計曲げモーメント式は，下記①〜③の仮定のもとで，④に示す解析法により，床版支間を変化させ，それぞれの支間に対する床版各部位ごとの最大曲げモーメントを算

定し，この算定結果にもとづいて床版各部位の最大曲げモーメントを床版支間の関数として表現したものである．

① **対象床版の構造条件**：相対する二辺で単純支持された等方性無限単純板および相対する二辺のうち一辺が固定で他の一辺が自由な等方性無限片持板と仮定している．このため，支持桁の沈下は考慮していない．

② **考慮している荷重**：道路橋示方書に定められているトラックの後輪荷重を橋軸方向に 1 台，幅員方向には台数に制限なく載荷し，前輪荷重の影響も考慮している．さらに，衝撃の影響も考慮しており，道路橋示方書で定められる衝撃係数 $i = 20/(50 + L)$ (L：支間長) を用いている．

③ **床版中央面での輪荷重の分布強度**：アスファルト表面から 5 cm 厚の舗装を通して床版全厚の 1/2 の面まで 45° の分散角で拡大した面に等分布する荷重と仮定している．なお，分布強度を算定する際の床版全厚は，安全側の仮定として，単純版では道路橋示方書の連続版の最小全厚 ($3L + 11$，L：支間長) を用い，片持版では 16 cm として計算を行っている．

④ **解析法**：輪荷重をフーリエ級数展開し，前節の**式 (3.13)** の偏微分方程式を前述①の構造条件のもとで三角級数を用いて解くことにより，対象支間の着目点の最大曲げモーメントを算出している．

　一例として，単純版における主鉄筋方向の最大曲げモーメントの解析結果と設計曲げモーメント式の関係を**図 3.5 (a)** に示す．図からもわかるように，道路橋示方書で与えられている設計曲げモーメント式は，上記の解析結果より得られる最大曲げモーメントの理論値に対し，解析の仮定と実際との相違，実橋での施工誤差などを考慮して 10 ～ 20 % 程度安全側の値を与えるよう定められている．なお，連続版については単純版の結果をもとにして近似的に設計値を定めたものである．

（2）鋼構造物設計指針 [4]

　底鋼板を有する鋼・コンクリート合成床版の設計活荷重曲げモーメントとして算定されたもので，道路橋示方書と同様，一方向の等方性無限単純板に対し，前輪および後輪荷重を載荷して有限要素法により解析したものである．道路橋示方書の場合と同様，本解析結果と設計曲げモーメント式との関係を**図 3.5 (b)** に示す．本設計式では，床版の最大支間長を 8 m まで拡張した式を与えており，道路橋示方書と同様，解析値に対して 10 ～ 20 % 余裕を見込んだ算定式となっている．また，輪荷重の分布強度を算定する際の床版全厚 (t) は，単純版に対して $t = 2.5L + 10$ (L：支間長) を用いて計算を行っている．なお，片持版に対する式および連続版に対する考え方は道路橋示方書と同様とし，とくに計算は実施されていない．

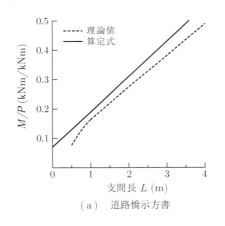
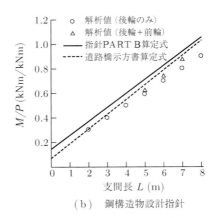

（a） 道路橋示方書　　　　　　　　　（b） 鋼構造物設計指針

図 3.5 単純版における主鉄筋方向最大曲げモーメントの解析結果と
設計曲げモーメント式との関係

（3）　その他の設計曲げモーメント式

　上記に紹介した設計曲げモーメント式は，いずれも床版を等方性弾性板と仮定した場合の解析結果より導かれたものであるが，RC 床版においてひび割れが進展すると，主鉄筋と配力鉄筋の配筋量の違いにより，床版の構造系が等方性板から直交異方性板へ移行する．そして，この異方性化による応力の再配分により主鉄筋方向の曲げモーメントは等方性板の理論値より大きな値となる．したがって，このようにひび割れの進展した床版では，直交異方性を考慮した設計曲げモーメント式 [5] による照査が必要となる．

　一方，近年，中小スパン鋼道路橋において，構造簡素化による製作コストや維持管理コストの低減，あるいは現場作業の省力化をめざして，従来の多主桁形式を 2 主構の I 桁形式とし，かつ，主桁間の縦桁を省略した構造が多用されている．このような形式の橋梁において，床版支間の増大による床版厚の増大を避けるため，床版を主桁と横桁で二方向支持し，発生曲げモーメントを低減する方法が提案されている [6, 7]．なお，この二方向支持床版 (以下，「二方向版」という) では，主鉄筋を車両進行方向に配置することで床版の疲労耐久性の向上が図れることも確認されている [7]．

　上記のような二方向版では，発生最大曲げモーメントが直交二方向の床版支間の比，および主桁と横桁の剛比の影響を受けるため，設計曲げモーメント式策定にはこれらを考慮したパラメトリック解析が必要となる．このような二方向版の設計曲げモーメント式としては，文献 [6] に提案式が示されている．

3.2.3 支持桁の不等沈下による付加曲げモーメント

床版を支持する桁の剛性が著しく異なる場合，支持桁の変形により床版に発生する曲げモーメントが増大する場合がある．道路橋示方書に与えられる設計曲げモーメント式ではこれらの変形の影響を考慮していないため，**図 3.6** に示すような箱断面の主桁間に縦桁を配置した場合や，箱断面主桁の外側にブラケットを設けてその先端部に縦桁を配置した場合のように，床版を支持する桁の剛性が著しく異なる場合には，支持桁の不等沈下による付加曲げモーメントを考慮する必要がある．そこで，道路橋示方書では，巻末の付録にこれらの構造形式の床版に対する付加曲げモーメントの算定図表が与えられている．

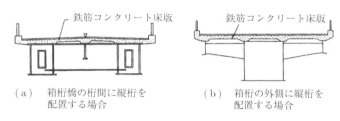

鉄筋コンクリート床版　　　　　　　鉄筋コンクリート床版

（ａ）箱桁橋の桁間に縦桁を　　　　（ｂ）箱桁の外側に縦桁を
　　　配置する場合　　　　　　　　　　　配置する場合

図 3.6 床版に付加曲げモーメントが発生する構造例

また，I 形断面の鋼桁間に縦桁を配置した場合や，上路トラスの主構の上弦材間に縦桁を配置した床版の付加曲げモーメントは，一般に，文献 [8] および文献 [9] を用いて算定されている．

3.3 RC 床版の耐荷力

3.3.1 RC 床版の破壊形式

二辺単純支持の一方向 RC 床版 (長辺と短辺の比が 2 以上のもの) に輪荷重のような部分的集中荷重が床版中央点に漸増して作用する場合，荷重の増加とともに床版中央点のたわみは図 3.7 のような経路をたどる．

荷重が P_{cr} に達すると，床版下面にひび割れが発生しはじめる．その後，荷重の増加とともに非線形挙動を示すようになる．しかし，載荷点直下で最大曲げモーメントを受ける鉄筋が 1 本だけ降伏 (初期降伏 P_{yi}) しても，前後のたわみ挙動の傾向は顕著に変化しない．載荷板下にあるほとんどの鉄筋が降伏 (P_y) すると，鉄筋の塑性流れが急激に起こり，たわみが急増し，押抜きせん断破壊に至る．

富鉄筋断面の場合には，梁と同様に，鉄筋の降伏前に圧縮側コンクリートの圧潰によって破壊することもある．また，曲げ耐荷力に到達するまえに押抜きせん断破壊に

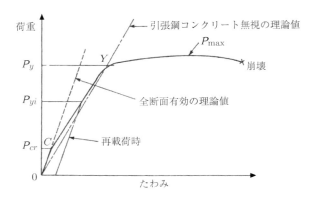

図 3.7 荷重とたわみの関係

よって崩壊することもある．これらの破壊は変形の少ない時点で予兆なく発生する．
このことから，RC 床版の耐荷力は曲げ耐荷力と押抜きせん断耐荷力の両方について
検討する必要がある．

3.3.2 曲げ耐荷力

RC 床版の曲げ破壊は，鉄筋の降伏による塑性流れが生じ，さらに，コンクリート
が圧潰することによって起こる現象である．曲げ破壊が生じるためには，RC 床版が
破壊まで十分な塑性変形ができる断面でなければならない．RC 床版の曲げ耐荷力は，
一般に，上界定理の一つである降伏線理論によって推定される．RC 床版の降伏線理
論は，1923 年に Ingerslev[10] によって考え出され，その後，1943 年に Johansen[11] に
よって拡張された．降伏線理論は，床版の形状，載荷形状，境界条件によって異なる降
伏線パターンを仮定し，その降伏線上において床版断面に塑性ヒンジが形成された状
態を考え，仮想仕事の原理をもとに崩壊荷重を求める．いくつかの降伏線パターンが
考えられるが，そのうちの崩壊荷重が最も小さい値を上界値として曲げ耐荷力とする．

集中荷重を受ける RC 床版の降伏線から曲げ耐荷力を推定する例を，以下に紹介す
る[12]．四辺固定支持された床版に，**図 3.8** に示す n 個に分割された放射状の降伏線
が形成された場合，外力仕事と内力仕事のつり合いから**式 (3.49)** が成り立つ．

$$\frac{P_u}{n} r = (m'_u + m_u) \frac{2\pi r}{n} \tag{3.49}$$

ここで，右辺は集中荷重による外力仕事であり，左辺は単位幅あたりの降伏曲げ
モーメントによる内力仕事である．これより，曲げ耐荷力 P_u は**式 (3.50)** のように求
めることができる．

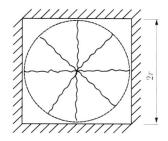

図 3.8　四辺固定支持された床版

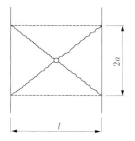

図 3.9　二辺単純支持された床版 (無限版)

$$P_u = 2\pi(m'_u + m_u) \tag{3.50}$$

ここに，m_u：　単位幅あたりの正の降伏モーメント
　　　　　m'_u：　単位幅あたりの負の降伏モーメント
　　　　　r　：　RC 床版の辺長の半分

また，二辺単純支持された床版に，図 **3.9** に示す降伏線が形成された場合の曲げ耐荷力 P_u は，次式の内力仕事と外力仕事のつり合いより求めることができる．

$$P_u\delta = 2m_u\frac{\delta}{0.5l}2a + 2(m'_u + m_u)\frac{\delta}{a}l \tag{3.51}$$

ここに，δ：　鉛直方向の微小変位
　　　　　l：　床版支間長
　　　　　a：　図 3.9 による．

式 (3.51) より，

$$P_u = \frac{8m_u a}{l} + \frac{2(m'_u + m_u)l}{a} \tag{3.52}$$

となる．

ここで，P_u が極小値をとるときの a の値を求める．

$$\frac{dP_u}{da} = \frac{8m_u}{l} - \frac{2(m'_u + m_u)l}{a^2} = 0 \tag{3.53}$$

すなわち，

$$a = 0.5l\sqrt{\frac{m'_u + m_u}{m_u}} \tag{3.54}$$

となる．よって，曲げ耐荷力 P_u は，

$$P_u = 8\sqrt{(m'_u + m_u)m_u} \tag{3.55}$$

となる．

　降伏線理論より求まる曲げ耐荷力は，一般に，安全側の値を与えることが知られている[13]．また，道路橋 RC 床版の破壊は，引張側鉄筋が降伏する前に，あるいは降伏直後に押抜きせん断破壊することが多いことから，次項で述べる押抜きせん断耐荷力に対する検討がより重要である．

3.3.3　押抜きせん断耐荷力

　道路橋 RC 床版に作用する支配的な荷重は自動車の輪荷重である．そして，輪荷重はその接地面積が比較的小さい．このため，これまでに述べてきたように，RC 床版の破壊形態としては，押抜きせん断破壊が支配的となる．RC 床版の押抜きせん断耐荷力に関する研究は，まず，1913 年に Talbot[14] によって行われた．RC 床版の押抜きせん断耐荷力への影響因子は非常に多く，コンクリート強度，床版の有効高さ，載荷板周長，鉄筋比，鉄筋降伏応力度，曲げ耐荷力，支持条件などがあげられる．そのため，これまでに多くの耐荷力機構や耐荷力算定式が提案されてきた．ここでは，提案されているいくつかの算定式を紹介し，それぞれの算定精度を比較する．

（1）　角田式

　角田ら[15] は，種々の影響因子を変化させた 60 体に及ぶ床版の押抜きせん断実験を行い，さらに，既往の実験結果をも加え，それぞれの影響因子について統計解析を行った結果，次式の押抜きせん断耐荷力算定式を提案している．

$$P = 0.674(b_0 + 3\pi d)\, d\sqrt{f'_c}\left(1 + 0.5\frac{p \cdot f_y}{\sqrt{f'_c}}\right) \Big/ \left(1 + \frac{d}{20}\right) \quad \text{(kgf)} \qquad (3.56)$$

$$\left(\text{ただし,}\ \frac{p \cdot f_y}{\sqrt{f'_c}} > 3.33\ \text{のとき,}\ \frac{p \cdot f_y}{\sqrt{f'_c}} = 3.33\right)$$

ここに，b_0：　載荷板周長 (cm)

$\quad\quad\ d$　：　有効高さ (cm)

$\quad\quad\ f'_c$：　コンクリートの圧縮強度 (kgf/cm^2)

$\quad\quad\ p$　：　鉄筋比 ($= A_s/bd$)

$\quad\quad\ f_y$：　鉄筋の降伏応力度 (kgf/cm^2)

（2）　松井式

　松井ら[16] は，**図 3.10** に示す押抜きせん断破壊モデルを提案しそれにもとづいて次式に示す押抜きせん断耐荷力算定式を提案している．本式による算定値は，角田ら[15] の研究において実験された正方形 RC 床版の結果や，長方形床版に対する長方形載荷板による実験結果に対しても算定精度のよいことが確認されている．

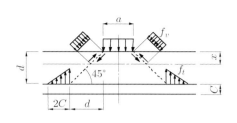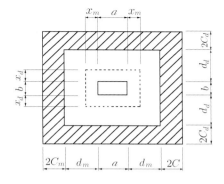

図 3.10 押抜きせん断破壊モデル[7] に対する応力分布とその範囲

$$P_0 = f_v \left[2(a + 2x_m)x_d + 2(b + 2x_d)x_m \right]$$

$$+ f_t \left[2(a + 2d_m)C_d + 2(b + 2d_d + 4C_d)C_m \right] \quad \text{(N)} \qquad (3.57)$$

$$f_v = 0.656 f_c'^{\,0.606} \qquad (3.58)$$

$$f_t = 0.269 f_c'^{\,2/3} \qquad (3.59)$$

ここに, a, b ： 載荷板の主鉄筋, 配力鉄筋方向の辺長 (mm)

$\qquad x_m, x_d$ ： 主鉄筋, 配力鉄筋に直角な断面の引張側コンクリートを無視し
たときの中立軸深さ (mm)

$\qquad d_m, d_d$ ： 引張側主鉄筋, 配力鉄筋の有効高さ (mm)

$\qquad C_m, C_d$ ： 引張側主鉄筋, 配力鉄筋のかぶり深さ (mm)

$\qquad f_c'$ ： コンクリートの圧縮強度 (N/mm²)

$\qquad f_v$ ： コンクリートのせん断強度 (N/mm²)

$\qquad f_t$ ： コンクリートの引張強度 (N/mm²)

（３） 土木学会コンクリート標準示方書 (JSCE 式)

コンクリート標準示方書[17] では, 押抜きせん断耐荷力が梁のせん断耐荷力算定式
と同様の形式で表されるものと仮定し, 既往のスラブおよびフーチングの押抜きせん
断実験結果をもとにした次式が提案されている.

$$V_{pcd} = \beta_d \cdot \beta_p \cdot \beta_r \cdot f_{pcd}' \cdot u_p \cdot d / \gamma_b \quad \text{(N)} \qquad (3.60)$$

ここで,

$$f_{pcd}' = 0.20 \sqrt{f_{cd}'} \quad \text{(N/mm}^2) \qquad (\text{ただし, } f_{pcd}' \leqq 1.2 \text{ N/mm}^2)$$

$$\beta_d = \sqrt[4]{1/d} \quad (d : \text{m}) \qquad (\text{ただし, } \beta_d > 1.5 \text{ となる場合は 1.5 とする})$$

$$\beta_p = \sqrt[3]{100p} \qquad (\text{ただし，} \beta_p > 1.5 \text{ となる場合は } 1.5 \text{ とする})$$

$$\beta_r = 1 + 1/(1 + 0.25u/d)$$

である.

ここに，f'_{cd} ： コンクリートの設計圧縮強度 (N/mm^2)

u ： 載荷面の周長

u_p ： 設計断面の周長で，載荷面から $d/2$ だけ離れた位置で算定するものとする

$d,\ p$： 有効高さおよび鉄筋比で，二方向の鉄筋に対する平均値とする

γ_b ： 部材安全係数

（4） ACI 設計基準 (ACI Design Code (ACI 式))

ACI 設計基準 [18] では，せん断補強鉄筋を有さない断面のせん断耐荷力として次式が提案されている.

$$V_c = \left(1 + \frac{2}{\beta_c}\right) \frac{\sqrt{f'_c}b_0 d}{6} \quad (\text{N}) \tag{3.61}$$

$$\left(\text{ただし，} \frac{1}{3}\sqrt{f'_c}b_0 d \quad (\text{N}) \text{ 以下とする}\right)$$

ここに，β_c： 載荷板の短辺長さに対する長辺長さの比

f'_c： コンクリートの圧縮強度

b_0： 限界周長で，載荷面から $d/2$ だけ離れた位置で算定するものとする

d ： 有効高さ

角田ら [15] の二方向版に関する実験結果 56 体と，松井ら [16] の一方向版に関する実験結果 18 体に対して，上記四つの算定式の算定精度を比較した結果が**図 3.11** である．JSCE 式 ($\gamma_b = 1$ とする) および ACI 式は設計計算式であるため，安全側の値を与える．角田式は二方向版に対してはよい精度を与えるが，一方向版も含めると，松井式が最も精度のよいことがわかる.

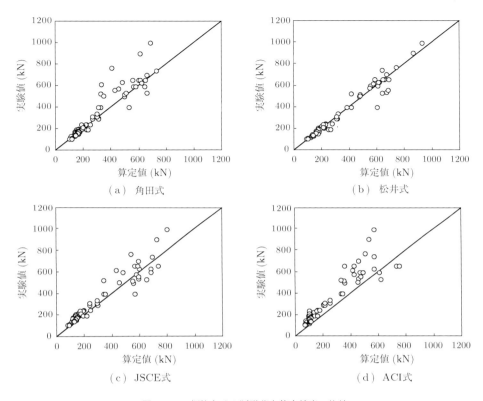

（a）角田式

（b）松井式

（c）JSCE式

（d）ACI式

図 3.11　押抜きせん断耐荷力算定精度の比較

3.4　RC床版の疲労耐久性

3.4.1　疲労耐久性に影響を及ぼす要因

　道路橋の供用期間中にRC床版の耐久性に影響を及ぼす要因は，交通荷重や地震などの外力，凍害や塩害などの自然環境あるいは人為的環境，アルカリ骨材反応や中性化などの材料の化学反応などがあげられる．また，人為的な要因としては，設計や施工における不確実性や過積載大型車の通行があげられる．ここでは，疲労耐久性に影響を及ぼす要因について整理する．

　まず，外的な要因として，以下の事項があげられる．

① **交通荷重**：交通荷重は大型車だけでも**表 3.1**[19] に示すように7種類のタイプが走行しており，また，それぞれの総重量も運用上の目的に応じて変動する．さらに，車種や積荷の積載状態によってそれぞれの車軸が受けもつ軸重も変動する．

② **交通量**：道路網を形成するそれぞれの路線の規格や環境によって交通量や車両

表 3.1 大型車交通の分類 [19]

タイプ	種 類	概略図
1	2軸車	
2	3軸車 (後タンデム)	
3	3軸車 (前タンデム)	
4	4軸車 (タンクローリー)	
5	4軸車 (セミトレーラー)	
6	5軸車 (トレーラー)	
7	6軸車 (トレーラー)	

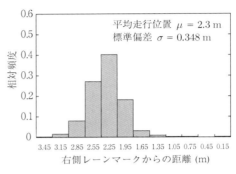

図 3.12 車両走行位置 [20]

の混入率・総重量分布特性は異なる．松井ら [19] は，道路をメンテナンスの面から，都市内道路，都市近郊道路，湾岸産業道路，地方道路の四つに分類している．都市内道路では**表 3.1** の分類においてタイプ 1 が，都市近郊道路および地方道路ではタイプ 1 およびタイプ 2 の占める割合が大きい．ただし，地方道路は都市近郊道路と比較してトレーラー類の混入率が高い傾向にある．湾岸産業道路ではタイプ 1 の混入率は大きく減少し，トレーラー類の混入率が他路線と比較して圧倒的に多いため，1 台あたりの輪数および輪荷重が非常に大きい．なお，地方道路には，分類の目的によって都市間連絡道路に分類されるものもある．また，週単位，日単位でも交通量は変動する．

③ **走行位置**：道路上を走行する車両は鉄道と違い，**図 3.12** のように一定の位置を走行せず，ある範囲で分布する [20]．**図 3.12** は，2 車線道路における右側レーンマークから左側車輪までの距離を示してある．このような調査結果から，RC 床版上のある着目点における断面力は通過する車両が同一重量であっても変動する．

次に，内的な要因として，以下の事項があげられる．

① **コンクリート強度**：コンクリート強度は床版の押抜きせん断耐荷力に直接影響を及ぼすため，設計・施工においてコンクリート強度の決定・管理が重要である．

② **床版厚および鉄筋量**：第 1 章に述べたように，これまでに多くの損傷被害をもたらした RC 床版は，昭和 39 年に制定された鋼道路橋設計示方書 [21] によって設計された床版であった．当時の示方書の規定では，床版厚が薄く，配力鉄筋量が

少なかったことに原因があった。その後，いく度かの示方書の改訂でこれらが更新され，現在に至っているが，これらが改訂の際のパラメータになっている．

③ **床版の支持条件**：RC 床版を支持する主桁の形式や主桁との結合方法，床版支間長によって作用する断面力の大きさが異なる．また，床版のたわみ量は床版のたわみ角，主桁の面外回転量や水平移動の大きさに影響を受ける．

④ **防水工**：**2.3.4 項**で述べたように，雨水の RC 床版への浸透は劣化速度を著しく速めるため，防水層の設置の有無が大きな要因の一つといえる．

3.4.2 梁状化した RC 床版の押抜きせん断耐荷力

2.3.3 項で述べたように，RC 床版の疲労損傷は，最終的にいくつかの貫通ひび割れが橋軸直角方向に形成され，交通荷重に対する抵抗力が低下することによって進行する．このような系では，RC 床版は配力鉄筋のみによって連結され，あたかもある幅の梁を並べたような状態となる．それゆえ，交通荷重のほとんどが主鉄筋断面で支持されることになる．この梁状化した RC 床版の押抜きせん断耐荷力は疲労耐久性を評価するための S–N 曲線を得るためにも非常に重要な指標となる．

貫通ひび割れの間隔は 40 ～ 50 cm 程度であることが，輪荷重走行試験による疲労実験 [22] で観察されており，松井 [23] は，梁状化の梁幅を次式により与えられるとしている．

$$B = b + 2d_d \tag{3.62}$$

ここに，b ： 載荷板の橋軸方向の辺長

d_d： 配力鉄筋の有効高さ

梁状化した RC 床版の押抜きせん断耐荷力は，**3.3.3 項**で示した**式 (3.57)** を梁幅 B の範囲について変形した次式により求めることができる．

$$P_{sx} = 2B(f_v x_m + f_t C_m) \tag{3.63}$$

3.4.3 S–N 曲線

RC 床版の S–N 曲線は，一般に，コンクリート構造物の S–N 曲線と同様に，作用荷重を耐荷力で除した無次元荷重値と繰返し回数との関係で表される．**図 3.13** は，輪荷重走行試験機が開発される以前に行われていた定点載荷疲労試験によるものと，輪荷重走行試験による結果とを比較したものである [24]．輪荷重走行試験による疲労寿命は定点載荷疲労試験に比べて著しく低くなることがわかる．これは，走行輪荷重による断面力 (曲げモーメント，せん断力，ねじりモーメント) の移動繰返し作用によるものであり，とくに，配力鉄筋断面に作用する正負交番するせん断力の影響が大きい．

松井[24] による輪荷重走行試験から得られた S–N 曲線は,次式で表される.

$$\log\left(\frac{P}{P_0}\right) = -0.0892\log N + \log 1.02 \tag{3.64}$$

ここに,P : 輪荷重

P_0 : **式 (3.57)** により得られる押抜きせん断耐荷力

N : 繰返し回数

このS–N曲線は,昭和39年に制定された道路橋示方書に従って設計された RC 床版 5 体の結果によるものであり,RC 床版の断面諸元が同じ試験体による結果である.また,**図 3.13** は S–N 曲線の縦軸を P_0 を基本耐荷力として無次元化して提示しているが,この方法では,断面諸元が異なると,S–N 曲線も違ったものとなる(たとえば,**図 3.13** の FA シリーズと FB シリーズの違い).

このような S–N 曲線の不統一性を解決するために,松井[23] は,**式 (3.63)** の梁状化した押抜きせん断耐荷力を無次元化の基本耐荷力として適用すれば,統一化した S–N 曲線となることを見いだし,結果として,**図 3.14** および次式を提案している.

$$\log\left(\frac{P}{P_{sx}}\right) = -0.07835\log N + \log 1.52 \tag{3.65}$$

このS–N曲線は,RC 床版の表面を乾燥状態で行った実験結果から得られたもので,床版上面に水を張った試験により得られた S–N 曲線[23,25] は,**式 (3.66)** のように提案されている.**式 (3.65)** と比べて切片が小さくなっており,寿命が短くなっている.

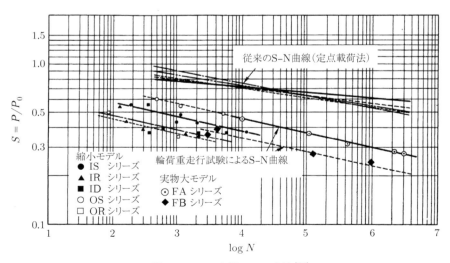

図 3.13 RC 床版の S–N 曲線[24]

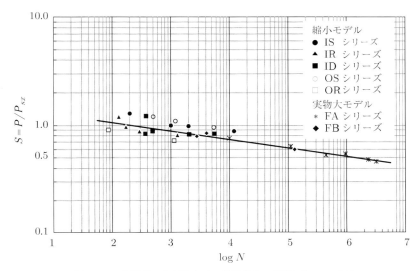

図 3.14　梁状化した押抜きせん断耐荷力で表現した S–N 曲線

$$\log \left(\frac{P}{P_{sx}} \right) = -0.07835 \log N + \log 1.23 \tag{3.66}$$

3.4.4　変動荷重を受ける床版の疲労寿命評価法

　変動荷重を受ける床版の疲労寿命は，一定荷重の実験より得られる S–N 曲線とマイナーの線形累積被害則によって推定できる．すなわち，応力度 σ_i の繰返し回数を n_i，応力度 σ_i に対する部材の疲労寿命を N_i とすると，マイナーの線形累積損傷度 (D) は次式で表される．

$$D = \sum_i^n \frac{n_i}{N_i} \tag{3.67}$$

$D < 1.0$ であれば，部材は疲労破壊に至らないと推定できる．

　いま，構造物，あるいは，部材の疲労試験から S–N 曲線が次式で表されたとする．

$$\log \sigma = -k \log N + \log C \tag{3.68}$$

このS–N 曲線をもとに，2 組の応力度 $(\sigma_0,\ \sigma_1)$ とそれらに対応する疲労寿命 $(N_0,\ N_1)$ との関係は，次式で表される．

$$N_0 = \left(\frac{\sigma_1}{\sigma_0} \right)^{1/k} N_1 = \left(\frac{\sigma_1}{\sigma_0} \right)^{m} N_1 \tag{3.69}$$

これより，**式 (3.69)** を用いて，応力度 σ_1 での繰返し数を応力度 σ_0 での繰返し数

に換算することができる．したがって，種々の変動応力に対する一般式として，応力度 σ_0 を基本応力度として換算した等価繰返し回数は，次式で表される．

$$N_{eq} = \sum_{i=1}^{n} \left(\frac{\sigma_i}{\sigma_0} \right)^m n_i \tag{3.70}$$

コンクリート構造物の疲労損傷にマイナーの線形累積被害則が適用できることがいくつかの実験[26]により明らかにされてきた．

実橋では重さの違う自動車が任意の位置を通行する．このような橋梁における RC 床版の疲労損傷にもマイナーの線形累積被害則が適用できる．以下に，このような実橋床版における等価繰返し回数を用いた疲労照査方法について述べる．

なお，一般に RC 床版の S–N 曲線の縦軸は応力度ではなく，輪荷重で表現されてきた．これは，RC 床版の疲労破壊現象が非常に複雑であり，応力度では表現しにくいためである．

RC 床版上を走行する交通荷重は非常に変動が大きく，変動因子は荷重の大きさ，通行位置である．RC 床版上のある一つの着目点について，これら二つの変動因子はそれぞれ確率変数として表すことができる．これらを考慮した等価繰返し回数は次式で表される[24]．

$$N_{eq} = \int_{\alpha}^{\beta} \int_{0}^{P_{\max}} \eta^m \left(\frac{P}{P_0} \right)^m n(P, x)\, dP dx \tag{3.71}$$

ここに，η ： 着目点を通る床版横断面上における着目点の断面力の影響線
P ： 任意の輪荷重
P_0 ： 基本輪荷重
$n(P,\ x)$： 任意の輪荷重 P が通行位置 x を通過する回数
$\alpha,\ \beta$ ： 輪荷重の通行位置の限界値
m ： S–N 曲線の傾きの逆数の絶対値

一般に，輪荷重の大きさと通行位置は独立事象であると考えられることから，それぞれの確率密度関数を $p(P)$，$p(x)$ とすると，1 年間の通行回数が N_T であれば，任意の荷重を基本輪荷重に換算したときの等価繰返し回数は，**式 (3.71)** から次式のように書き換えることができる．

$$N_{eq} = N_T \int_{\alpha}^{\beta} \eta^m p(x)\, dx \int_{0}^{P_{\max}} \left(\frac{P}{P_0} \right)^m p(P)\, dP \tag{3.72}$$

ここに，$p(P)$： 輪荷重に関する確率密度関数
$p(x)$ ： 通行位置に関する確率密度関数

また，$p(P)$ と $p(x)$ が実測データとして**図 3.15** および**図 3.16** のように得られてい

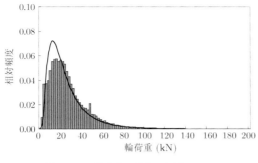

図 3.15 輪荷重に関する実測データ

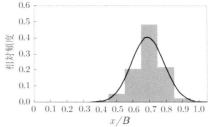

図 3.16 通行位置に関する実測データ

る場合には，それぞれは確率密度関数を積分することによって定数として扱うことができるため，次式のように表される．

$$N_{eq} = C_1 \cdot C_2 \cdot N_T \tag{3.73}$$

ここで，

$$C_1 = \int_\alpha^\beta \eta^m p(x)\, dx \tag{3.74}$$

$$C_2 = \int_0^{P_{\max}} \left(\frac{P}{P_0}\right)^m p(P)\, dP \tag{3.75}$$

である．さらに，実際には床版上を走行する輪荷重 P に衝撃効果が付加されるため，衝撃係数を i の一定値で増幅されるとすると，**式 (3.73)** は次式のように表される．

$$N_{eq} = (1+i)^m \cdot C_1 \cdot C_2 \cdot N_T \tag{3.76}$$

この N_{eq} に設計寿命 L_f (年) を乗じたものが，S–N 曲線より求められる荷重 P_0 による疲労寿命 N_0 より小さければ，その寿命中は疲労破壊しないことになる．

3.4.5 疲労耐久性に対する限界状態

RC 床版の疲労耐久性に対する限界状態を定義しておくことは，耐久性設計において重要である．

まず，疲労限界状態は押抜きせん断破壊，あるいは曲げ破壊によって車両が RC 床版上を通行できなくなった状態と定義できる．

次に，使用限界状態の定義であるが，松井ら[27] は輪荷重走行試験による RC 床版の劣化過程を詳細に観察し，次のような検討により使用限界状態を定義している．

すなわち，輪荷重走行試験の着目する段階における繰返し数と最終破壊時の繰返し数の比を疲労寿命比，そして，着目する段階のひび割れ密度と最終破壊時のひび割れ

密度との比をひび割れ密度比と定義し，輪荷重走行試験により得られた床版のたわみ
と疲労寿命比との関係，およびひび割れ密度比と疲労寿命比との関係を，**図 3.17** お
よび**図 3.18** のように示している．そして，RC 床版の劣化過程を**図 3.18** のように最
終疲労寿命 (N_f) までを 3 段階に分けて説明している [27]．以下に，それぞれの劣化過
程について詳述する．

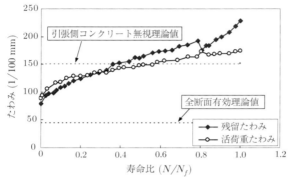

図 3.17　たわみと疲労寿命との関係 [27]

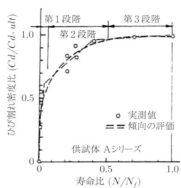

図 3.18　ひび割れ密度比と疲労寿命比
との関係 [27]

（1）　第 1 段階 ($N/N_f = 0 \sim 0.05$ の間)

輪荷重が走行する軌道下で，曲げモーメントによる初期ひび割れが急激に発生する．
大略 5 ～ 6 m/m^2 のひび割れ密度となる．このときの活荷重たわみは**図 3.17** に示す
ように，床版のコンクリートが全断面有効とした理論たわみの約 2 倍となる．

（2）　第 2 段階 ($N/N_f = 0.05 \sim$ 約 0.5 の間)

ひび割れ密度，たわみとも線形的に漸増し，この段階の最終時にはひび割れ密度が
10 m/m^2 程度となり，最終ひび割れ密度の 90 ～ 95 ％ となる．この段階では，床版
上・下面からのひび割れが荷重の繰返しにより徐々に深さ方向および側方へと進展
する．

この段階の終わりは，床版下面のひび割れに段差が発生することによって判断でき，
床版は板としての連続性を喪失する時点に一致する．このときの活荷重たわみは，引
張側コンクリートを無視した板剛性による直交異方性板理論たわみに一致するか，若
干大きめとなる．

（**3**）　**第 3 段階** (N/N_f = 約 0.5 〜 1.0 の間)

ひび割れ密度の増加は停留するが，走行回数に対するたわみの増加率は一定のままか，あるいは，若干大きくなる．この段階では，ひび割れの開閉に加え，上下方向へのずれおよび水平方向へのずれが顕著となり，ひび割れ面の摩耗によるひび割れのスリット化，角落ちが発生する．最終的に，配力鉄筋断面のせん断抵抗がなくなり，主鉄筋断面の荷重負担が増加して主鉄筋断面がせん断破壊する．

このような RC 床版の劣化過程から，床版上面でのひび割れが水平方向にずれ，床版下面でのひび割れが上下方向にずれることによって床版が板としての連続性を喪失したとき，すなわち，「活荷重たわみが引張側コンクリートを無視したときの理論たわみに達したときが使用限界状態である」と定義している．

3.4.6　疲労耐久性

一般に，道路橋 RC 床版は道路橋示方書[1] に従って設計される．RC 床版は道路橋示方書に示されている設計曲げモーメントにより設計され，その規定に従って設計すれば，せん断に対する照査を行わなくてよい．2002 年の改訂では，疲労耐久性が損なわれないようにすることが規定され，RC 床版の疲労耐久性評価の重要性が示されたといえる．

しかし，実際に RC 床版の疲労耐久性を設計段階で取り入れるためには，次のようなデータが必要となる．すなわち，新設橋梁では，架設する地点の信頼性の高い交通量予測が必要となる．また，既設橋梁では，補修・補強の要否や健全度などを評価することになるため，設計当時の示方書，設計図面，建設当初からの交通量の変遷などのデータが必要である．

RC 床版の疲労耐久性は，式 (**3.76**) より求められる等価繰返し回数 N_{eq} と，次式に示す図 **3.14** の終局状態に関する S–N 曲線から得られる繰返し回数 N_f から評価できる．

$$N_f = 10^{\beta} \tag{3.77}$$

ここで，

$$\beta = 12.76 \left[\log 1.52 - \log \left(\frac{P}{P_{sx}} \right) \right] \tag{3.78}$$

である．これより疲労寿命は，次式により求めることができる．

$$T = \frac{N_f}{N_{eq}} \tag{3.79}$$

3.4.7 劣化度の評価[27]

（1） たわみによる劣化度の評価法

活荷重たわみが引張側コンクリートを無視したときの理論たわみに達した状態，すなわち，使用限界状態に達したときの劣化度を 1.0 と定義する．供用開始前のひび割れがまったくない状態は健全であり，劣化度はゼロである．このときの活荷重たわみはコンクリートを全断面有効としたときの理論たわみに一致する．これらを数式で表すと，ある測定時点での RC 床版の劣化度は次式で表現できる．

$$D_d = \frac{w - w_0}{w_c - w_0} \tag{3.80}$$

ここに，D_d： たわみによる劣化度

$\quad$ w ： 実測たわみ値

$\quad$ w_0 ： コンクリートの全断面を有効としたときの理論たわみ値

$\quad$ w_c ： 引張側コンクリートを無視したときの直交異方性を考慮した理論たわみ値

ただし，この劣化度の信頼性は，たわみの実測を正確に行うこと，また，理論たわみを求める際の境界条件を適切に考慮することにより得られる．より信頼性の高いたわみを実測するための方法として，**図 3.19** に示す装置が提案されている．これは主桁間の不等沈下，主桁の面外変形や断面のねじり変形の影響が実測値に含まれないように，一端を単純支持，一端を可動支持した門形フレームを主桁下フランジ上に載せ，門形フレームの上に変位計を取り付けるものである．

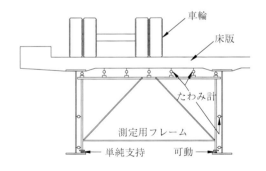

図 3.19 たわみ測定装置[27]

また，理論値を求める解析における留意点として，主桁や横桁の剛性，地覆，高欄や舗装の剛性などの影響を考慮した橋梁構造全体系の解析により信頼性の高い値を求める必要がある．

（２）　ひび割れ密度による劣化度の評価法

　道路橋 RC 床版を維持管理するうえで，RC 床版のひび割れ調査はたわみを計測するよりも簡便である．しかし，ひび割れを観測する調査員の個人差が入りやすく，どの程度のひび割れ幅までを計算に入れるかなどの問題点がある．

　ひび割れ密度と**式 (3.80)** のたわみによる劣化度との関係が，**図 3.20** のように得られている．両者の関係は，たわみによる劣化度 $D_d = 1.0$ まで線形関係を有しており，そのときのひび割れ密度は約 10 m/m² である．それ以降，ひび割れ密度は停留するが，たわみによる劣化度は急激に増大する．この段階になると，ひび割れの発生・進展が停留し，ひび割れの貫通，ひび割れ面のスリット化や角落ちが顕著となり，板としての連続性が失われるためにたわみが増大する．

　これらより，使用限界状態までの RC 床版に対して，ひび割れ密度による劣化度は次式で表される．

$$D_c = \frac{C_d}{10.0} \tag{3.81}$$

ここに，D_c： ひび割れ密度による劣化度

　　　　C_d： ひび割れ密度の実測値

以上のように，ひび割れ密度による劣化度は，たわみによる劣化度とよい相関を示

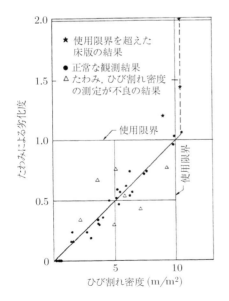

図 3.20　ひび割れ密度とたわみによる
　　　　劣化度の関係[27]

写真 3.1　FWD による劣化度評価[28]

すことがわかり，RC 床版の維持管理をひび割れの観察によって行う手法に妥当性を与えている．

（3）　その他の劣化度の評価法

写真 3.1 のような試験車および試験装置を用いて，おもりを舗装上に落下させることによって衝撃荷重を舗装表面に伝えたときに生じる舗装および床版たわみを測定し，たわみ波形から床版の劣化度を評価する方法が試みられている．このような試験方法は FWD[28](Falling Weight Deflectometer) とよばれている．

3.4.8　有限要素法による RC 床版の劣化度評価法

（1）　ひび割れを有する RC 床版の解析法

ひび割れの進展による RC 床版の劣化度を定量的に評価するためには，ひび割れを有する RC 床版の輪荷重による耐荷性状を把握する必要がある．これには，ひび割れ部の変形挙動を考慮した解析法が有効であり，**3.1.2 項**で紹介した FEM 解析法に，以下に示すようなひび割れの変形挙動を表現する接合要素を導入することにより，ひび割れの進展による板剛性の低下度が評価できる[7]．

（a）　接合要素の要素剛性マトリックス

図 3.21 に示すような x 軸に平行に発生したひび割れを表す接合要素を考える．要素の y 方向の幅 η は十分小さいものとし，節点 i, j, および k, l は同じ座標値を有しているものと考える．ただし，要素の x 軸方向の伸び剛性，および y 軸まわりの曲げ剛性は無視できるものとする．これより，接合要素の変位としては z 方向の変位 w と y 軸，および x 軸まわりの回転変位 θ_y, θ_x のみを考える．すなわち，各要素には，

$$\boldsymbol{\delta}^e = \left(w_i, \theta_{yi}, \theta_{xi}, w_j, \theta_{yj}, \theta_{xj}, w_k, \theta_{yk}, \theta_{ki}, w_l, \theta_{yl}, \theta_{xl} \right)$$

の 12 個の変位成分を考えればよい．これに対応する節点力は，z 方向の力 F_z と y 軸および z 軸まわりの曲げモーメント M_x および M_y であり，$f(F_z, M_x, M_y)$ と表せる．

ここで，要素内では i–k 辺と j–l 辺間のせん断ばねおよび回転ばねのみにより応力が伝達されるものとし，w の x 方向の変位分布を板曲げ要素の変位分布と同様に三次

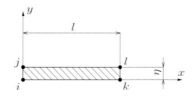

図 3.21　接合要素

の表現式を用い，θ_x が w と独立するものとすると，

$$w = \alpha_1 + \alpha_2 x + \alpha_3 y + \alpha_4 x^2 + \alpha_5 xy + \alpha_6 x^3 + \alpha_7 x^2 y + \alpha_8 x^3 y \quad (3.82\,\text{a})$$

$$\theta_y = \frac{\partial w}{\partial x} = \alpha_2 + 2\alpha_4 x + \alpha_5 y + 3\alpha_6 x^2 + 2\alpha_7 xy + 3\alpha_8 x^2 y \quad (3.82\,\text{b})$$

$$\theta_x = \alpha_9 + \alpha_{10} x + \alpha_{11} y + \alpha_{12} xy \quad (3.82\,\text{c})$$

となる．これより，各節点の変位ベクトルは式 **(3.38)** の場合と同様に，要素の各節点座標と未定係数ベクトル $\boldsymbol{\alpha}_n^e$ により次式で表される．

$$\boldsymbol{\delta}^e = \mathbf{C}\boldsymbol{\alpha}_n^e \tag{3.83}$$

次に，接合要素に発生するひずみは，z 方向のせん断ひずみ γ_z と x 軸まわりの曲げひずみ ϕ_x であり，それぞれ，i–k 線上と j–l 線上との相対ずれ Δw および相対回転角 $\Delta\theta_x$ を用いて，次式により表現できる．

$$\begin{Bmatrix} \gamma_z \\ \phi_x \end{Bmatrix} = \begin{Bmatrix} \Delta w \\ \Delta\theta_x \end{Bmatrix} = \begin{Bmatrix} w_{(y=\eta)} - w_{(y=0)} \\ \theta_{x(y=\eta)} - \theta_{x(y=0)} \end{Bmatrix} = \mathbf{Q}\boldsymbol{\alpha}_n^e \tag{3.84}$$

接合要素に作用する単位幅あたりのせん断力を Q_y，曲げモーメントを M_y とし，単位幅あたりの接合要素のせん断剛性を K_s，曲げ剛性を K_r とすると，

$$\begin{Bmatrix} Q_y \\ M_y \end{Bmatrix} = \begin{bmatrix} K_s & 0 \\ 0 & K_r \end{bmatrix} \begin{Bmatrix} \gamma_z \\ \phi_x \end{Bmatrix} = \mathbf{D}\mathbf{Q}\boldsymbol{\alpha}_n^e \tag{3.85}$$

となる．以上より，接合要素の剛性マトリックスは次式で表現できる．

$$\mathbf{K} = \left(\mathbf{C}^{-1}\right)^T \left(\int_V \mathbf{Q}^T \mathbf{D} \mathbf{Q}\, dV \right) \mathbf{C}^{-1} \tag{3.86}$$

（b） ひび割れ部の回転ばね剛性とせん断ばね剛性

接合要素の剛性を表すばね剛性のうち，回転ばね剛性 K_r は，ひび割れの発生により板の曲げ剛性がひび割れ部において，コンクリートの全断面を有効とした剛性から引張側コンクリートを無視した剛性へ移行するものと考えれば，次式によって表現できる．

$$K_r = \frac{E_c}{1-\nu^2}\left[I_c + (n-1)I_{sc} + nI_{st}\right] \tag{3.87}$$

ここに，$E_c,\ \nu$ ：それぞれ，コンクリートのヤング係数およびポアソン比
$\qquad\quad n$ ：鋼とコンクリートのヤング係数比
$\qquad\quad I_c$ ：圧縮側コンクリートの中立軸まわりの断面二次モーメント
$\qquad\quad I_{sc},\ I_{st}$：圧縮側および引張側鉄筋の中立軸まわりの断面二次モーメント

　一方，接合要素のせん断ばね剛性は，圧縮側におけるひび割れ部でのコンクリート
内骨材のインターロッキング作用，および引張側鉄筋のダウエル作用の相互作用と
して表現でき，板の中立軸の位置，および上下鉄筋の径とピッチの関数として表現で
きる．

　そして，このうち，骨材のインターロッキング作用によるせん断剛性は，輪荷重の
繰返し走行による鉄筋の局部降伏や圧縮側コンクリートのすり減りにより，中立軸の
位置が圧縮側方向に移動することにより低下し，ひび割れが進展して劣化が進行した
状態では，その負担率が著しく低下するものと考えられる．

　また，鉄筋のダウエル作用によるせん断剛性も，輪荷重の繰返し走行により，ひび
割れ部鉄筋周辺のコンクリートの局部破壊により低下するが，その低下度は，輪荷重
強度と走行回数の関数として表現できるものと考えられる．そこで，このダウエル作
用によるせん断ばねを床版の劣化度を評価するパラメータとして選定することとする．

　いま，図 **3.22** の模式図に示すように，ひび割れ面に沿ったせん断力 Q により，ひ
び割れ部におけるコンクリート塊間に相対ずれ δ が発生したとすると，

$$Q = K_s \delta \tag{3.88}$$

となる．ここに，K_s は鉄筋のダウエル作用によるせん断ばね剛性で，鉄筋の固定点
間距離 l を用いて次式で表せる．

$$K_s = n \frac{12EI}{l^3} \tag{3.89}$$

　ここに，n　：　単位幅あたりの鉄筋本数

　　　　　EI：　鉄筋一本あたりの曲げ剛性

　この l は，輪荷重の繰返し走行によるひび割れ面の摩耗や，コンクリートの鉄筋接
触面の局部圧潰などにより，繰返し回数の増加とともに大きくなるものと考えられ，
輪荷重強度とその繰返し回数の関数として表現できる．

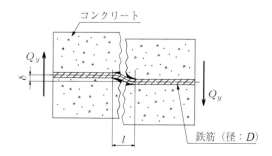

図 3.22　ひび割れ部のせん断ばねモデル

（2）　床版の疲労劣化過程とひび割れ部のばね剛性

図 **3.23** は，輪荷重走行試験による実験床版の実測たわみと，実験床版のひび割れ網を近似的に表現した本解析法による解析たわみを比較したものである．

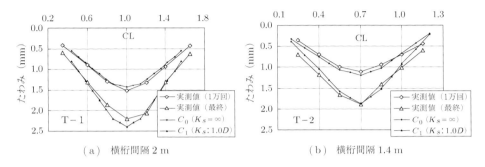

（a）　横桁間隔 2 m　　　　　　　　　（b）　横桁間隔 1.4 m

図 3.23　二方向版における橋軸方向たわみ分布の解析結果と実測値との比較 $(K_r = EI)$

この図より，初期ひび割れ網がほぼ完了した段階の実験供試体の実測たわみ曲線が，ひび割れ部の回転ばねを $K_r = EI$ とし，せん断ばねを $K_s = \infty$ とした場合の解析たわみ曲線にほぼ一致すること，また，輪荷重の繰返し走行により，ひび割れ部のせん断ばね剛性が低下し，鉄筋のダウエル作用の指標となる固定点間距離 l が 1.0D 程度に低下すると，ひび割れ部における鉛直方向のずれが顕著となり，床版が終局状態に近づくことが確認できる．

これより，供用状態にある床版のひび割れの調査と実測の活荷重たわみから，ひび割れ部のせん断ばね剛性を推定することにより，実橋床版の劣化度がある程度の精度をもって推定できる[7]．

第**4**章　各種床版の設計・施工法

4.1　設計に関する共通事項

4.1.1　道路橋床版に要求される性能

　道路橋床版の設計は，道路橋示方書・同解説Ⅱ鋼橋編[1]，道路橋示方書・同解説Ⅲコンクリート橋編[2]，コンクリート標準示方書[3~5]を参考に実施されている．特に，平成14年3月の道路橋示方書の改訂においては，これらの諸規定に性能照査型設計の考え方が導入されている．表4.1は，現時点における道路橋床版の設計関連規定に示されている性能をまとめたものである．道路橋示方書・同解説，およびコンクリート標準示方書では，参照する箇所によっては，一部の性能についてのみ記述されている場合があるので注意が必要である．以下に各規定で示されている床版に要求される性能について簡単に説明する．

表 4.1　各規定において要求される性能

基　準	要求される性能
道路橋示方書・同解説 共通編	・使用目的との適合　・安全性　・耐久性　・施工品質の確保 ・維持管理の容易さ　・周辺環境との調和　・経済性
道路橋示方書・同解説 鋼橋編・コンクリート橋編	・使用目的との適合　・安全性　・耐久性 (施工品質の確保，維持管理の容易さ，周辺環境との調和，経済性)
コンクリート標準示方書 構造性能照査編	・安全性　・使用性　・疲労耐久性
コンクリート標準示方書 施工編	・耐久性
コンクリート標準示方書 維持管理編	・安全性能　・使用性能　・第三者影響度に対する性能 ・美観・景観　・耐久性能

（1）　道路橋示方書において要求される性能

　道路橋示方書・同解説Ⅰ共通編には，橋全体に要求される性能として，使用目的との適合性，構造物の安全性，耐久性，施工品質の確保，維持管理の容易さ，環境との

調和，経済性の七つの性能が取り上げられている．これらの内容は，解説のなかで次のようなものであることが示されている．

① **使用目的との適合性**：橋が計画どおり交通に利用できる性能で，安全かつ快適に使用できる供用性を含む．

② **構造物の安全性**：死荷重，活荷重，地震時荷重などに対し，橋が適切な安全性を保有していること．

③ **耐久性**：繰り返し荷重による疲労や鋼材腐食などの経年劣化に対し，所要の性能が確保できること．

④ **施工品質の確保**：使用目的との適合性や構造物の安全性を確保するために確実な施工が行えること．施工中の安全性も含む．

⑤ **維持管理の容易さ**：供用中の日常点検，材料状態の調査，補修作業が容易に行えること．

⑥ **環境との調和**：周辺環境にふさわしい景観性を有すること，など．

⑦ **経済性**：建設費だけでなく，点検管理や補修などの維持管理費を含めたライフサイクルコストを最小にすること．

実際の設計では，これらの要求性能に対して照査を行い，橋梁が十分な性能を有していることを確認することになるが，橋梁が道路網のなかでも重要な構造物と位置づけられることから，以下のような内容の記述が追加されている．

① 橋梁の機能が一時的にでも失われるような事態 (橋梁の架替・大規模補修) は極力ないように設計することが望ましい．

② 適切な維持管理が行われるという前提条件下で，耐久性に関して一定の知見が得られているものに関しては，目安の供用期間として 100 年を設定している．

これに対し，道路橋示方書・同解説 II 鋼橋編では，要求性能として，使用目的との適合性，構造物の安全性，耐久性をあげており，施工品質の確保，維持管理の容易さ，環境との調和，経済性については「常に念頭におくこと」という表現のみで具体的な内容は示されていない．要求性能に関する表現は共通編より具体的になっている．たとえば，使用目的との適合性に関しては「通行者が安全・快適に使用できる供用性」であることが明記されており，その内容としては，

① 供用性を害するような過大な変形を生じない．

② 通行者に不快感を与えるような振動を生じない．

となっている．さらに，耐久性についての解説では，懸念される損傷として，鋼材の疲労・腐食，鉄筋コンクリート床版の損傷，支承・伸縮装置の破損をあげており，とくに，床版に関しては補修や取替えを実施する場合には交通に与える影響が大きく，

耐久性に配慮して設計しても損傷を確実に回避できない可能性があることから，補修方法も含めた耐久性の検討を十分に行うことが求められている．

　また，道路橋示方書・同解説Ⅱ鋼橋編8章の床版に関する規定においては，活荷重に対する安全性を満たすことと，「活荷重に対して疲労耐久性を損なう有害な変形が生じない」，「自動車 (大型車) の繰返し通行に対し，疲労耐久性が損なわれない」の2点に関しても要求がなされている．とくに注意すべき記述としては，床版に発生するおそれのある貫通ひび割れに雨水が浸入し，疲労耐久性が著しく損なわれるのを防ぐために，原則として床版に防水層を設置することを求めている点があり，これはコンクリート橋編の同じ部分にはない記述なので注意が必要である．

　道路橋示方書・同解説Ⅲコンクリート橋編における要求性能の内容は，供用性に関するものとして応力発生量の抑制と有害なひび割れの防止，耐久性に関してはコンクリートの劣化・鉄筋の腐食による損傷の防止となっており，要求性能の内容としては，ほぼ鋼橋編と同じである．

（2）　コンクリート標準示方書において要求される性能

　コンクリート標準示方書・維持管理編，施工編，構造性能照査編では，構造物に対する性能を大きく力学的性能と耐久性能に分けて考えている．これらの具体的な内容は，

　①　**力学的性能**：安全性，使用性，疲労耐久性
　②　**耐久性能**：コンクリート構造物が所要の性能を設計耐用期間にわたり保持する
　　　性能

となっており，力学的性能については構造性能照査編などで，耐久性能に関しては施工編で照査がなされる場合が多い．また，構造物の経済性については，維持管理編において，「耐用期間を要求供用期間，維持管理手法，環境条件，耐久性能および経済性を考慮して定める」との記述があることから，この示方書に従って設計を行った場合でも経済性を考慮することは必要である．

　コンクリート標準示方書では，維持管理編に構造物に求められる性能に関する記述が多くある．これは，維持管理という作業自体が，その構造物の要求性能を満たすように構造物の保有性能を維持することであり，このことに由来するものと考えられる．維持管理編で示されている構造物に要求される性能は，安全性能，使用性能，第三者影響度に関する性能，美観・景観，耐久性能の五つの性能である．これらの性能の内容は，**表 4.2** のとおりである．

　これらの性能の分類を**図 4.1** に示す．コンクリート標準示方書では，力学的性能と耐久性能を分けて考えているが，この図では力学的性能を三つの性能 (安全性能，使用性能，第三者影響度に関する性能) に分割し，さらにその他の性能 (美観・景観) を加

表 4.2　コンクリート標準示方書・維持管理編における要求性能とその内容

性能の種類	性能の内容
安　全　性　能	構造物の崩壊そのものにかかわる安全性で，耐荷性能(耐震性能含む)とその他(滑動，転倒に対する安全性)に分けることができる．構造物自体の安全性を供用期間中にわたって保障するために必要な性能のことである．
使　用　性　能	「広義の性能に関する性能」から耐荷性能，第三者影響度に関する性能，美観・景観，耐久性能にかかわる部分を除いたもので，構造物の使用性や機能性にかかわる性能をさす．使用性や機能性の具体的内容の例は次おとおりである． 　 a) 使用性：振動，変形，防水性など 　 b) 機能性：道路橋の交通容量が実際の交通量に対応できるかどうかなど
第三者影響度に関する性能	構造物の一部が落下することにより構造物下の人や物に危害を与える可能性について考慮される性能で，一種の安全性能ともいえる．これ以外には構造物から発生する騒音もこの性能に含まれる．
美　観・景　観	構造物の汚れによる美観・景観への影響が対策の判定で重視される場合がある．
耐　久　性　能	構造物の要求性能が許容範囲内に維持される性能，維持管理編では，安全性能，使用性能，第三者影響度に関する性能，美観・景観にかかわる性能に分類しており，これら，すべてにかかわる耐久性能が対象．

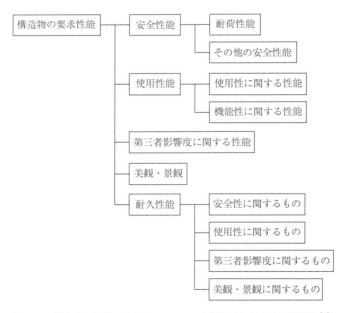

図 4.1　構造物の性能の分類 (コンクリート標準示方書・維持管理編 [3])

えた形になっており，性能照査の際の項目を明確にするための分類であるといえる．

以下，これらの性能のなかで道路橋床版に関連すると思われる記述について紹介する．まず，力学的性能としては，安全性，使用性，疲労耐久性に関する記述が構造性能照査編にある．また，耐久性能に関しては，施工編の内容に従うことになっている．これらの具体的内容は**表 4.3** のとおりである．

表 4.3 コンクリート標準示方書・維持管理編における道路橋床版の要求性能

性能の種類	性能の具体的内容
安 全 性	所要の安全性能を設計耐用期間にわたり保持することであり，照査は設計荷重のもとで， 　a）耐荷性能：部材が断面破壊などの終局限界状態に至らないこと． 　b）転倒・滑動に対する抵抗性能：構造物が剛体的に不安定となる終局状態に至らないこと． を確認することにより実施される．
使 用 性	所要の使用性を設計耐用期間にわたり保持すること． 応力，ひび割れ，変位・変形，振動などの指標に対して使用限界状態を設定し，照査を行う．
疲労耐久性	荷重のなかで変動荷重の占める割合およびその作用度が大きい場合には，疲労に対する照査を行う． 　a）スラブ (板) 部材に関しては，一般に，曲げおよび押抜きせん断に対して照査を行う． 　b）不規則な変動断面力の作用は，マイナー則を用いて等価繰返し回数に置き換えて評価してもよい．
耐 久 性	コンクリート構造物が所要の性能を設計耐用期間にわたり保持する性能であり，中性化，塩化物イオンの侵入，凍結融解作用，化学的侵食，アルカリ骨材反応などによる構造物の劣化に対する抵抗性や構造物の水密性，耐火性が確保されていることを照査することによって確認される．

これらの性能に関する記述のうち，注目すべきことは，疲労耐久性に関する照査が求められていることと，その検討内容が曲げおよび押抜きせん断となっており，道路橋示方書と異なる点である．これは，実際に問題になっている道路橋床版の疲労損傷が床版に輪荷重が繰返し作用することによる押抜きせん断型の疲労破壊となることを踏まえたものであり，設計において疲労耐久性をより正確に照査するために設けられた項目である．

（3）道路橋床版に求められる性能の整理

以上の性能は，名称は異なるものの道路橋示方書やコンクリート標準示方書でほぼ同じ内容となっている．**図 4.2** にこれらの性能の対応を示す．この図より，道路橋床版において照査されるべき性能は以下の四つであることがわかる．

① 安全性能 (構造物の安全性)

② 使用性能 (使用目的との適合性)

③ 耐久性能 (疲労耐久性能，耐久性)

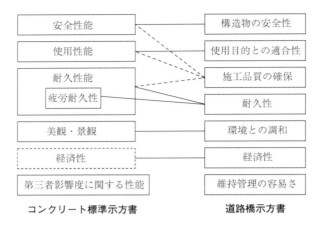

図 4.2　規定間の性能の対応

④　維持管理性能 (維持管理の容易さ)

実際の床版の設計には，これらに加えて経済性や施工性などについても照査を行う必要がある.

4.1.2　設計の基本的な考え方

床版の設計は，道路橋示方書およびコンクリート標準示方書に規定されており，通常，道路橋の RC 床版は道路橋示方書に，一般的なスラブはコンクリート標準示方書に準拠して設計する.

道路橋示方書では，設計荷重に対して床版の応力度などを照査し，安全であることを確かめる許容応力度設計法を採用している. また，道路橋の RC 床版はこれとともに，以下に示す特別な配慮が必要である.

①　与えられた最小床版厚を守る.

②　与えられた設計曲げモーメント式を用いて断面設計する.

③　この設計法を用いれば，せん断の照査は省略してよい.

④　使用する鉄筋は異形鉄筋で，直径は 13，16，19 mm を用いることが望ましく，最大 22 mm とする.

⑤　SD295A，SD295B，SD345 の異形鉄筋を用いるが，いずれを用いても許容応力度を 140 N/mm^{2}とし，さらに 20 N/mm^{2}程度の余裕をもたせる.

⑥　RC 床版におけるコンクリートの設計基準強度の最小値を 24 N/mm^{2}とする.

また，適用の範囲をコンクリート桁または鋼桁で支持され，辺長比が 2 以上の RC 床版および PC 床版の設計としている. 辺長比が 2 以上の場合を一方向版とよび (コ

ンクリート標準示方書・構造性能照査編 12.5.6.3 では辺長比 2.5 以上)，短辺に平行方向に鉄筋 (主鉄筋) を多く配置して，おもにこの方向で荷重を受けもたせようとするのが一般的である．ただし，長辺方向には板構造としての連続性を損なわないように配力鉄筋を必ず配置しておかなければならない．

一方，2002 年 3 月に実施された道路橋示方書の改訂において，これまでの仕様規定型設計法から性能照査型設計法への転換が打ち出されており，上記① ～ ⑥についても変化することが予想される．

性能照査型設計法への移行にともなって，道路橋示方書・同解説Ⅲコンクリート橋編 7.2 および道路橋示方書・同解説Ⅱ鋼橋編 8.1.2 の床版に関する規定において，活荷重に対する安全性を満たすことに加え，

① 活荷重によって疲労耐久性を損なう有害な変形が生じない．

② 自動車 (大型車) の繰返し走行によって，疲労耐久性が損なわれない．

の 2 点に関する性能が要求されている．また，コンクリート標準示方書・構造性能照査編 8.1 では，RC スラブの疲労耐久性に関する照査が求められており，一般に，曲げ (引張鉄筋) および押抜きせん断に対して検討を行うものと規定している．しかし，道路橋示方書・同解説Ⅲコンクリート橋編 7.2(2) では，上記①および②の規定に準拠した PC 床版に加え，⑥の規定に準拠した RC 床版に対し，前述した使用限界状態および疲労限界状態を満足するとみなしてよいとしている．また，道路橋示方書・同解説Ⅱ鋼橋編 8.1.2(3) にもほぼ同様の記述がある．

ここでは，性能照査型設計法への移行にともなって前記① ～ ⑥の規定が変わること，ならびに床版支間の長大化傾向などを考慮して，次の二つの設計法について検討事項を示す．

① **道路橋示方書に準拠した許容応力度設計法による設計**：設計荷重作用時についての検討を行う．検討事項を**表 4.4** に示す．なお，設計荷重作用時として，PC 床版に関しては，施工時についても照査する必要があるが，RC 床版ではとくに必要がない．

② **コンクリート標準示方書に準拠した限界状態設計法**：活荷重の規格値および設計曲げモーメント式については道路橋示方書の規定を採用し，コンクリート標準示方書・構造性能照査編 6～8 章の規定により検討を行う．検討事項を**表 4.5** に示す．

上記①，②の設計法について，設計における制限値を以下に示す．

PC 構造に関しては，構造物の機能に応じ，導入するプレストレスの程度が決定され，以下に示す 3 種類の限界状態が考えられている．

① 引張応力発生限界状態 (コンクリートに引張応力の発生を許さない状態)

表 4.4　道路橋示方書に準拠した許容応力度法による設計 [1, 2]

荷重状態および断面力の種類		RC 構造	PC 構造 ^{注)}
設計荷重 作 用 時	曲げモーメント および軸方向力	コンクリート縁応力度 ≦ 許容圧縮応力度 軸応力鉄筋応力度 ≦ 許容圧縮・引張応力度	コンクリート縁応力度 ≦ 許容圧縮・引張応力度 PC 鋼材応力度 ≦ 許容引張応力度

注)　PC 床版に関しては，施工時の検討が必要である．施工時の PC 鋼材応力度に関しては，プ
　　　レストレッシング中 ($0.8f_{pu}$ または $0.9f_{py}$ のうち小さいほうの値) およびプレストレッシ
　　　ング直後 ($0.7f_{pu}$ または $0.85f_{py}$ のうち小さいほうの値) について検討する．ここで，f_{pu}：
　　　PC 鋼材の設計引張強度，f_{py}：設計降伏点強度．

表 4.5　コンクリート標準示方書に準拠した限界状態設計法による設計 [4]

限界状態および断面力の種類		RC 構造	PC 構造
使用限界状態	曲げモーメント および軸方向力	コンクリートのひび割れ幅 ≦ 許容ひび割れ幅	—
終局限界状態	曲げモーメント および軸方向力	設計断面力 ≦ 断面耐力 (破壊抵抗曲げモーメント)	
疲労限界状態	曲げモーメント	鉄筋の設計変動応力度 ≦ 鉄筋の設計疲労強度	—
	押抜きせん断	活荷重 (T 荷重) の特性値 ≦ 設計押抜きせん断疲労耐力	

注)　ただし，構造物係数 γ_i を 1.0 としている．

②　曲げひび割れ発生限界状態 (コンクリートに曲げひび割れを生じさせない状態)
③　曲げひび割れ幅限界状態 (コンクリートに発生する曲げひび割れを許容曲げひ
　　び割れ幅まで許す状態)

　床版は活荷重による応力振幅が大きく，しかも繰返し荷重が載荷されるため，ほか
の部材に比べて苛酷な荷重状態にある．したがって，ひび割れによる損傷が生じやす
く，これを防ぐため道路橋示方書では，PC 床版に対しては引張応力の発生を許さな
い状態 (引張応力発生限界状態) で設計するように規定されている．

　RC 構造に関しては，従来の床版破壊形態は押抜きせん断破壊であったが，道路橋示
方書では最小床版厚の規定を設けることによりせん断耐力を確保した．したがって，
RC 床版に関しては，曲げに対する設計が支配的になると考えられ，一般に引張鉄筋
の疲労とひび割れ幅の照査が行われている．

　道路橋示方書に準拠した許容応力度設計法により設計を行う場合は，同示方書に示
されている許容応力度を制限値とする．

　コンクリート標準示方書に準拠した限界状態設計法による設計は，同示方書 6～8 章
に示されている算定方法にもとづくものとするが，許容ひび割れ幅，断面耐力，鉄筋
の設計疲労強度，設計押抜きせん断疲労耐力が制限値になる．

ここでは，構造物係数 γ_i については，$\gamma_i = 1.0$ としている．ただし，活荷重の特性値を定める必要がある．コンクリート標準示方書・構造性能照査編 4.4.2 では，道路橋のように規格値がある場合は，これに荷重修正係数を乗じて特性値とするように規定しているが，荷重修正係数は示方書に示されていない．参考として松井ら[6] の測定データにもとづいた荷重修正係数がある．これによると，修正係数は終局限界状態に対して $\sigma_f = 1.5$，疲労限界状態および使用限界状態に対して $\sigma_f = 1.2$ としている．

表 4.6 に，コンクリート標準示方書・構造性能照査編 7.4.2 に示されたひび割れ幅の制限値を示す．

表 4.6 許容ひび割れ幅

(単位：mm)

鋼材の種類	鋼材の腐食に対する環境条件		
	一般の環境	腐食性環境	とくに厳しい腐食性環境
異形鉄筋	$0.005C$	$0.004C$	$0.0035C$

注) C：かぶり (mm)

上記の設計上の考え方は，あくまで床版として必要なものであり，床版を主桁の一部として設計する場合は，関連する事項の規定などにより照査をする必要がある．

4.1.3 床版支間

道路橋の床版は，コンクリート桁または鋼桁で支持される．コンクリート桁で支持される場合，T桁橋のように桁と一体でつくられることが多く，一般に，支持桁腹部の曲げ剛性とねじり剛性が大きい．一方，鋼桁で支持される場合，スタッドジベルで鋼桁に固定されることが多いが，鋼桁はコンクリート桁に比べ，桁腹部の曲げ剛性およびねじり剛性が小さく，桁による支持部で床版には回転変形が起こり得る．したがって，これらを考慮して道路橋示方書では，床版の設計曲げモーメントを求める床版支間をコンクリート桁で支持される場合と，鋼桁で支持される場合とで区別している．

道路橋示方書で規定する床版の支間については，コンクリート桁と鋼桁に分けて以下に示す．また，斜めスラブの支間については，コンクリート標準示方書・構造性能照査編 12.5.6.3 (4) では，斜角が 45°以上，二辺単純支持の斜橋については，スラブの幅 b と斜めのスパン L_i との比によって二通りを与えている．すなわち，$b/L_i \leqq 0.75$ の場合は斜めスパン L_i を支間長 L に，$b/L_i > 0.75$ の場合は直スパンを支間長 L としている．なお，斜角が 45°以上の場合は，上述を支間とする一方向版として計算してよいが，斜角が 45°未満の場合は有限要素法などを用いて別途検討する必要がある．

（1） コンクリート桁で支持される場合

　単純版，連続版の T 荷重および死荷重に対する支間は**図 4.3** に示すとおり，純支間とする．ただし，斜橋については，支持桁に直角に測った純支間とする．

　片持版の T 荷重および死荷重に対する支間は，**図 4.4** のとおりとする．車両進行方向と直角に片持版がある場合，T 荷重の橋軸直角方向の載荷中心位置が車道部の端部より 250 mm（タイヤ幅 500 mm）であることから，T 荷重に対する支間は**図 4.4 (a)**としている．また，車両進行方向と平行に片持版がある場合は，輪荷重の設置幅を考

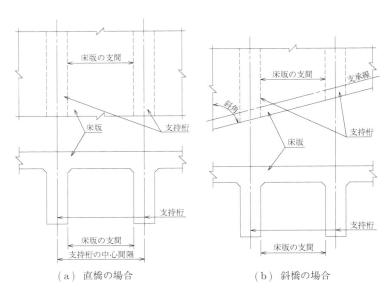

（a） 直橋の場合　　　　　　　　　（b） 斜橋の場合

図 4.3　コンクリート桁で支持される単純版および連続版の支間

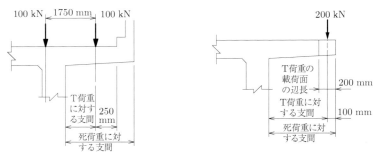

（a）　車両進行方向に直角に　　　　　（b）　車両進行方向に平行に
　　　片持版がある場合　　　　　　　　　　片持版がある場合

図 4.4　コンクリート桁で支持される片持版の支間

慮して，T 荷重に対する支間は，**図 4.4 (b)** としている．

（２） 鋼桁で支持される場合

支持桁が鋼桁の場合の床版支間については，鋼桁の剛性を考慮してコンクリート桁の場合より長めの支間としているほか，斜橋の場合の支間は，「主鉄筋方向に測る」という考え方を採用している．

鋼桁で支持される単純版，連続版の T 荷重および死荷重に対する支間は，**図 4.5** に示すとおり，支持桁の中心間隔としている．ただし，単純版において，主鉄筋の方向に測った純支間に支間中央の床版厚を加えた長さが上記の支間より小さい場合は，これを支間とすることができる．また，斜橋については，主鉄筋方向に測った支持桁の中心間隔とする．

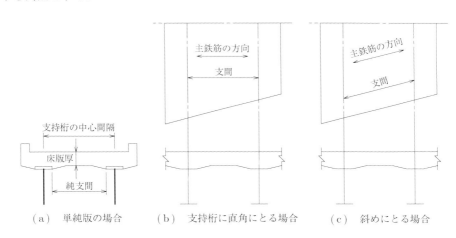

図 4.5 鋼桁で支持される単純版および連続版の支間

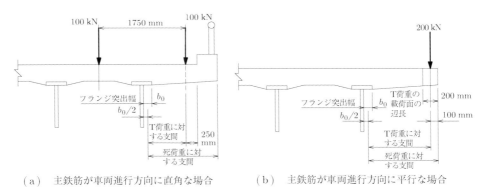

図 4.6 鋼桁で支持される片持版の支間

　片持版の T 荷重および死荷重に対する支間は, フランジの突出幅の 1/2 の点から主鉄筋の方向にそれぞれ図 **4.6** に示すように測った値とする.

4.1.4　最小全厚
（1）　場所打ちコンクリート床版

　道路橋示方書 (コンクリート橋編 7.3, 鋼橋編 8.2.5 および 8.3.5) では, 床版の最小厚について次のように規定されている.

（a）　RC 床版

　車道部分の床版の最小全厚は, 160 mm または**表 4.7** の値のうちどちらか大きい値とする. 歩道部の床版の最小全厚は 140 mm とする. なお, 片持版における最小全厚は, コンクリート桁の場合はウェブ前面における厚さで, 鋼桁の場合は図 **4.7** に示す位置とする.

表 4.7　車道部分の床版の最小全厚　(単位：mm)

床版の区分	床版の支間方向		
	車両進行方向に直角		車両進行方向に平行
単純版	$40L + 110$		$65L + 130$
連続版	$30L + 110$		$50L + 130$
片持版	$0 < L \leqq 0.25$	$280L + 160$	$240L + 130$
	$L > 0.25$	$80L + 210$	

　ここに, L：**4.1.3 項**に示す T 荷重に対する支間 (m)

$$d = k_1 \cdot k_2 \cdot d_0 \tag{4.1}$$

　ここに, d：床版厚 (mm) (第 1 位を四捨五入する. ただし, d_0 を下まわらないこと)
　　　　　d_0：**表 4.7** に示す車道部分の床版の最小全厚 (mm) (小数第 1 位を四捨五入し, 第 1 位まで求める. $d_0 \geqq$ 160 mm)
　　　　　k_1：**表 4.8** に示す大型の自動車の交通量による係数
　　　　　k_2：床版を支持する桁の剛性が著しく異なるために生じる付加曲げモーメントの係数. コンクリート桁で支持される場合や鋼並列桁の場合は, 一般に $k_2 = 1.0$ としてよい.

　ただし, 大型の自動車の交通量が多い場合, 床版を支持する桁の剛性が著しく異なるために大きな曲げモーメントが付加される場合については, **表 4.7** 中の**式 (4.1)** により, **表 4.8** に示す係数を用いて床版の最小全厚を増加させて設計する.

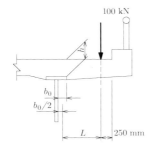 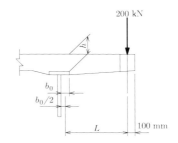

（a） 主鉄筋が車両進行方向に直角な場合　　（b） 主鉄筋が車両進行方向に平行な場合

図 4.7 鋼桁で支持される片持版の最小全厚 h

表 4.8 大型自動車の交通量による補正係数 k_1

一方向あたりの大型車の交通量 (台/日)	係数
500 未満	1.10
500 以上 1000 未満	1.15
1000 以上 2000 未満	1.20
2000 以上	1.25

表 4.9 床版の一方向のみにプレストレスを導入する場合の
車道部分の最小全厚

(単位：mm)

プレストレスを導入する方向 ＼ 床版の支間の方向	車両進行方向に直角	車両進行方向に平行
床版の支間の方向に平行	表 4.7 の床版支間の方向が車両進行方向に直角な場合の値の 90 %	表 4.7 の床版支間の方向が車両進行方向に平行な場合の値の 65 %
床版の支間の方向に直角	表 4.7 の床版支間の方向が車両進行方向に直角な場合の値	表 4.7 の床版支間の方向が車両進行方向に平行な場合の値

（b） PC 床版

車道部分の床版の最小全厚は 160 mm とする．片持版の床版先端の最小全厚は 160 mm によるほか，**表 4.7** に示す片持版の最小全厚の 50 % 以上とする．歩道部の床版の最小全厚は 140 mm とする．なお，床版の一方向のみにプレストレスを導入する場合の車道部分の最小全厚は，前記によるほか，**表 4.9** の値とする．

（2） 鋼板・コンクリート合成床版

鋼板・コンクリート合成床版の単純版または連続版としての床版厚は，**表 4.10** に示す値以上とする．

表の最小厚は内径間部床版に対する最小床版厚の規定である．内径間部床版の支間長に対する張出し部床版の支間長の比率が 0.4 程度以下となる張出し部の床版におい

表 4.10 鋼板・コンクリート合成床版の床版厚算定式

算定式	合成床版形式	出　典
$h_c = 25L + 110$, または 150 mm 以上 (底鋼板厚を含む)	ロビンソンタイプ, リブタイプ, トラスジベルタイプ	合成床版設計・施工の手引き[7] (平成 17 年 5 月, 日本橋梁建設協会)
$h_c = 25L + 100$, または 150 mm 以上 (底鋼板厚を除く)	トラス鉄筋タイプ	鋼構造物設計指針 PART-B[8] 合成構造物 第 3 編 7.5

ここに, h_c： 床版の最小厚さ (コンクリート厚+底鋼板厚) (mm)
　　　 L ： 床版支間 (m)

ては, 内径間部で決定した床版厚をそのまま張出し部に延長できる. 上述の比率が 0.4 を超える張出し部床版においては, 床版厚の増加や張出し側のハンチの勾配を小さくするなどの対策を行い, 応力度を照査する.

4.1.5 設計曲げモーメント

道路橋における RC 床版は, 構造的には薄板構造であり, 通行車両の輪荷重を直接受けるため, 輪荷重の載荷状態, 支持桁による床版の拘束状態により発生曲げモーメントは大きく変動する. このため, 道路橋示方書では, 種々の支持条件に対し, 床版支間をパラメータとする設計曲げモーメント式が規定されている. なお, 近年, 2 主桁橋で床版支間が 11 m という道路橋示方書の適用範囲を大きく超える橋梁が建設されるようになったが, このような橋梁では設計曲げモーメント式や床版厚さについて別途検討がなされている.

(1)　T 荷重による曲げモーメント
(a)　場所打ちコンクリート床版
ⅰ)　コンクリート桁で支持される場合

道路橋示方書の規定では, 床版支間長が単純版および連続版で 6 m まで, 片持版で 3 m までを対象としているが, 床版を B 活荷重で設計する場合, T 荷重 (衝撃を含む) による床版の単位幅 (1 m) あたりの設計曲げモーメントは, 表 4.11 に示す式で算定する. ただし, 床版の支間が車両進行方向に直角な場合の単純版, 連続版の支間方向の設計曲げモーメントは, 表 4.11 より算出した値に表 4.12 の割増し係数を乗じた値とし, 片持版に対しては, 表 4.11 の値に対し表 4.13 の割増し係数を考慮する.

また, A 活荷重で設計する場合の設計曲げモーメントは, 表 4.11 に示す式で算定した値を 20 % 低減した値とする.

表 4.11 支持桁がコンクリート桁の場合の T 荷重 (衝撃を含む) による設計曲げモーメント

(単位：kNm/m)

版の区分	曲げモーメントの種類	構造	床版の支間の方向(注) / 曲げモーメントの方向 / 適用支間	車両進行方向に直角		車両進行方向に平行	
				支間方向	支間に直角方向	支間方向	支間に直角方向
単純版	支間曲げモーメント	RC	$0 \leq L \leq 4$	$+(0.12L+0.07)P$	$+(0.10L+0.04)P$	$+(0.22L+0.04)P$	$+(0.06L+0.06)P$
		PC	$0 \leq L \leq 6$				
連続版	支間曲げモーメント	RC	$0 \leq L \leq 4$	$+(単純版の80\%)$	$+(単純版の80\%)$	$+(単純版の80\%)$	$+(単純版の80\%)$
		PC	$0 \leq L \leq 6$				
	支点曲げモーメント	RC	$0 \leq L \leq 4$	$-(0.15L+0.125)P$	$-$	$-(単純版の80\%)$	
		PC	$0 \leq L \leq 6$				
片持版	支点曲げモーメント	RC	$0 \leq L \leq 1.5$	$-PL/(1.30L+0.25)$	$-$	$-(0.7L+0.22)P$	$-$
		PC	$0 \leq L \leq 1.5$	$-(0.6L-0.22)P$			
			$1.5 < L \leq 3.0$				
	先端付近曲げモーメント	RC	$0 \leq L \leq 1.5$	$-$	$+(0.15L+0.13)P$	$-$	$+(0.16L+0.07)P$
		PC	$0 \leq L \leq 3.0$				

ここに，RC：鉄筋コンクリート床版

PC：プレストレストコンクリート床版

L ：**4.1.3** 項に示す T 荷重に対する床版の支間 (m)

P ：T 荷重の片側荷重 (100 kN)

(注) 床版の支間方向は図 **4.3**〜**4.6**による．

表 4.12 単純版および連続版における支間方向の曲げモーメントの割増し係数

支間 L (m)	$L \leq 2.5$	$2.5 < L \leq 4.0$	$4.0 < L \leq 6.0$
割増し係数	1.0	$1.0 + (L-2.5)/12$	$1.125 + (L-4.0)/26$

表 4.13 片持版における支間方向の曲げモーメントの割増し係数

支間 L (m)	$L \leq 1.5$	$1.5 < L \leq 3.0$
割増し係数	1.0	$1.0 + (L-1.5)/25$

ii) 鋼桁で支持される場合

コンクリート桁の場合と基本的には同じ式で設計曲げモーメントを規定しているが，支持桁が鋼桁の場合，桁のねじり剛性がコンクリート桁のそれと比較して小さいため，支持桁上での床版の回転変形に対する拘束力が小さいことを考慮して，**表 4.14** に示す連続版に対する規定を除いて，**表 4.11** に示す式で算定できる．

表 4.14 支持桁が鋼桁の場合の T 荷重 (衝撃を含む) による
設計曲げモーメント (連続版)

(単位：kNm/m)

版の区分	曲げモーメントの種類		構造	床版の支間の方向 / 曲げモーメントの方向 / 適用支間	車両進行方向に直角		車両進行方向に平行	
					支間方向	支間に直角方向	支間方向	支間に直角方向
連続版	支間曲げモーメント	中間支間	RC	$0 \leqq L \leqq 4$	+(単純版の 80%)	+(単純版の 80%)	+(単純版の 80%)	+(単純版と同じ)
			PC	$0 \leqq L \leqq 6$				
		端支間	RC	$0 \leqq L \leqq 4$			+(単純版の 90%)	
			PC	$0 \leqq L \leqq 6$				
	支点曲げモーメント	中間支点	RC	$0 \leqq L \leqq 4$	−(単純版の 80%)	−	−(単純版の 80%)	−
				$0 \leqq L \leqq 4$				
			PC	$4 \leqq L \leqq 6$	$-(0.15L + 0.125)P$			

注) 表中の記号は**表 4.11**と同じ

（b） 鋼板・コンクリート合成床版 (鋼板 1 枚のタイプ)

B 活荷重で設計する橋では，衝撃の影響を含んだ T 荷重による床版の単位幅あたりの設計曲げモーメントは，**表 4.15** に示す式で算出する．ただし，床版の支間が車両進行方向に直角な方向である床版であり，支間が車両進行方向である床版にはこの表は適用しない．

片持版の支間方向の曲げモーメントは，**表 4.15** により算出した曲げモーメントに，**表 4.16** の割増し係数を乗じた値とする．支間長が 1.5 m を超える床版片持部については，道路橋示方書・Ⅲコンクリート橋編の設計曲げモーメント式を用いる．

（c） サンドイッチタイプ合成床版

一方向版の設計曲げモーメント式は，**表 4.15** の合成床版の設計曲げモーメント式を準用できるが，適用支間が，単純版および連続版に対して 4 m まで，片持版に対し

表 4.15 鋼板・コンクリート合成床版の T 荷重 (衝撃を含む) による
単位幅あたりの設計曲げモーメント [8]

(単位：kNm/m)

版の区分	曲げモーメントの種類	適用範囲 (m)	主鉄筋方向の曲げモーメント	配力筋方向の曲げモーメント
単純版	支間曲げモーメント	$0 \leqq L \leqq 8.0$	$+(0.114L + 0.144)P$	$+(0.095L + 0.098)P$
連続版	支間曲げモーメント	$0 \leqq L \leqq 8.0$	+(単純版の 80%)	+(単純版の 80%)
	支点曲げモーメント		−(単純版の 80%)	−
片持版	支間曲げモーメント	$0 \leqq L \leqq 1.5$	$-PL/(1.30L + 0.25)$	−
		$1.5 \leqq L \leqq 3.0$	$-(0.6L - 0.22)P$	−
	先端付近曲げモーメント	$0 \leqq L \leqq 3.0$	−	$+(0.15L + 0.13)P$

ここで，L：T 荷重に対する床版支間 (m)

P：道路橋示方書・Ⅰ共通編 2.1.3 に示す T 荷重の片側荷重 (100 kN)

表 **4.16** 鋼板・コンクリート合成床版に対する片持版の
支間方向曲げモーメントの割増し係数

支間 L (m)	$0 \leqq L \leqq 1.5$	$1.5 < L \leqq 3.0$
割増し係数	1.0	$1.0 + (L - 1.5)/25$

ては 1.5 m までとなるため，注意が必要である．

（２） 等分布死荷重による曲げモーメント

（a） 場所打ちコンクリート床版

ⅰ） コンクリート桁で支持される場合

道路橋示方書・Ⅲコンクリート橋編では，コンクリート桁で支持された場所打ちコンクリート床版の等分布死荷重による単位幅あたりの設計曲げモーメントは，表 **4.17** により算出することを原則とすると規定されている．

表 **4.17** コンクリート桁で支持される床版の等分布死荷重による
単位幅あたりの設計曲げモーメント

(単位：kN·m/m)

版の区分	曲げモーメントの種類	床版支間方向の曲げモーメント	床版支間直角方向の曲げモーメント
単純版	支間曲げモーメント	$+wL_d^2/8$	無視してよい
片持版	支点曲げモーメント	$-wL_d^2/2$	
連続版	支間曲げモーメント	$+wL_d^2/10$	
	支点曲げモーメント	$-wL_d^2/10$	

ここに，w ：等分布死荷重 (kN/m²)
L_d ：**4.1.3** 項に示す死荷重に対する床版の支間 (m)

ⅱ） 鋼桁で支持される場合

道路橋示方書・Ⅱ鋼橋編では，鋼桁で支持された場所打ちコンクリート床版の等分布死荷重による設計曲げモーメントについて，連続版においては，支間曲げモーメントを端支間と中間支間で，支点曲げモーメントを 2 支間の場合と 3 支間以上の場合で分類しており，表 **4.18** により算出することができる．これは，T 荷重の場合と同様に，床版を支持する桁のねじり剛性の違いによるものである．

（b） 鋼板・コンクリート合成床版 (鋼板 1 枚のタイプ)

等分布死荷重による床版の単位幅あたりの設計曲げモーメントは，解析により算出するのを原則とする．ただし，表 **4.19** によって算出してもよい．

（c） サンドイッチタイプ合成床版

等分布死荷重による単位幅あたりの設計曲げモーメントは，道路橋示方書の算定式によって求められている．

表 4.18 鋼桁で支持される床版の等分布死荷重による単位幅あたり
の設計曲げモーメント

(単位：kN·m/m)

版の区分	曲げモーメントの種類		床版支間方向の曲げモーメント	床版支間直角方向の曲げモーメント
単純版	支間曲げモーメント		$+wL_d^2/8$	無視してよい
片持版	支点曲げモーメント		$-wL_d^2/2$	
連続版	支間曲げモーメント	端支間	$+wL_d^2/10$	
		中間支間	$+wL_d^2/14$	
	支点曲げモーメント	2支間	$-wL_d^2/8$	
		3支間以上	$-wL_d^2/10$	

ここに，w：等分布死荷重 (kN/m^2)
L_d：**4.1.3 項**に示す死荷重に対する床版の支間 (m)

表 4.19 鋼板・コンクリート合成床版に対する等分布死荷重による
単位幅あたりの曲げモーメント

(単位：kN·m/m)

区分	曲げモーメントの種類	支間方向の曲げモーメント	支間直角方向の曲げモーメント
支間部	支間曲げモーメント	$+wL^2/8$	無視してよい
張出部	支点曲げモーメント	$-wL^2/2$	

ここに，L：床版支間 (m)
w：等分布死荷重強度 (kN/m^2)

（3） 支持桁の不等沈下による付加曲げモーメント

床版が 3 本以上の桁で支持され，外桁と内桁の剛性が著しく異なる場合，桁間で不等沈下が生じ，床版に付加曲げモーメントが作用する．しかし，道路橋示方書で規定されている床版の設計曲げモーメントにはこの影響が考慮されていないので，この影響が無視できない場合は，別途検討する必要がある．

道路橋示方書・同解説 II 鋼橋編 8.2.4 では，付加曲げモーメントを考慮する場合も含め，床版の耐久性を高める観点から，鉄筋の応力度を下記のように制限することを求めている．

① 床版支持桁の不等沈下の影響が無視できる場合

道路橋示方書による設計曲げモーメントを用いる場合，鉄筋の応力度 σ_s が許容応力度 140 N/mm^2 に対して 20 N/mm^2 程度の余裕をもつようにする．

② 床版支持桁の不等沈下の影響が無視できない場合

ⅰ) 道路橋示方書による設計曲げモーメントを用いる場合，鉄筋の応力度 σ_s が許容応力度 140 N/mm^2 に対して 20 N/mm^2 程度の余裕をもつようにする．

ⅱ) 道路橋示方書による設計曲げモーメントに付加曲げモーメントを加えて設計曲げモーメントとする場合，鉄筋の応力度 σ_s が許容応力度 140 N/mm^2 を満足するようにする．

（4） プレストレスによる二次応力

PC 床版では，PC 鋼材の偏心により大きな不静定力が生じることがあり，道路橋示方書では不静定力による応力度の照査を行うことを原則としている．ただし，不静定曲げモーメントが小さくなるように PC 鋼材を配置することが望ましく，T 桁橋の床版のように比較的支間の小さい床版の場合には，PC 鋼材を図心近くに配置し，偏心量を小さくする．この場合には，不静定力は考慮せず，軸方向力のみが作用するように設計する．

（5） 衝突荷重

片持部床版の設計に際し，橋梁防護柵に作用する衝突荷重による床版への影響を考慮する必要がある．衝突荷重による床版の設計曲げモーメントは，道路橋示方書・同解説 I 共通編 5.1.1 および 5.1.2 により算出することができるが，ここでの詳細な記述は省略する．

4.1.6 構造細目

設計計算による応力照査のほか，構造細目は，道路橋床版としての性能を確保するための重要な取り決めである．以下に，道路橋示方書に規定されている構造細目について列挙する．

（1） 床版のハンチ

床版と支持桁の結合部は，床版から支持桁へ応力を円滑に伝達する必要があり，ハンチを設ける．ハンチの傾斜は，1:3 より緩やかにすることが望ましい．1:3 より急な場合は，**図 4.8** に示すように 1:3 までの厚さを床版として有効な断面とみなすものとする．また，ハンチの内側に沿って配筋する鉄筋の径は 13 mm 以上とする．

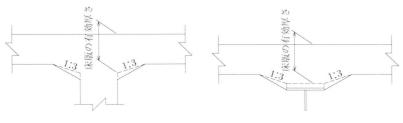

（a） コンクリート桁で支持される場合 　　　　（b） 鋼桁で支持される場合

図 4.8 ハンチ部の床版の有効厚さ

（2）　鉄筋の種類と配筋

床版のように薄い部材では，太径の鉄筋を用いると幅の大きなひび割れが生じやすくなる．よって，疲労耐久性を損なう有害なひび割れを制御するため，鉄筋の標準的な径を規定している．

鉄筋の中心間隔は，小さすぎると骨材のまわりが悪く施工性を損なう．大きすぎると有害なひび割れが入りやすい．これらを考慮し，鉄筋の最小および最大の中心間隔を規定している．

これらの規定の細目を以下に示す．

① 　鉄筋には異形鉄筋を用いるものとし，その直径は 13，16，19 mm を原則とする．ただし，配筋が困難な場合には 22 mm を用いてよい．

② 　鉄筋の中心間隔は，100 mm 以上かつ 300 mm 以下とする．ただし，床版の主鉄筋の中心間隔は，床版厚を超えないものとする．

③ 　床版の支間方向に直角の鉄筋 (配力鉄筋) は，**図 4.9** の低減係数を用いて鉄筋量を低減することができる (**図 4.9** は単純版および連続版の場合を示す)．

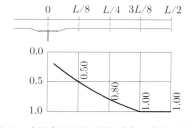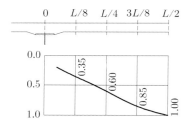

（a）　床版支間が車両進行方向に直角な場合　　（b）　床版支間が車両進行方向に平行な場合

図 4.9　配力鉄筋の低減係数 (単純版および連続版の場合)

（3）　折曲鉄筋

折曲鉄筋を用いる場合，以下に示す事項について決定する必要がある．

① 　曲げ上げる位置

② 　曲げ上げないでそのまま延長する鉄筋量 (または，本数)

道路橋示方書では，RC 床版の連続版において，①の曲げ上げ位置は，**図 4.10** に示すように $L/6$ の断面位置，②の曲げ上げないでそのまま延長する鉄筋量は，支間中央部の引張鉄筋量の 80 % 以上および支持桁上の引張鉄筋量の 50 % 以上としている．

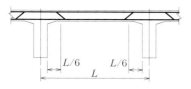
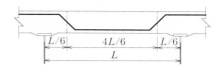

（ａ）　コンクリート桁で支持される場合　　　　　（ｂ）　鋼桁で支持される場合

図 4.10　連続版において主鉄筋を曲げる位置

（４）　斜橋の支承部付近の鉄筋

RC 床版の場合は，斜橋の支承部付近における支間方向の鉄筋 (主鉄筋) は，**図 4.11**
に示すように支承線方向に配置する．なお，PC 床版の場合も，同様な方法で PC 鋼
材を配置する．

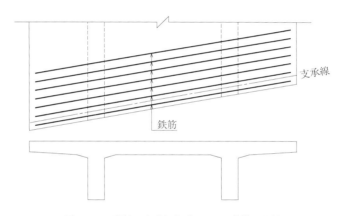

図 4.11　斜橋の支承部付近における鉄筋の配置

（５）　桁端部の床版

桁端部の床版に関する道路橋示方書の規定をまとめると，**表 4.20** のとおりとなる．

桁端部車道部分の床版は，そこで連続性が断たれるので，一般部の床版に比べて大
きな曲げモーメントが生じる．また，桁端部には，通常，伸縮装置が設けられ，その
付近の不陸によって自動車荷重による大きな衝撃が作用しやすい．これらのことか
ら，桁端部の床版はほかの部分の床版に比べて損傷を受けやすい．そこで通常，コン
クリート桁の場合は端横桁あるいは隔壁が設けられ，道路橋示方書・Ⅲコンクリート
橋編では，**表 4.20** に示すような規定が設けられている．

一方，鋼桁の場合も，十分な剛性を有する端床桁 (端横桁と同義)，端ブラケットな
どで支持するのが望ましいと規定されている．端床桁あるいは端ブラケットを設ける

表 4.20 桁端部の床版に関する規定

規　　準	特別な配慮が必要な項目	配慮する内容
道路橋示方書 Ⅲ コンクリート橋編	① 片持版端部 ② 横桁・隔壁で支持される床版	① 設計曲げモーメント：$(M_d + 2M_l)$ ② 支間直角方向負曲げモーメント： 支間方向正曲げモーメントと同じで 符号が逆
道路橋示方書 Ⅱ 鋼橋編	① 片持版端部 (ブラケットなし) ② 端床桁などで支持されない床版 ③ 桁端部車道部の床版厚	① 設計曲げモーメント：$(M_d + 2M_l)$ ② 設計曲げモーメント：$(M_d + 2M_l)$ ③ 床版増厚：ハンチ高さ分増厚 (斜橋の床版：補強鉄筋を入れる)

注)　設計曲げモーメント $(M_d + 2M_l)$ において，M_d は，死荷重による設計曲げモーメント，M_l は，**4.1.5 項**に示す T 荷重 (衝撃を含む) による設計曲げモーメントを示す.

場合，道路橋示方書・Ⅱ 鋼橋編 8.2.11 に示されている剛性以上で床版を支持すれば，一般の床版と同じ設計曲げモーメントを用いて端部の床版を設計してよいことになっている. また，多少剛性が下まわっても，

① 桁端部では床版を支持桁上面まで打下ろし，床版厚を主桁のハンチ高だけ増厚されていること.

② 単位幅あたりの鉄筋量が一般部の床版と同等以上に配置されていること.

を満たせば，厳密な検討を行う必要はないとしている. これは，コンクリート桁の場合の端部横桁と鋼桁のそれでは，横桁の剛性および拘束度が異なることを反映したものである. なお，桁端部の床版増厚部分の長さは，次の**式 (4.2)** および**式 (4.3)** で与えられる値以上とする.

① 鋼桁との合成効果を考慮しない設計をする場合の主桁端部および縦桁の端部

$$L_E = 1/2L \quad または \quad L_E = 1/2L' \tag{4.2}$$

② 鋼桁との合成効果を考慮した設計をする場合の主桁端部

$$L_E = 2/3L \quad または \quad L_E = 2/3L' \tag{4.3}$$

L_E ：桁端部の床版増厚部分の長さ

ここに，　L ：橋軸直角方向の床版支間長

　　　　　L' ：支承線に平行な床版支間長

なお，これら桁端部の設計曲げモーメントは，有限要素法にもとづいた解析により決定されている.

4.2 場所打ちコンクリート床版の設計・施工法

4.2.1 特 徴

　場所打ちコンクリート床版とは，一般には，架橋位置においてすでに架設されている主桁などの支持桁を利用して型枠を設置し，鉄筋やPC鋼材を配置し，コンクリートを打込み，所定の強度に達するまで養生を行って製作する床版である．場所打ちコンクリート床版は，固定式型枠支保工または移動式型枠支保工 (サポートタイプ，ハンガータイプ) を用いて，すべての工程を架橋位置で行うため，施工期間はフルプレキャスト，ハーフプレキャストなどのプレキャスト床版と比較して長期になる傾向がある．支持桁と床版は結合されて一体化されることが多く，桁によって拘束された状態で製作されることから，乾燥収縮などによる初期ひび割れが入りやすく，設計で要求されている安全性や耐久性などの性能を確保するためには，品質管理に十分な留意が必要である．

　場所打ちコンクリート床版は，プレストレスを導入しないRC床版と，プレストレスを導入するPC床版とに分けられるが，PC床版はポストテンション方式で施工される．プレストレスは，一般には橋軸直角方向に導入されることが多いが，橋軸方向または二方向に導入される場合もある．この場合，プレストレスが導入されていない方向は，鉄筋コンクリート構造として考える．近年では，少数主桁形式の鋼橋が建設されるようになり，床版支間が従来のRC床版より大きくなるため，橋軸直角方向にプレストレスを導入するPC床版が一般に用いられるようになってきた．

　場所打ちコンクリート床版は，コンクリートを用いる床版の基本をなすもので，従来から最も広く用いられている工法であるが，前述のように施工管理 (品質管理 (Q) はもちろんのこと，工程管理 (D)・原価 (C)・安全 (S)・環境保全 (E) 〈総称して Q・C・D・S・E とよばれる〉全般にわたる管理) に対する配慮がとくに重要になる．工法の選定にあたっては，架橋地点の地形，環境，工法の安全性，施工速度，経済性などを考慮する必要がある．この工法は，架橋地点に大型の部材を運搬することが困難な場合や大型の揚重機が入らない場合，または，形状が複雑でその場所以外では製作が困難な場合などに適している．

　また，この工法を採用する場合，**4.2.2項**で述べるが，施工面では型枠の支え方およびコンクリート打設範囲・順序が問題となる．主桁の変形や温度応力による影響を考慮して，適切に決定する必要がある．床版のコンクリート打設時に使用した型枠を撤去せず，そのまま残して型枠にも力学的な強度を期待することがあるが，この場合の型枠には鋼板やFRPが用いられ，それ自身に曲げ剛性も付与されている．また，厚さ10 〜 12 cm 程度のプレキャストPC版を用いる場合もある．前者の鋼板やFRP板を

用いたものをハーフプレハブ合成床版，後者の PC 版を用いたものをハーフプレキャスト合成床版とよんでいる．

4.2.2 施 工
（1） 特徴と施工計画

場所打ちコンクリート床版は，ほとんどの工程が現地作業になり，気象条件などの不確実要素の影響を受けやすい．現地でのコンクリート打設であるため，型枠・支保工を用いる．型枠・支保工は，構造物の施工において，工費・工期に占める割合が比較的大きい工種であるとともに，出来形にも著しい影響を与え，品質管理上の問題が生じやすい．また，安全性の面でも重大事故につながる危険性が高いので，注意が必要である．

これらに対処するためには，施工に関し，事前に施工計画に対する十分な検討を実施しておくことが重要になる．十分に検討しておけば不確実要素への対応も容易になる．

施工計画とは，施工の安全性と工事の品質，工期および経済性の確保という四つの目的の調和を保ちながら施工方法，労働力，機械，資材などの生産手段を選定し，これらを最適に活用する計画を立て，施工に移すための具体的な方法を決める作業である．図 **4.12** に施工計画の段階と施工の流れを示す．

道路橋示方書・Ⅱコンクリート橋編 19.2 では，品質管理および検査の重要性を述べている．品質管理を含めた施工管理項目，いわゆる，Q・C・D・S・E に対し，個々の基本となる計画を立案し，5 要素の総合調整 (目的の総合調整) を行い，最適化を図ることが施工計画立案の最大の目標である．また，施工計画書にもとづいて施工 (施工管理) を進め，所定の目標を達成するためには，計画–実施–検討–処置を一つのサークルとして絶えず連続的反復照査する必要がある．図 **4.13** に管理サークルを示すが，常にこのサークルをまわす必要がある．

- 計 画
  - ① 目標を定める．
  - ② 目標達成の方法を決める．
- 実 施
  - ③ 作業標準に従って実施させる．
  - ④ 作業標準徹底のための対話，教育，訓練を行う．
- 検 討
  - ⑤ 作業が計画どおりかチェックする (検討)．
- 処 置

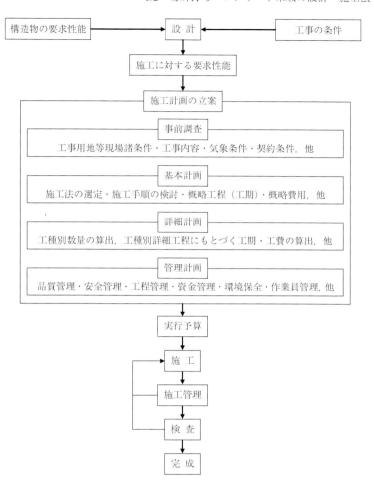

図 4.12　施工計画の段階と施工手順

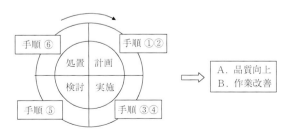

図 4.13　管理のサークル

⑥　チェックの結果，不具合がある場合には適切な処置 (アクション) をとる.

出来形の管理や写真管理を含めた施工管理の基準や様式については，各発注機関において定められている. また，プレストレストコンクリートの施工管理基準や管理手法について，これらをまとめる形でプレストレストコンクリート施工管理基準 (案)[9] が示されている.

施工者は設計者の代行者でもあり，その意図が施工に十分生かされるように施工管理を行わなければならない. また，施工中に設計にも影響を及ぼすような条件の変化が認められる場合は，設計の変更を企業者と協議するなど，設計者の立場に立った施工管理も行わなければならない. これは一般的な工事監督より数段高度な業務であり，施工技術に関する専門家であることが求められることになる.

（2）　施工に関する一般事項

図 4.14 に，場所打ちコンクリート床版における一般的な施工作業フローを示す. 道路橋示方書・Ⅱコンクリート橋編 19.2 やコンクリート道路橋施工便覧[10] に示されているように，使用される材料の品質を確保し，適切な施工を行うことは，構造物の安全性や耐久性を確保するために重要なことである. したがって，構造物の規模や使用材料，建設地点の条件を考慮して，設計において前提とされた諸条件が満足できるように施工しなければならない. これらについては，十分な検討を行い，施工計画書に盛り込む必要がある.

場所打ちコンクリート床版は，他工法の床版に比べて施工時に床版コンクリートに引張応力が作用しやすいが，耐久性の高い床版をつくるには，施工時に作用する引張応力を制限し，ひび割れを発生させないことが重要である. 施工中の床版コンクリートには，一般に，以下の要因により一時的ないし長期的に引張応力が作用する. これらについては，施工着手前に十分な照査を行う必要がある. それぞれについては以下で説明する.

①　型枠支保工の沈下
②　連続桁橋における桁の変形
③　床版コンクリートの温度応力
④　乾燥収縮やクリープ

また，プレストレストコンクリート部材は，設計荷重時において所定のプレストレスが与えられてはじめて設計で考えた断面性能を発揮することができる. しかし，PC 鋼材の引張応力はさまざまな要因で減少する. したがって，これらを考慮して適切なプレストレスの導入量を決定するための施工時の計算が必要になり，あらかじめ実施しておかなければならない.

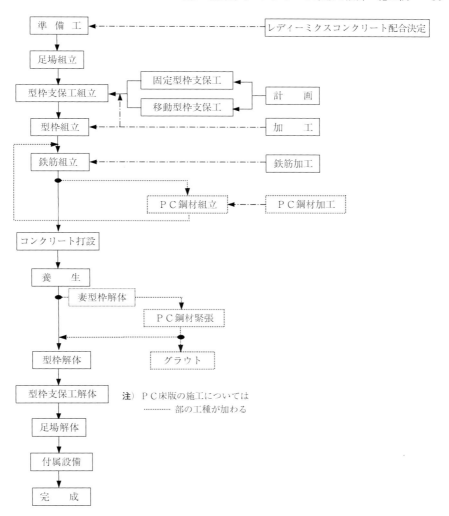

図 4.14 作業フロー

（a） 型枠支保工の変形

床版コンクリートではその発生頻度は少ないが，固定型枠支保工の沈下が打ち込まれたコンクリートに有害な影響を与えることが考えられる．これを防ぐコンクリートの打込み順序を決めるおもな注意事項を次に示す．

① 横荷重を生じたり，型枠の一部に集中荷重が作用したり，一部が跳ね上げられるような打込み方法を避ける．

② 支保工の沈下が予想される場合，最も沈下のしやすい個所を最初に打ち込む．

（ b ）　連続桁橋における桁の変形

　場所打ちコンクリート床版では，施工条件に応じて固定型枠支保工および移動型枠支保工を用いる．コンクリート桁の場合は，固定型枠支保工を用いることが多いが，連続桁橋においても桁の変形が床版コンクリートに有害な影響を与えることはほとんどない．しかし，鋼桁で固定型枠支保工および移動型枠支保工を用いる場合，その変形量によっては先行打設した床版コンクリートに有害な影響を与えることが考えられる．移動型枠支保工を用いる場合は，その移動およびリバウンドにともなう桁の変形が複雑になるので，十分な検討が必要である．

　施工時の床版コンクリートに作用する引張応力の低減方法として，コンクリートの配合に留意するほか，膨張材が用いられているが (**(c) 項**，**(d) 項**にも共通)，そのほかにも次のような方法が考えられる [11].

①　コンクリート打込み順序の検討 (ピアノ鍵盤式，中間支点部の後打ち)
②　テンポラリーなカウンターウエイトの使用
③　ジャッキアップ・ダウン工法の併用
④　移動型枠の複数台使用
⑤　移動型枠の軽量化

以下に，連続桁上の RC 床版において，コンクリート打設順序に起因するひび割れの発生事例について述べる．

（ c ）　床版コンクリートの温度応力

　温度応力によるひび割れは，水和反応により上昇したコンクリートの温度が降下する際にコンクリートの収縮を拘束する条件下 (外部拘束条件)，およびコンクリート部材の表面部と内部の不均一な温度分布が生じる条件下 (内部拘束条件) で発生する．一般の床版では，あまり問題になることはないと考えられるが，床版厚が厚く，高強度のコンクリートを用いる場合には温度応力が生じやすい．コンクリートの強度が十分発揮していない材齢初期に引張応力が作用することと，表面部に比べて内部の応力が大きくなることから，貫通ひび割れに成長する可能性があるので注意する必要がある．

（ d ）　乾燥収縮やクリープ

　乾燥収縮やクリープによるひび割れは，温度応力における外部拘束条件と同様の条件下で発生する．これらを防止するためには，材料面，配合面，施工面を考慮した対策が必要である．材料面では，膨張材の使用が有効である．配合面では，所要の強度，耐久性，水密性，ひび割れ抵抗性，鋼材を保護する性能および作業に適するワーカビリティーをもつ範囲で，単位水量をできるだけ少なくする必要がある．施工面では，コンクリートの打込み順序，適切な打込みロットの選定，適切な打込みと養生などが

必要である.

（3）　型枠および支保工

（a）　概　要

コンクリート桁で支持される場所打ちコンクリート床版は，主桁と一体でつくられる箱桁や版桁構造のような方式と，工場で製作された主桁を架設し，その主桁を利用して型枠・支保工を設けて施工する方式のものとがある．前者を支保工を用いて施工する場合，架設地点の地盤上またはフーチングを利用して支柱および梁を設けるか，または橋脚にブラケットを設けて梁をわたす支保工で施工される．この場合，橋梁架設工法に準じることになる．

したがって，ここでは，一般的な型枠および支保工について簡単に触れるが，場所打ちコンクリート床版の施工法に関しては，すでに施工されている主桁を利用して，型枠・支保工を設ける方法について，鋼桁をモデルに述べるものとする．

型枠・支保工は，フレッシュコンクリートの状態から所要の強度に達して安定するまでの間，仮に支えておく仮設の構造物である．型枠・支保工の計画にあたっては，次に示す荷重を考慮し，道路橋示方書，コンクリート標準示方書・施工編の規定，ならびに労働安全衛生法による安全衛生規則に準拠して設計計算を行い，設計図を作成する．

 ①　**型枠に作用する荷重**

  鉛直荷重：型枠の自重，本体重量 (コンクリート，鉄筋など)，作業員，施工機械・器具，仮設備などの重量および衝撃など

  水平荷重：フレッシュコンクリートの側圧

 ②　**支保工に作用する荷重**

  鉛直荷重：型枠の自重，支保工の自重，本体重量 (コンクリート，鉄筋など)，作業員，施工機械・器具，仮設備などの重量および衝撃，プレストレスの影響など

  水平荷重：施工中の衝撃，振動，傾斜の影響，プレストレスの影響など．必要に応じて，風圧，流水圧，波圧，地震の影響など

床版の型枠・支保工には，固定式型枠支保工と移動式型枠支保工とがあり，適切に選定する必要がある．代表的な型枠・支保工を図 **4.15** ～ **4.18** に示す．固定式型枠支保工は，鋼製ビーム，パイプサポートなどの仮設材を用いて比較的簡単に設置できるが，その都度，型枠・支保工の組立ておよび解体を行わなければならない．しかし，移動式型枠支保工は，主桁および横桁などを利用して設置し，型枠と躯体の間に空げきをつくり，型枠を搭載したまま，型枠および支保工の組立ておよび解体を行うこと

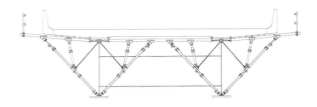

図 4.15　最近の固定式型枠支保工

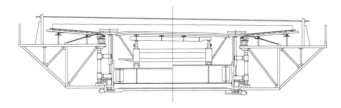

図 4.16　サポートタイプ移動型枠支保工

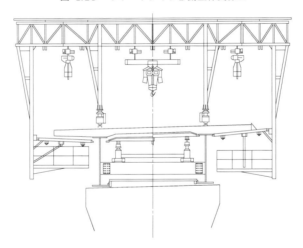

図 4.17　ハンガータイプ移動型枠支保工

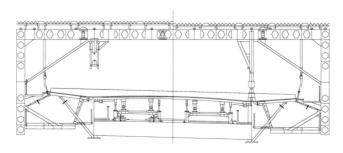

図 4.18　最近の移動型枠支保工

なく移動することができる.

　一般に，移動式型枠支保工は，固定式型枠支保工に比べて設備が大仕掛けになり，設備に要する費用が高くなるので，施工延長が長く転用回数が多くなるほど経済的に有利になる. すなわち，橋長が短い場合には固定式型枠支保工が，橋長が長い場合 (200 m 程度以上[11]) には移動式型枠支保工が経済的に有利になる.

　以下に，一般的な型枠および支保工について説明する.

（b）型　枠

　型枠に使用する材料は，必要な強度および剛性を有していることはもちろんであるが，コンクリートの水分やアルカリ分などにより変形・変質しないもの，仕上がり面が美しく，繰返し使用できる回数が多く，加工や組立てが容易で安全に作業ができるものでなければならない.

　型枠としては，木製，合板製，金属製，合成樹脂製，紙製，コンクリート製などがある. 型枠取外しのときのコンクリート面と型枠の付着を防止するため，すべての型枠に型枠はく離剤を用いるのがよい. これは，型枠の耐久性向上のためにも効果的である. 以下に，木製，合板製，金属製，合成樹脂製の型枠について簡単に説明する.

ⅰ）木製型枠

　木製型枠の材料としては，スギ，エゾマツ，アカマツなどが多く使用されているが，水分の影響で狂いが生じやすい. 最近では，デザイン的に木目を生かす打放しコンクリート以外で使われることは少ない.

ⅱ）合板型枠

　合板製型枠の材料としては，ラワンなどの南洋材が多く使用されていたが，地球環境問題の配慮からほとんどを針葉樹材に，あるいは表面をラワン材，内部に針葉樹材を用いたものもつくられている. 加工性がよいことに加えて，5 層以上の積層になっているため，そりやねじりも少なく，水分による変形も少ないことから，最も多く使用されている.

ⅲ）金属性型枠

　金属性型枠は，一般にメタルフォームとよばれている. 繰返し使用できる回数が多く，剛性が高く表面がなめらかであるため，コンクリート表面が円滑に仕上がるなどの利点を有しているが，保温性に劣るという欠点があり，寒中・暑中コンクリート施工に際しては，型枠面の養生にも留意する必要がある. また，加工が難しく，型枠パネルが規格化されている. 規格外を使用する場合は別途発注する必要があり，時間がかかる. 最近では，アルミニウム合金製の型枠パネルや，表面にステンレスを用いた型枠パネルも使用されている.

iv) 合成樹脂型枠

合成樹脂製は，繰返し使用回数は多く，鋼製型枠に比べて軽量で取り扱いが容易であり，保温性がよく，加工が可能であることから，近年，使用量が増加している．しかし，熱・衝撃に弱く，寒冷時の衝撃に対して注意を要するほか，ヤング係数が低く，寸法安定性が悪いなどの欠点がある．

（c） 支保工

一般に用いられている支保工材料としては，木製と鋼製がある．最近では，繰返し使用に適し，組立て・解体が容易で，しかも比較的軽量で安全性にすぐれている組立式の鋼製支保工が開発され，広く用いられている．鋼製支保工としては，大別して次の3種類に分類される．

① 枠組支保工
② 支柱式支保工
③ 梁式支保工

i) 枠組支保工

枠組支保工は，固定式支保工の最も標準的な設備である．支保工材料の種類としては，くさび結合方式と建枠方式とがあり，くさび結合式パイプあるいは建枠を用いた支柱材およびパイプサポートと単管・斜材ブレースなどによる水平方向補強材で構成される支保工である．基部および頂部にジャッキを配置し，高さ調整が行える構造になっている．次の条件で採用されることが多い．

① 桁下空間に障害および制限がない．
② 桁下の空間高さが比較的低い．
③ 支持地盤が比較的良好である．
④ 支持地盤が比較的平坦である．
⑤ 大型のクレーンが使えない．

ii) 支柱式支保工

支柱式支保工は，図 **4.19** に示す支保工方式であり，型枠の組立・解体および支柱材の撤去を容易にするため，型枠を支保工梁で直接受けず，1段以上の枠組支保工を介在する構造とする．支柱式支保工設備に作用する荷重は，梁材を介して支柱で集中して受ける構造であり，支柱材，支保工梁 (H形鋼など)，枠組支保工で構成される支保工である．基部および頂部にジャッキを配置し，高さ調整が行える構造になっている．次の条件で採用されることが多い．

① 桁下空間の一部を確保する必要がある．
② 桁下高さが比較的高い．

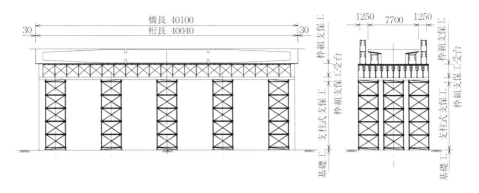

図 4.19　支柱式支保工 (単位：mm)

③　支持地盤が比較的悪く，集中的な基盤を設ける必要がある．

④　支持地盤が傾斜している．

iii)　梁式支保工

橋脚などを利用してブラケットを設け，H 形鋼，架設桁 (エレクションガーダー) やトラスガーダー (大型組立梁) を用いる支保工方式である．型枠の組立・解体および梁材の撤去を容易にするため，型枠を支保工梁で直接受けず，1 段以上の枠組支保工を介在する．また高さ調整は，梁受け部および頂部にジャッキを配置して行う．**図 4.19** の支柱式支保工をこの分類に入れることもある．次の条件で採用されることが多い．

①　桁下空間を全面確保する必要がある．

②　桁下高さが極度に高くなる．

③　支持地盤が軟弱で基礎工事に大きな費用が必要である．

④　河川の上に支保工を設ける必要がある．

（4）　その他の仮設備

土木工事における仮設備は，他産業からいえば生産設備に匹敵する．すなわち，施工上きわめて重要な設備であり，前述した型枠支保工を含めた仮設備の計画の良否が工事の施工性・安全性や経済性に大きな影響を及ぼす．

場所打ちコンクリート床版を施工するためのおもな仮設備の種類を，**表 4.21** に示す．

（5）　躯体工

（a）　鉄筋工

鉄筋工とは，鉄筋の材質を害することなく，設計で示された形状および寸法に正しく加工し，組立てることである．鉄筋の配置に関する施工精度については，**表 4.22**

表 4.21 場所打ちコンクリート床版施工上のおもな仮設備

工事設備	① 荷役設備	タワークレーン，トラッククレーン等揚重設備など
	② 運搬設備	工事用道路，工事用仮桟橋など
	③ 昇降設備	工事用エレベーター，昇降階段など
	④ 足場設備	各工種および設備に付帯する足場設備
	⑤ 橋面作業車設備	地覆・高欄施工用の作業車など
	⑥ 電力設備	バイブレーターなど機器の動力設備
	⑦ 給排水設備	養生・打継目処理などのための給排水設備
	⑧ 給気設備	コンプレッサー設備など
	⑨ 機械設備	鉄筋加工機，その他機械設備
	⑩ その他設備	材料置き場など，その他設備
安全設備		工事安全標識，防護工，保安柵，照明など
仮設建物		医務所，宿舎，試験室，下小屋，倉庫など

表 4.22 鉄筋配置に関する施工精度[2]

項　目	施工精度
有効高さ	設計寸法の ±3 % または 30 mm のうち小さいほうの値．ただし，最小かぶりは確保するものとする． 床版の場合，設計寸法の ±10 mm とし，所要のかぶりを確保するものとする．

に示す．

　鉄筋工においては，組立て手順や現場でのおさまりはもちろんのこと，かぶり・あきの確保および継手位置の選定は重要な管理項目である．これらを事前に検討し，設計図にもとづいて実際に正しく加工や組立てができるように鉄筋加工図 (鉄筋施工図) を作成し，確認しておくことが重要である．また，鉄筋加工図にもとづいて，市販鉄筋の定尺長 (3.5 m から 12 m で 50 cm 刻み) に対して，むやみに管理が煩雑にならないように配慮し，ロスが最も少なくなるように適切に組み合わせて鉄筋を購入することが望ましい．

　場所打ちコンクリート床版では，一般にコンクリート厚が薄く，上下筋の間隔が狭く，かつ，平面積が広い．したがって，後述するスペーサーや組立て用鉄筋を密に配置して堅固に保持し，コンクリート打込み時の変形を防ぎ，鉄筋のかぶり・有効高さを正しく保つ必要がある．

ⅰ) 鉄筋の加工

① 鉄筋の加工におけるおもな作業は，曲げおよび切断である．これらについては，常温で行うことを原則とする．

② 曲げ加工には鉄筋曲げ機 (バーベンダー) を用いる．いったん曲げ加工した鉄筋を曲げ戻すと材質を害するおそれがあるので，曲げ戻しを行わないのがよい．施

工上やむをえない場合は，できるだけ大きな半径で行うか，900 ～ 1000 °C 程度に加熱して行う必要がある．

③ 切断には切断機を用いることを原則とする．

ⅱ) 鉄筋の組立て

① 鉄筋は，組み立てる前に清掃し，浮きさびやその他鉄筋の付着を害するおそれのあるものを除去する．

② 組立てに際しては，十分な組立て用鉄筋を用い，適切な間隔にスペーサーを設け，コンクリート打設中にも動かないようにする．

③ 組立て用鉄筋についても設計図に示されたかぶりを確保しなければならない．施工上，やむをえずかぶり部分に組立て用鉄筋を配置する場合は，エポキシ樹脂塗装鉄筋を用いるなどの対処が必要である．この場合にも，所定のかぶりを確保する必要がある．コンクリート標準示方書・構造性能照査編 9.2[4] では，一般の環境に対する基本かぶりを，床版では 25 mm としている．

④ スペーサーはさまざまな材質のものが市販されているが，型枠に接するスペーサーについては，本体コンクリートと同等以上の品質を有するコンクリート製またはモルタル製を使用するのがよい．

⑤ スペーサーの数は，床版では 1 m² あたり 4 個程度を標準とする．この場合，50 cm 間隔となり，千鳥に配置することが望ましい．

⑥ 鉄筋交点の要所は，直径 0.8 mm 以上の焼なまし鉄線または適切なクリップで確実に緊結しなければならない．交点を点溶接する場合もあるが，鉄筋の材質を害するおそれがあるので極力避けるのがよい．

⑦ 鉄筋の継手には，重ね継手，機械継手，ガス圧接継手などがあるが，場所打ちコンクリート床版の場合は一般に重ね継手による．重ね継手の焼なまし鉄線による緊結は 2 箇所以上とすることが望ましい．

（b） **PC 鋼材工**

場所打ちコンクリート床版では，ポストテンション方式が多く用いられている．したがって，ここではポストテンション方式について述べる．ポストテンション方式で用いる PC 鋼材には，PC 鋼より線，PC 鋼線，PC 鋼棒などがある．また，プレストレスを与える定着工法は多数あるが，それらを大別すると，くさび形式，ねじ形式，ループ扇状形式に分類できる．これらの詳細については，土木学会[12] およびプレストレストコンクリート技術協会[13] などが示す関連図書を参照のこと．

ここでは，PC 鋼材の加工，組立てに関するおもな留意事項について述べる．

PC 鋼材は，鉄筋と輻輳して配置されることが多い，設計図に示された形状および

位置にPC鋼材が配置できるか事前に検討しておくのがよい．どうしても修正を加える必要が生じた場合，原則としてPC鋼材は鉄筋に優先する．重要度の高い順序は，

① 主方向PC鋼材
② 横方向PC鋼材
③ 鉛直方向PC鋼材
④ 鉄筋

である．

ⅰ) PC鋼材の加工

PC鋼材は，特殊な場合を除いてほとんど工場で加工される．現地で行われるPC鋼材の加工は，PC鋼より線およびPC鋼線の切断，PC鋼棒の曲げ加工およびカップラー接続であり，次の点に留意する必要がある．

① 切断は，ライパー，高速切断機等によって行う．
② PC鋼棒の塑性曲げ加工は，専用のバーベンダーを用いる．
③ PC鋼棒の接続には専用のカップラーを用いるが，PC鋼棒の伸びを閉塞しないように，相対位置について注意するとともに，ねじ込み長さを十分確認し，パイプレンチなどで十分に締めておく．

ⅱ) PC鋼材の組立て

PC鋼材は，所定位置にシース(外套管)を設置し，コンクリート打込み前あるいは打込み後に人的または機械的に引き込むか，押し込む方法で配置される．配置に際しては所定の位置を確保することが重要である．

また，定着具は型枠に直接取り付けられることが多く，定着具とPC鋼材は直角になるよう十分確認する必要がある．

場所打ちコンクリート床版では，シースまたはPC鋼材の支持金具に鉄筋を利用することが多い．床版鉄筋の結束や保持が十分でないと，コンクリート打込み時における床版上での作業により，床版鉄筋が変形し，シースを潰してしまうことがあり，緊張時の摩擦抵抗を大きくしたり，ときにはセメントペーストを漏入させる原因になる．鉄筋の結束およびスペーサーの位置や数について，十分な検討が必要である．

そのほか，コンクリートの打込みなどの作業時において，変形が生じないよう堅固に組み立てる必要がある．

① シースとシースおよびシースと定着具などの接続部には，粘着性のテープなどを巻いてセメントペーストが漏入しないようにしっかり密閉しなければならない．
② PC鋼材の組立て時にやむをえず電気溶接をする場合は，直接・間接を問わず溶接棒を接触させてはならないし，PC鋼材はもちろんのこと，鉄筋からもアー

スをとってはならない.

③ 直接はもちろん,シースの外側からも PC 鋼材を高温で熱してはならない.

④ シースおよび PC 鋼材の保持間隔は,**表 4.23** を標準とする.ただし,定着工法で独自に定めているので,土木学会[12] が示す関連図書を参照のこと.

⑤ シースおよび PC 鋼材の施工精度は,**表 4.24** を標準とする.

表 4.23 シースまたは PC 鋼材の保持間隔[2]

PC 鋼材の種類	保持間隔 (m)
PC 鋼線	1.0〜1.5
PC 鋼より線	1.0 以下
PC 鋼棒	1.5〜2.0

表 4.24 シースおよび PC 鋼材の施工精度[2]

項　目		施 工 精 度
PC 鋼材中心と部材縁との距離	主要な設計断面の両側 $L/10$ の範囲 (L:支間)	設計寸法の ±5 % または ±5 mm のうち,小さいほうの値
	その他の範囲	設計寸法の ±5 % または ±30 mm のうち,小さいほうの値.ただし,最小かぶりは確保するものとする

（c） 緊張工

場所打ちコンクリート床版では,ポストテンション方式でプレストレスが導入される.ポストテンション方式の場合,コンクリートが所定の圧縮強度に達した後に油圧ジャッキを用いて緊張する.

ここでは,ポストテンション方式によりプレストレスを導入する場合における施工上の留意事項について述べる.

ⅰ) プレストレッシング時のコンクリート強度

プレストレッシング時においては,コンクリートの圧縮強度および支圧強度に対して安全でなければならない.

① プレストレッシング時のコンクリートの圧縮強度は,プレストレッシング直後にコンクリートに生じる最大圧縮応力度の 1.7 倍以上とする.

② 定着具付近のコンクリートは,定着により生じる支圧応力に耐える強度以上とするが,局部的な支圧応力や引張応力は,定着具の種類,定着具の間隔,かぶりなどにより異なる.したがって,各定着工法によって規定されているコンクリートの強度に達してから PC 鋼材を緊張しなければならない[12, 13].

ⅱ）　**事前の検討**

a）　プレストレス導入量

　設計計算書に示されている各断面における有効プレストレス量を確保する必要がある．しかし，プレストレッシング時に緊張端で与えた導入プレストレスは，部材の任意の点では，一般に次の要因で減少するので有効プレストレスにこれらを加えたものとしなければならない．

①　コンクリートの弾性変形

②　PC 鋼材とシース間の摩擦

③　定着具のセット量

　また，PC 鋼材の緊張後には，次の要因で変化する．

④　コンクリートのクリープ

⑤　コンクリートの乾燥収縮

⑥　PC 鋼材のリラクセーション

　ただし，④ 〜 ⑥は設計計算時に考慮されているので，プレストレッシング時には，① 〜 ③を考慮してプレストレスの導入量を決定しなければならない．

b）　緊張順序および方向

　プレストレッシング中の各段階において，コンクリートに大きな引張応力が生じないように，断面図心に近い PC 鋼材を先に緊張するなど，大きな偏心荷重が作用しないように，作業効率を考慮して決める必要がある．

　場所打ちコンクリート床版では，片引きで緊張することが一般的であるが，できるだけプレストレスが均等に分布するように，PC 鋼材 1 本ごとに緊張する方向を変えて行うのがよい．新旧ブロックの打継ぎがある場合は，打継目側から行い，旧コンクリート端部の PC 鋼材を 2 本程度は残しておいて，新ブロックの緊張時に行うことが望ましい．

c）　プレストレッシングの管理

　プレストレッシングの管理は，所定のプレストレス導入力が部材に与えられていることを施工時点で確認するものである．

　PC 鋼材 1 本ごとおよび PC 鋼材群ごとの管理を設定し，管理グラフを用いて管理する．荷重計の示度および PC 鋼材の伸び量により管理する実務的な手法としては，次の 2 種類がある．

①　摩擦係数をパラメータとして管理する手法

②　引張力と伸び量を独立して管理する手法

　一般には，試験緊張により PC 鋼材の見かけのヤング係数や摩擦係数を求めるのが原則であるが，十分な試験データがある場合にはそのデータを用いてもよい[10]．ま

た，片引き緊張を行う場合で試験緊張が困難な場合は，道路橋示方書・Ⅲコンクリート橋編に示されている**表 4.25** の値を用いる．この場合，管理限界は，コンクリート道路橋施工便覧に示されている**表 4.26** を用いてよい．

表 4.25 摩擦係数および見かけのヤング係数

	μ	E_p (kN/mm^2)	λ
鋼　　線	0.30	195	0.004
鋼より線	0.30	185	0.004
鋼　　棒	0.30	200	0.003

ここに，μ ：角変化 1 ラジアンあたりの摩擦係数
E_p ：PC 鋼材の見かけのヤング係数 (kN/mm^2)
λ ：PC 鋼材長さ 1 m あたりの摩擦係数

表 4.26 緊張管理手法の概要および適用範囲

管理手法の分類	摩擦係数をパラメータとした管理手法	荷重計示度と伸びによる管理手法
管理手法の概要	試験緊張などによって求められた見かけのヤング係数を用いて，摩擦係数 μ の任意の二つの値 (μ_A および μ_B) について，緊張計算を行い，この計算結果をそれぞれ A および B とする．見かけのヤング係数が正しい場合には，AB を引止め線とする方法．	あらかじめ，図に示す点 A (座標 p_0，ΔL_0) を計算で求めておき，緊張作業にあたっては，図のハッチした部分を引止め範囲とする方法．
適用範囲	一つの部材に配置されている PC 鋼材の本数が比較的少ない場合に，この手法を採用する場合が多い．	一つの部材に配置されている PC 鋼材の本数が多い場合に，この手法を採用する場合が多い． ① 多数の PC 鋼棒を使用する場合 ② 横締め PC 鋼材の場合

d）緊張器具の点検

　緊張装置についている圧力計などの示度は，装置の内部摩擦および PC 鋼材との間の摩擦などのために，必ずしも PC 鋼材に与えられている引張力を正確に示さないことがある．したがって，これらの摩擦損失について，事前あるいは必要に応じて施工中にキャリブレーションを行い，PC 鋼材に与えられている引張力を荷重計などの示度から正確に確認できるようにしておかなければならない．

　緊張装置のキャリブレーションは，ダイナモメーターを用いて引張力を直接測定できる方法で行うのが望ましい．ただし，やむをえずダイナモメーターを用いない場合

は，双針式標準ゲージを用いてキャリブレーションを行ってもよい．

  e) プレストレッシング中の注意事項

① PC 鋼材に導入される引張力は非常に大きいので，ジャッキの背後には万一に備えて畳などを用いた防護工を設置する必要がある．また，緊張中には，ジャッキの後方に人を立たせてはならない．

② 緊張装置のキャリブレーションは，ジャッキおよびポンプを修理したときあるいは組合せを変えたとき，計算値と測定値が著しく異なったときなど，必要に応じて施工中にも行う必要がある．

(d) コンクリート工

場所打ちコンクリート床版では，その要求性能，とくに耐久性能を満足するためには，コンクリートの施工がきわめて重要である．

p.88 の (2) 項に示したように，コンクリートの打込みに際して施工ブロック内のコンクリートの打込み順序や方向については，型枠・支保工のたわみはもちろんのこと，ポンプ車の配置などを考慮して，事前に十分な検討を行う必要がある．また，鋼桁においてコンクリートの打込み時に桁が面外に変形する可能性があり，セメントミルクが漏れることがあるので注意する必要がある．

コンクリートの施工に関しては，コンクリート標準示方書・施工編に準拠して，下記のように行うのがよい．

  i) 運搬・打込み・締固め

① コンクリートは，すみやかに運搬し，ただちに打込み，十分に締め固めなければならない．練混ぜはじめてから打ち終わるまでの時間は，外気温が 25 °C を超えるときで 1.5 時間以内，25 °C 以下のときで 2 時間以内を標準とする．

② 運搬・打込み・締固めは，コンクリートの材料分離ができるだけ少なくなるように行わなければならない．

③ 最近では，現場内での運搬にコンクリートポンプが多用されている．コンクリートポンプを用いた場合，大量のコンクリートの打込みが可能であるが，床版コンクリートでは打込み量に対する面積比率が大きいので，1 回の打込み量は，締固め，仕上げ面積を十分に配慮して決める必要がある．第二東名・名神高速道路における場所打ちコンクリート床版[11]では，移動型枠支保工を用いた場合の 1 パーティーあたりのコンクリート打設量は，次の値を標準としている．

- 1 回のコンクリート打込み量は，90 ～ 100 m³ 程度
- 1 回のコンクリート表面の仕上げ面積は，200 m² 程度

④ コンクリート打込み時における型枠などの変形による打継目部の沈下ひび割れ

を防ぐため，すでに施工されている床版の反対側から打込むようにする．また，すでに打込んだコンクリート面にコンクリートをおろし下がりながら打込むようにするのがよい．

⑤　コンクリートの締固めは，内部振動機 (バイブレーター) を用いて型枠の隅々までいきわたらせる必要がある．締固め不足および過度の締固めはいずれもコンクリートの品質に悪い影響を与える．内部振動機は，50 cm 以下の間隔で，鉛直にゆっくり挿入し，5 〜 15 秒程度振動を与え，引抜き穴ができないようにゆっくり引抜く方法でコンクリートを十分に締め固める．

⑥　さらに，コンクリート打込み後 2 〜 3 時間後に表面バイブレーターにて床版表面をタンピングして，初期ひび割れの修復を行うのがよい．

ⅱ) 養　生

コンクリートは，打込み後一定期間，硬化に必要な温度および湿度に保ち，有害な作用の影響を受けないよう十分な養生を行わなければならない．道路橋示方書・同解説Ⅲコンクリート橋編 19.6 では，湿潤養生を行う期間は，普通ポルトランドセメントを用いる場合は，少なくとも打込み後 5 日間，早強セメントを用いる場合は，少なくとも 3 日間と規定している．

場所打ちコンクリート床版では，露出面を，濡らした養生用マット，布などで覆う，散水や湛水を行って湿潤状態に保つ，膜養生剤を均一に散布するなどの養生方法が用いられている．

膜養生は，湿潤養生が困難な場合や湿潤養生が終わった後，さらに長期間にわたって水分の逸散を防止する養生を行う場合に用いられる．

ⅲ) 打継ぎ目

コンクリートの打継ぎ目は，せん断力に対して弱点になりやすい．したがって，せん断抵抗ができるだけ大きくなるようにする必要があり，一般に，旧コンクリート面を粗にして十分給水させ，新しいコンクリートを打継ぐ必要がある．セメントペースト，モルタル，湿潤面用エポキシ樹脂を塗る方法もある．

鉛直打継ぎ目には型枠を用いるが，すでに打込まれたコンクリート面を粗にする方法には，硬化前処理方法と硬化後処理方法とがある．

硬化前処理方法は，旧コンクリートが固まるまえに，高圧の水を吹き付けてコンクリート面の薄層を除去し，粗骨材を露出させる方法である．型枠表面にグルコン酸ナトリウムなどを主成分とする遅延剤を塗布し，凝結時間を調整する方法もある．

硬化後処理方法は，旧コンクリートの硬化後できるだけ早い時期に，表面をワイヤブラシまたはジェットタガネで十分にこすって面を粗にし，水洗いする方法である．

また，手または機械ではつる (チッピング) 方法もあるが，弛んだコンクリートが表面に残ったり，マイクロクラックが生じたりするおそれがあり，旧コンクリート面を弱くすることがあるので注意が必要である．

（e） グラウト工

グラウトは，ポストテンション方式による PC 工法において，PC 鋼材とシース間の間げきにセメント系の注入材を注入する作業 (以下，グラウト作業と称する) であり，次に示す目的をもっている．

① PC 鋼材を腐食から保護する．

② PC 鋼材とコンクリートの一体性を確保する．

したがって，グラウトは，PC 工法の耐久性に影響を及ぼす重要な作業であるが，近年，グラウトの信頼性が問われる事態が次々に明るみにでたこともあり，グラウト作業が不要となるプレグラウト PC 鋼材が多く用いられるようになっている．

グラウトの施工に関しては，道路橋示方書・同解説Ⅲコンクリート橋編 19.10，コンクリート橋施工便覧 9 章に準拠して，下記のように行うものとする．

ⅰ) セメント系グラウト

グラウトの目的を達成するためのおもな留意事項を以下に示す．

① 材料はノンブリーディング型で，良好な流動性を有し，塩化物イオン量が 0.3 kg/m^3 以下，材齢 28 日の圧縮強度が 20 N/mm^2 以上のものを用いる．

② グラウトの練混ぜは，グラウトミキサーで行い，事前にシース内に水を通して洗浄し，グラウトポンプで注入する．注入に際しては，十分に充填されたかをデータが記録できる流動計を使用して確認する．

③ グラウトを確実に充填するためには，シースの形状，長さなどに応じて注入口，排気口，排出口を設けるものとし，低い所から高い所に徐々に注入するものとする．

④ 寒中および暑中に行うグラウトは，強度が出なかったり，充填性が悪かったりするおそれがあるので，気温およびグラウト温度の管理に留意し，必要に応じ，練混ぜ水の加温や冷却，混和剤の使用，実施するか延期するかの判断を適切に行わなければならない．

ⅱ) プレグラウト PC 鋼材

プレグラウト PC 鋼材とは，PC 鋼材表面に未硬化の常温硬化性エポキシ樹脂を塗布した上に，高密度ポリエチレンで被覆し，その表面を凸凹形状に加工したものである．樹脂は，湿気硬化型と熱硬化型とがあるが，コンクリート硬化時の発熱温度のばらつきの影響を受けない湿気硬化型が使用されることが多い．

プレグラウト PC 鋼材の使用にあたっては，以下の事項に留意する必要がある．

① 樹脂硬化時間の調整が重要である．施工時期，使用部材位置，温度条件などを明確にし，鋼材メーカーと打合せを行い，綿密な施工計画を作成する必要がある．

② 被覆材がきずつくと樹脂が漏出するおそれがある．運搬・保管時の取扱い，また，コンクリート打込み時に内部振動機を直接触れさせないなどの注意が必要である．

4.2.3 長支間場所打ち PC 床版

（1） 概 説

1990 年代の後半から，橋梁構造の合理化とコスト削減を図る構造形式として，「横締め PC 床版を有する鋼 2 主 I 桁橋」が高架高速道路で多く採用されるようになった．

このような橋梁形式の研究開発は，当時の日本道路公団が先行し，北海道縦貫自動車道「ホロナイ川橋」において「場所打ち PC 床版を有する鋼 2 主 I 桁橋」が国内ではじめて実用化された[14]．「ホロナイ川橋」は全幅員 11.4 m，有効幅員 10.0 m で，主桁間隔 (床版支間長) は 6.0 m である．これとほぼ同時期に，名古屋地区における第二東名・名神高速道路の広幅員橋 (全幅員 15.75 m) にプレキャスト PC 床版と鋼 I 桁を組み合わせた橋梁形式を適用する研究が進められ，幅 2 m，全長 15.75 m のプレキャスト PC 版を 6.0 m 間隔に配置した 3 本の鋼 I 桁上に並べ，ループ式継手で橋軸方向にこれらを連結した橋梁形式が検討された．この橋梁形式は「鋼少数 I 桁橋」と名づけられ，第二東名高速道路の「東海大府高架橋」ではじめて実用化されている[15]．

これらの構造形式の開発当初においては，PC 床版の支間長は道路橋示方書の適用範囲である 6 m を超えることはなかったが，静岡地区の第二東名高速道路は，その総幅員が 18.05 m と名古屋地区の第二名神高速道路よりさらに 2 m 程度広いうえに，架橋地点が山間部や大規模河川上であることから，プレキャスト PC 床版の採用が困難であった．そこで，このような広幅員橋に対応し，かつ主桁構造をさらに合理化する目的で場所打ち PC 床版を 2 本の鋼 I 桁のみで支持する構造が検討され，PC 床版の支間長を 10 ～ 11 m 程度まで長支間化する技術開発が行われた．

ここでは，静岡地区の第二東名高速道路のモデル橋梁となった「藁科川橋」[16]で実施された場所打ち PC 床版の長支間化に関する技術開発の内容について紹介する．

藁科川橋は 7 径間連続の 2 主 I 桁橋で，主桁の支間長は約 42 m，橋長は約 296 m である．藁科川橋の標準断面図は**図 4.20**に示すとおりで，床版支間長は 11 m，床版厚は床版支間中央で 360 mm，主桁直上で 530 mm である．

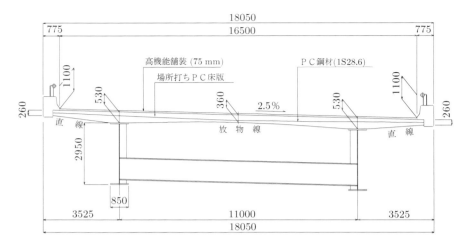

図 4.20 藁科川橋の標準断面図 (単位:mm)

(2) 床版の形状寸法

(a) 床版下面形状

藁科川橋では,床版支間長を 10 ～ 11 m 程度まで長支間化するにあたり,同等規模の長支間床版を有する鋼 2 主 I 桁橋の海外施工実績を参考にして,以下に示す利点から床版下面の形状を曲面としている.

① ハンチによる断面急変部がなくなるため,応力伝達が滑らかとなり,床版の疲労耐久性が高まるとともに,プレストレス導入時の局部応力の発生も避けられる.

② 床版に作用する曲げモーメントの低減効果が期待できる.

③ PC 鋼材の配置が直線に近づくため施工性が改善され,摩擦損失や二次力による床版のそりを低減できる.

(b) 床版厚

床版厚は,同様な長支間を有する PC 床版の実績があるドイツ連邦運輸省の資料(ARS)[17] を準用し,以下のようにして決定している.

① 主桁上の床版厚は,張出し床版における輪荷重載荷位置 ($L_j = 2.5$ m) から**図 4.21** に示す ARS 図表における適用推奨床版厚を読みとり,530 mm とする.

② 床版支間中央の床版厚は,主桁上の床版厚との比が 1.0:1.5 となるように 360 mm とする.

③ 張出し床版の版端厚は,横締め PC 鋼材の定着具寸法および風荷重などを考慮して 260 mm とする.

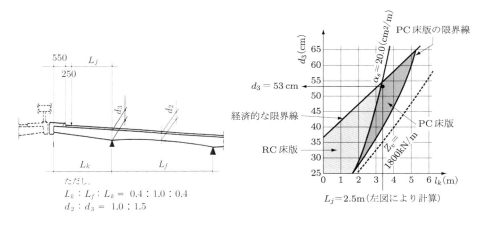

図 4.21 ARS 図表による床版厚の決定

（3） 設計曲げモーメント

本橋では，床版支間が道路橋示方書の適用範囲 (支間 ≦ 6 m，PC 床版) を超え，かつ床版下面を曲線形状としていることから，有限要素法による線形解析を用いて，道路橋示方書の考え方を踏襲した床版の設計曲げモーメントを独自に誘導している．

図 **4.22** が本橋で検討された立体 FEM 解析のモデルである．モデルの幅は活荷重の偏載荷などを解析で評価できるように，床版の全幅，モデルの長さは主桁作用による正の曲げモーメントの発生区間にほぼ等しい横桁間隔 5 パネル分とし，主桁下フランジ中心線の下面を鉛直方向に単純支持したモデルを採用している．床版はソリッド要素で曲線形状を忠実に再現するとともに，鋼桁はシェル要素でモデル化し，スタッドはモデル化せずに鋼桁と床版との節点を共有させることにより処理している．

（a） 死荷重による設計曲げモーメント

図 **4.22** のモデルによる立体 FEM 解析の結果，橋軸方向には死荷重による断面力がほとんど発生していないことが確認されたため，死荷重による設計曲げモーメント M_d は，床版の橋軸直角方向の設計においてのみ考慮しており，立体 FEM 解析により得られた値をそのまま設計値として採用している．図 **4.23** は，考慮された死荷重と曲げモーメントの解析結果を図示したものである．

（b） 活荷重による設計曲げモーメント

活荷重による設計曲げモーメント M_l は，以下に示す式で評価している．

$$M_l = k\, M_0 \tag{4.4}$$

$$k = (1 + i) \cdot k_1 \cdot k_2 \cdot k_3 \tag{4.5}$$

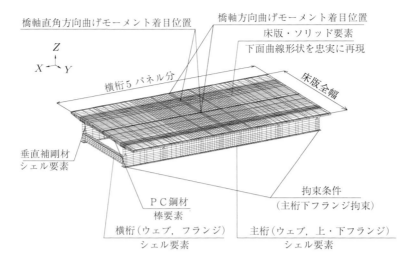

図 4.22 立体 FEM 解析モデル

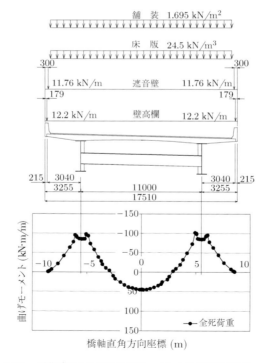

図 4.23 死荷重による設計曲げモーメント計算結果 (単位：mm)

ここに，

M_0： 道路橋示方書に規定される B 活荷重の T 荷重を，橋軸方向には一組，
橋軸直角方向には組数に制限なく，設計部材に最も不利な応力が生じ
るように載荷した場合の立体 FEM 解析により求められる曲げモーメ
ント．

i： 道路橋示方書に規定される衝撃係数で次式による．

$$i = \frac{20}{50 + L} \tag{4.6}$$

ここに，L：床版の支間長 (m)

k_1： 前輪の影響，連行載荷の影響，偏載の影響など，活荷重の載荷状態を
考慮した立体 FEM 解析結果より算定される曲げモーメントの M_0 に
対する増加率．ただし，まれにしか発生しないケースについては，衝
撃の影響を考慮しない．

k_2： 異方性化による橋軸直角方向曲げモーメントの増加係数で，床版に橋
軸直角方向の貫通ひび割れが発生し，橋軸方向の曲げ引張力に対して
鉄筋のみが有効となった状態を想定することにより算定する．

k_3： 解析誤差，施工誤差などを考慮した安全率（= 1.1）

図 **4.24** は，活荷重による曲げモーメントの FEM 解析結果を示したものである．
このようにして計算された薬科川橋の床版の設計曲げモーメントの一例を**表 4.27** に
示す．

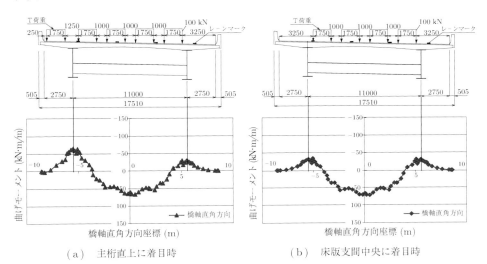

（a） 主桁直上に着目時　　　　　　　　（b） 床版支間中央に着目時

図 4.24 B 活荷重の T 荷重による FEM 解析結果の一例

表 4.27 床版の設計曲げモーメント

(単位：kN·m/m)

	着目位置		活荷重							死荷重	合計
			M_0	$k = (1+i)k_1 \cdot k_2 \cdot k_3$					M_l	M_d	$M_l + M_d$
				$1+i$	k_1	k_2	k_3	k	(kM_0)		
橋軸直角方向	支間曲げモーメント	床版支間中央	69.8	1.00	1.73	1.06	1.1	2.02	141	46	187
	支点曲げモーメント	主桁直上	−65.0	1.38	1.00	1.37	1.1	2.08	−135	−101	−236
橋軸方向	支間曲げモーメント	床版支間中央	62.4	1.33	1.00	1.00	1.1	1.46	91	−	91
	先端付近曲げモーメント	主桁直上	20.6	1.38	1.00	1.00	1.1	1.52	31	−	31

（c） 長支間場所打ち PC 床版の設計活荷重曲げモーメント式

前項の **(b)** 項に示した方法による床版支間長を変えた立体 FEM 解析が実施され，長支間場所打ち PC 床版の活荷重による設計曲げモーメント式が**図 4.25 ～ 4.28** のように求められている[18]．

そして，これらの曲げモーメント式は，床版支間が 6 m を超える長支間場所打ち PC 床版の設計曲げモーメント式として利用できる．

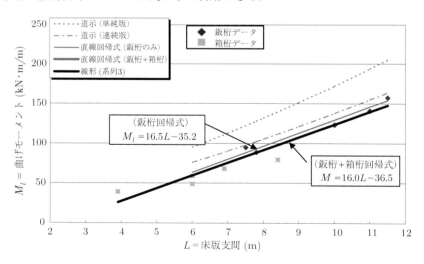

図 4.25 活荷重による橋軸直角方向曲げモーメント (床版支間中央)

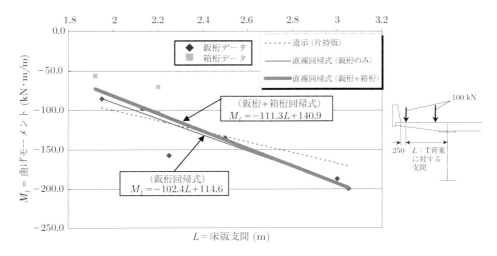

図 4.26 活荷重による橋軸直角方向曲げモーメント (主桁上)

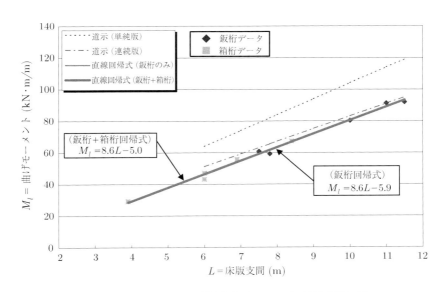

図 4.27 活荷重による橋軸方向曲げモーメント (床版支間中央)

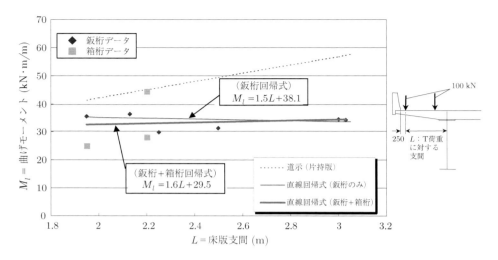

図 4.28　活荷重による橋軸方向曲げモーメント (床版先端付近)

（4）　橋軸直角方向断面の設計

床版の橋軸直角方向断面は，引張を一部許容する PC 構造として設計され，その PC 構造としての制限値は，以下のとおりとしている．

① **死荷重時**：引張応力発生限界状態 (フルプレストレス)

② **活荷重時**：曲げひび割れ発生限界状態

③ **風荷重時もしくは衝突荷重作用時**：曲げひび割れ幅限界状態

橋軸直角方向へのプレストレスの導入は，プレグラウト PC 鋼材を用いてポストテンションにより行われ，PC ケーブルは PC 鋼より線 (1S28.6) を使用し，430 mm ピッチで配置されている．

初期緊張力は 1.2 kN/mm^2 で，PC ケーブル 1 本あたり 652 kN としている．**図 4.29** は薬科川橋で用いられた PC ケーブルの配置図である．

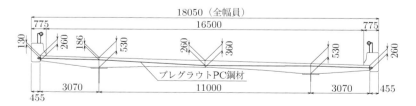

図 4.29　PC ケーブルの配置 (単位：mm)

（5） 橋軸方向断面の設計

薬科川橋の設計では，スタッドジベルにより一体化された鋼桁と床版の合成作用，いわゆる「連続合成桁」としての挙動を考慮しており，床版の橋軸方向の設計には主桁作用を考慮している．ただし，床版は橋軸方向には RC 構造として設計している．

床版作用による断面力は，橋軸直角方向の場合と同様に，立体 FEM 解析により算出したものを用いているが，主桁作用の影響を排除するため，モデル全長にわたって主桁下端を固定したモデルにより解析されている．これに簡便な骨組計算によって算出した主桁作用による断面力を足し合わせ，床版の橋軸方向の設計断面力として設計している．

従来より，道路橋示方書では，床版の設計には T 荷重，主桁の設計には L 荷重と，それぞれモデルの異なる荷重が用いられ，それらの重ね合わせは，許容応力度を 40 ％割り増すことで単純に加算する方法が用いられてきた．しかし，薬科川橋では，床版の設計をより合理的に行う目的から，それらの荷重の同時載荷性 (たとえば，T 荷重と L 荷重の p_1 荷重) にも着目し，設計作業の簡便性も考慮した新たな照査方法が採用されている．

薬科川橋の解析モデル上に，**図 4.30** に示すように T 荷重のモデルである 25 t (245 kN) 実車両を満載し，そこで発生する最大断面力と L 荷重による最大断面力とを比較したところ，中間支点上における断面力は，**表 4.28** に示すように L 荷重による断面力の約 6 割となっていることが確認された．そこで，床版作用と主桁作用の重ね合わせを照査する場合の主桁作用による断面力には，**図 4.31** に示すような L 荷重による断面力を 0.6 倍した値が用いられ，かつ許容応力度の割り増しも行っていない．

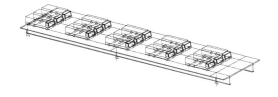

図 4.30 25 t (245 kN) 実車両の満載状態

表 4.28 L 荷重による断面力との比較

荷 重	M (kN/m)	比率
L 荷重	−6.689	1.00
25 t (245 kN) 実車両満載	−3.957	0.59

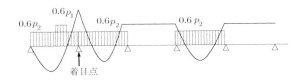

図 4.31 L 荷重の 0.6 倍の載荷状況

また，連続合成桁中間支点部の照査は，その基本を日本橋梁建設協会の提案[19]に準拠しているが，床版の耐久性向上の観点から，平成 8 年制定コンクリート標準示方書[20]の算定式により曲げひび割れ幅の照査も同時に実施している.

（6）温度応力への対処

（a）膨張材の使用

本橋の施工以前に実施された場所打ち PC 床版工事において，材齢初期に打継ぎ目の新ブロック側の床版に，**図 4.32** に示すようなひび割れが発生した事例が報告されている[21]．これらのひび割れは，いずれも 1 箇月未満の材齢初期に発生しており，その一部は貫通ひび割れであった.

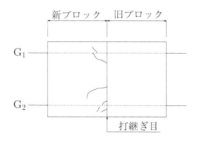

図 4.32　打継ぎ目付近に発生したひび割れ (床版下面)

　このようなひび割れを発生させた原因として，コンクリート打設時の温度応力が注目された．すなわち，水和反応により上昇したコンクリートの温度が降下する際に生じるコンクリートの収縮を鋼桁および既設床版が拘束することによって，床版コンクリートに引張応力 (温度応力) が発生するが，このときに風防対策による保温など，適切な養生を行っていないと床版の内部と表面に温度差が生じ，この傾向が助長される.

　場所打ち PC 床版を有する鋼 2 主桁橋では，早強ポルトランドセメントを用いて高強度のコンクリートを使用するため，このような傾向がより強く現れ，かつ温度のピークを迎える時間が早い．第二東名高速道路の広幅員橋の PC 床版では，

① 床版厚が厚いため，水和熱による上昇温度が高く，降下までの温度差が大きくなるため温度応力も大きくなる，

② 1 回のコンクリート施工可能量 (打込み量，仕上げ面積など) の制約から施工ブロック長の短い矩形ブロックとなるため，温度膨張により変形しやすい，

などから，この傾向がより顕著に現れたものと考えられる.

　このため，薬科川橋では温度応力解析を行い，打継ぎ目をはさんだ新旧ブロックに作用する温度応力の分布状況を把握し，ひび割れ対策を講じている.

図 **4.33** は，床版内部温度がピークに達した時点 (材齢 0.6 日) における温度解析結果である．床版内部温度は床版厚が最も厚い主桁近傍における床版厚の中央部で最高となり，ピーク値も 60 ℃ に達している．このため，その後の温度降下に加えて脱型，ワーゲンの移動などによる応力変動を考慮すると，本床版には確実にひび割れが発生するものと推定された．

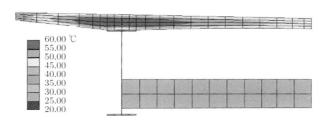

図 4.33 床版内部の温度分布 (⇒ 口絵 3(a))

このひび割れを防止する一つの方法として膨張剤の使用が考えられ，再度，温度応力解析により膨張材の効果を考慮したケースと考慮しないケースとの比較が行われた．膨張材の効果はこれまでの実験結果 [22] より，**図 4.34** に示すように材齢 3 日での膨張ひずみを約 80 μ として計算している．

この解析結果より，新ブロックの材齢 7 日時点における床版上面の橋軸直角方向応力の分布状況を示せば，**図 4.35** のとおりで，膨張材を使用することで新ブロック側に発生する温度応力に起因する引張応力が低減され，床版支間中央部の引張応力は約 0.8 N/mm^2 に減少していることが確認できる．

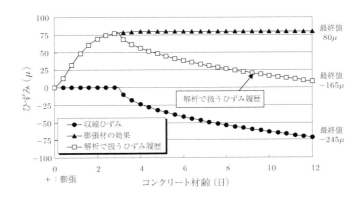

図 4.34 温度解析に考慮する膨張材の効果

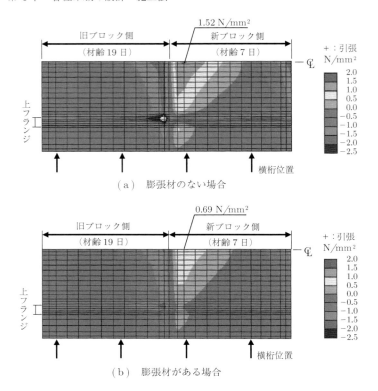

図 4.35 床版上面の応力分布 (橋軸方向の打継ぎに着目) (⇒ 口絵 3(b))

（b） 鉄筋配置

橋軸方向鉄筋については，最小鉄筋量として一般部においては 1.4 %[23]，中間支点部においてはドイツの例などを参考にして 2.0 %の鉄筋量を床版厚に応じて確保している．そのため，床版厚の厚い主桁近傍部の橋軸方向鉄筋は，主桁接合部の補強および床版中央部の温度応力対策を考慮し，**図 4.36** に示すように 3 段配筋としている．この場合の乾燥収縮も含めた非線形温度応力解析では，新ブロックの打継ぎ目付近で最大約 1.8 N/mm² の橋軸方向応力となった．

橋軸直角方向鉄筋については，非線形温度応力解析結果から，温度応力によってプレストレッシング前の若材齢の床版コンクリートに，新ブロックの打継ぎ目付近で最大約 0.8 N/mm² の引張応力が発生する．この応力に対してひび割れを分散させるため，**図 4.37** に示すような用心鉄筋が配置されている．

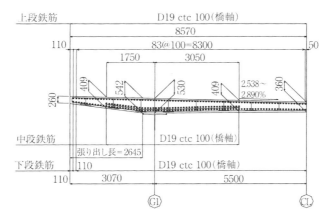

図 4.36 橋軸方向鉄筋の配置 (単位：mm)

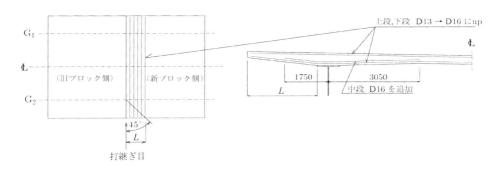

図 4.37 用心鉄筋 (橋軸直角方向) の追加 (単位：mm)

（7） 施 工

（a） 移動式型枠設備

藁科川橋の長支間場所打ち PC 床版の施工には，**図 4.38** に示す移動式型枠支保工が使用された．これは山間部の施工に適した安全かつ合理的な施工方法であり，機械化によって作業の省力化・効率化を図ることが可能となった．藁科川橋で使用した移動式型枠支保工の特徴を以下に示す．

① 移動足場，インサイド型枠，アウトサイド型枠が独立した構造となっている．
② 移動足場はレール上を自走する．インサイド型枠は横桁上をスライディングビームを利用して自走する．アウトサイド型枠は移動足場を利用して移動する．
③ 屋根設備および風防カーテンを有している．
④ 床版内に仮設備を残さないように，レールの支持架台は着脱可能な構造とし，

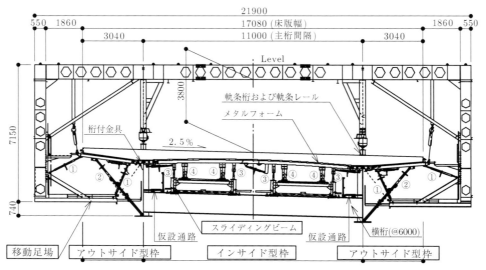

図 4.38 移動式型枠設備 (単位：mm)

　型枠の支持もサポート式としている．

⑤　型枠にはメタルフォームを使用し，型枠を支持する支保工材に曲線加工を施して，床版下面の曲線形状に対応させている．

（ｂ）　コンクリートの配合

　藁科川橋で使用されたコンクリートには，いわゆる長期的な乾燥収縮に対する収縮補償としてだけでなく，材齢初期における温度応力にも有効と判断される膨張材が添加されている．

　藁科川橋の床版用コンクリート (設計基準強度は 40 N/mm²) の配合を**表 4.29** に示す．膨張材は収縮補償を目的として 30 kg/m³ 添加されている．このようなコンクリートは粘性が高くなる傾向があるため，スランプはポンプ筒先で 12 cm と設定さ

表 4.29　コンクリートの配合

	水結合材比 $W/(C+F)$	細骨材率	単位量 (kg/m³)							
			水	セメント (早強)	膨張剤 (標準型)	結合材	細骨材		粗骨材	混和剤 (遅延型)
	(%)	(%)	W	C	F	$P=C+F$	$S1$	$S2$	G	A
P4-2	43.8	44.0	160	335	30	365	774		999	2.738
							697	77		($P \times 0.75$ %)

れ，単位水量 W を抑えた密実なコンクリートとするために高性能 AE 減水剤 (遅延型) が使用されている．

（c）　ブロック施工順序

薬科川橋で採用された床版のブロック施工順序を**図 4.39** に示す．第二東名高速道路の広幅員に対応する大型の移動式型枠設備は重量が重く，薬科川橋で使用されたものは 100 t (980 kN) を少し超えるものであった．このため，床版のブロック施工時において施工済床版に作用する橋軸方向の引張応力は無視できないものとなる．そこで，移動式型枠支保工を 1 橋に 2 基投入し，2 ブロックずつ同時施工することを基本として，一時的なカウンターウェイトを併用することで，床版コンクリートに一時的に発生する橋軸方向引張応力度を 1.0 N/mm^2 以下に抑えている．

なお，薬科川橋における床版の施工ブロック長は最大で 12 m としているが，これは，良質な床版のサイクル施工を続けるために，1 回のコンクリート打設量として 90 m^3 程度を，仕上げ面積として 200 m^2 程度を目安にして決定されたものである．

（d）　施工要領

本床版の施工面でとくに配慮されたのは，打込み時のフレッシュコンクリートの品質管理，および養生である．コンクリートの急激な乾燥や温度低下を防止するために，移動式型枠設備には直射日光を遮断する屋根設備に加え，側面からの風や雨を遮断する防風カーテンが設置された．床版上面には十分な散水に加え，養生マットの上にさらにシートを被せる養生が行われた．下面についても張出し部・桁間部ともにシートで囲い込んで施工している．このような養生が容易に行える点で，固定式型枠支保工に比べて移動式型枠支保工が有利といえる．

床版上面は，防水層の接着性に配慮してトロウェル (エンジン式こて均し機) と金ごてを使用し，平坦に仕上げられ，新旧床版の打継ぎ目部は，適切な粗面が形成できるように入念に打継ぎ目処理が施された．

プレストレスの導入は，材齢 3 日にて現場養生による供試体でコンクリートの圧縮強度が 32.5 N/mm^2 以上となったことを確認して行われ，使用された PC 鋼材は，湿気硬化型のプレグラウト PC 鋼材 (1S28.6) であるが，打継ぎ目部におけるプレストレス導入度合いに配慮して 2 本引き残しておく部分には，緊張前にプレグラウト樹脂が硬化してしまう可能性が懸念されたため，熱硬化型のものが使用されている．

床版施工のサイクル工程は，休日などを考慮すると，おおむね 12 日サイクルで施工されている．

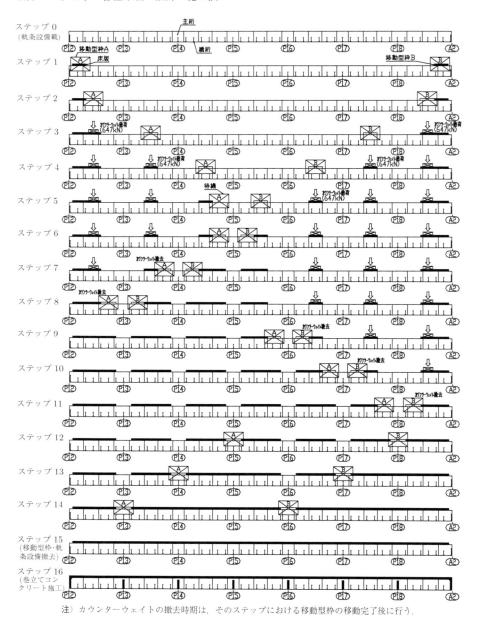

注) カウンターウェイトの撤去時期は，そのステップにおける移動型枠の移動完了後に行う.

図 4.39 床版ブロックの施工順序 [16]

4.3 フルプレキャスト PC 床版の設計・施工法

4.3.1 特徴と適用

　道路橋の床版の耐久性を向上させる方策の一つとして，プレストレスを導入する PC 床版の適用が考えられる．床版にプレストレスを導入することにより耐久性が向上することは，既往の研究[24] により広く知られている．床版の橋軸直角方向にプレストレスが導入されている場合は橋軸方向ひび割れを，また，橋軸方向に導入されている場合は橋軸直角方向ひび割れをそれぞれコントロールできる．あわせて，プレストレス導入によるひび割れの抑止は，床版表面からの水の浸透・流入を防ぐことになり，大幅な疲労寿命の増加をもたらす．

　一方，建設工事ではコスト縮減，周辺環境への配慮などの目的から，現場施工の省力化が強く望まれている．橋梁建設では，工場において主桁などの主要部材を製作し，現場での作業を極力省くプレキャスト化による合理化工法が推奨されている．床版はプレキャスト化の好対象の部材であるといえる．

　プレキャスト床版はすでに 30 年以上の歴史を有しており，現在までに数多くの施工事例がある．

　とくに，疲労による損傷を受けた RC 床版の打換え工法として，急速施工をメリットとするプレキャスト床版が用いられてきた．その後，都市部や交通過密地域での新規橋梁建設においても，周辺環境への負荷の軽減が求められるようになり，急速施工を求める声が高まった．工場で製作されるプレキャスト版を使用することで，現場作業が大幅に省力化でき，急速施工が可能となる．また，型枠工，鉄筋工，現場コンクリート打設などに要する特殊技能者数も大幅な減少が可能となり，プレキャスト工法は，建設工事における現場熟練作業員の激減・高齢化，およびこれにともなう技能レベルの低下に対して有効であるといえる．さらには，工場製作では鋼製型枠を使用するため，木製型枠廃材を大幅に削減できることから，地球環境保全に寄与できる特長ももち合わせている．

　床版耐久性向上の観点からいえば，床版のプレキャスト PC 床版は，製品管理が徹底される工場製品であり，その品質の信頼性は高いといえる．また，パネル単体で製作し，敷設するまでの養生期間があるため，場所打ち床版と比べて，コンクリートのクリープ・乾燥収縮に対する拘束の影響が小さくなる．さらに，現場での床版支間方向の緊張がないためプレストレスによる二次力は発生しない．

　コスト縮減の観点からは，プレキャスト PC 床版とすることにより，長い床版支間への適用が可能となるため，鋼桁の少数主桁化が図れる．また，床版自体と鋼桁重量の軽量化から，上・下部工まで含めた橋梁のトータルコストの削減が望める．さらに，

高耐久性であるため，維持管理面では RC 床版と比較して有利であり，ライフサイクルコストの縮減を可能にするといえる．

このように，床版の耐久性を高め，現場施工の省力化が可能となるプレキャスト PC 床版工法は，近年，鋼橋建設において急速に普及している．**図 4.40** にプレキャスト PC 床版の概念，**写真 4.1** にプレキャスト PC 床版の架設状況を示す．

図 4.40　プレキャスト PC 床版 [25]　　　　**写真 4.1**　プレキャスト PC 床版の架設

4.3.2　分　類

これまでに用いられたプレキャスト PC 床版は，大きくとらえて，床版の形状，プレストレス導入の方向，および継手の方法により分類できる [26]．

図 4.41 に示す床版の形状では，床版厚を一定としたフラット版，鋼桁の床版支点部でハンチを設けたハンチ版，床版にリブを設けることにより床版厚を橋軸方向で変化させているチャンネル版の 3 種類に大別できる．

プレストレス導入の方向による分類では，橋軸直角方向の一方向のみ，橋軸方向の一方向のみ，橋軸直角方向と橋軸方向の二方向のものに分類できる．継手の方法には多種多様なものが提案 [27] されているが，大別すると，マッチキャスト方式，モルタル充填方式，ループ継手を用いた現場打ちコンクリート方式，特殊継手方式となる．**図 4.42** にプレキャスト床版の継手の種類を示す．

4.3.3　継手構造

継手構造の種類を**図 4.42** に示したが，ここでは継手の種類ごとの特徴を紹介する．

図 4.42 (a) に示したモルタル充填方式は，パネル相互の接合面に幅 5 cm 程度のく

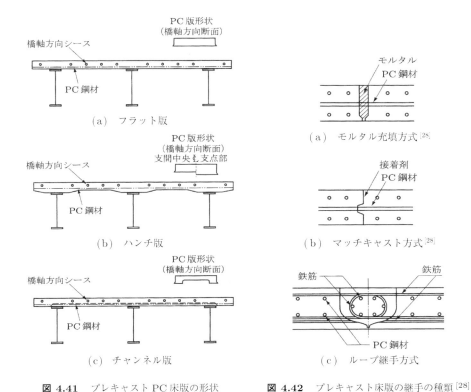

図 4.41 プレキャスト PC 床版の形状 図 4.42 プレキャスト床版の継手の種類 [28]

ぽみを設けてモルタルを充填し，これにせん断キーとしての機能を期待するものである．この方式の場合，施工時の手間が少なくてすむものの，充填モルタルの乾燥収縮に注意が必要であり，膨張材を若干配合したもの，あるいは無収縮モルタルが使用される．この継手の場合には，ポストテンション方式にてプレストレスが導入される場合が多い．

図 4.42 (b) のマッチキャスト方式の場合，接合面に接着剤を塗布し，止水を施している．曲げ応力の伝達のためにプレストレスが導入され，せん断力は摩擦により伝達すると仮定されるが，実際にはせん断キーを設けて補強するケースが多い．

図 4.42 (c) のループ継手方式は，継手幅を 20 〜 30 cm と大きくしてコンクリートを充填し，内部に鉄筋を配置して母床版なみの強度を確保できるようにしたものである．このような幅の大きい継手構造においても，ほかの継手構造と同様に，床版下面からの型枠作業を省略できるようにパネルの継目部にあごを設ける構造となっている．なお，この継手では橋軸方向にプレストレスは導入されない．

4.3.4 設 計

道路橋に用いるプレキャスト PC 床版では，活荷重による設計曲げモーメントは従来の場所打ち RC 床版と同様であり，道路橋示方書・同解説Ⅲコンクリート橋編 [2] では床版支間 6.0 m 以下と規定されている．一方，鋼少数主桁橋では，床版支間が 6.0 m を超える場合もあり，床版支間が 12.0 m 程度までは **4.2.3 項**に示したように当時の日本道路公団において実験，解析などで検証が行われ，活荷重による設計曲げモーメント式が提案 [29] されている．また，チャンネル形状断面のような床版断面を橋軸方向に変化させることにより，活荷重による曲げモーメント分布が従来の床版と異なる床版では，別途，設計曲げモーメント式が提案されている [30]．

プレキャスト PC 床版は，橋軸直角方向は，通常，プレテンション方式でプレストレスが導入され，PC 部材として設計を行い，死荷重作用時では引張応力の発生を許さない引張応力発生限界状態，活荷重作用時ではひび割れの発生を許さないひび割れ発生限界状態で設計する場合が多い．橋軸方向は，橋軸方向に連続した PC 鋼材を配置して PC 構造とする場合と，ループ継手を用いて RC 構造として設計する場合とがある．また，プレキャスト PC 床版では，場所打ち床版には存在しない橋軸方向接合部の設計が必要となる．

4.3.5 施 工

プレキャスト PC 床版の一般的な施工順序を以下に示す．

① **製作**：プレキャスト PC 床版単体パネルを PC 工場でプレテンション方式により製作する．

② **運搬**：PC 製作工場より単体パネルをトレーラーなどで現場まで運搬する．

③ **鋼桁・床版連結部の処理**：鋼桁上フランジには，あらかじめ鋼桁・床版連結用スタッドが溶植されており，その連結部分に無収縮モルタルを充填するための処理としてシールスポンジ (埋設型枠) を設置する．

④ **単体パネルの架設**：現場の状況に応じてクレーンなどの架設機械を用いて単体パネルを鋼桁上に架設する．架設後，単体パネルの高さ調節を行って所定の高さにセットする．

⑤ **床版間目地の施工**：敷設した単体パネル間の橋軸直角方向目地の施工を行う．縦締め PC 鋼材を用いる場合は目地部に無収縮モルタルを充填し，ループ継手を用いる場合には，間詰め部にコンクリートを打設するのが一般的である．

⑥ **縦締めケーブルの緊張・グラウト**：床版間目地部モルタルが所定の強度に達した後，縦締めケーブルの緊張を行って橋軸方向にプレストレスを導入する．緊張ジャッキは，通常，橋梁端部のスペースにセットするが，橋長が長い場合は中間

地点で分割緊張を行う場合もある．緊張後はすみやかにグラウトを行う．床版間
目地にループ継手を用いる場合はこの工程を省略できる．

⑦　**鋼桁・床版連結部モルタル打設**：鋼桁とプレキャスト床版の連結部に無収縮モ
ルタルを床版上面の切欠き開口部より打設する．

⑧　**床版端部場所打ち部の施工**：橋梁の床版端部には，縦締め緊張用ジャッキス
ペースあるいは伸縮継手据え付け用の切欠きが約 1.0 m 程度必要であり，最後に
その部分の現場打ち床版の施工を行う．ただし，この部分にはプレストレスが導
入されないため，RC 床版の端部打ち下ろし部と同様に増厚した設計を行う必要
がある．図 **4.43** に実施工したプレキャスト PC 床版と従来の RC 床版との現場
施工工程の比較を示す．通常では，RC 床版と比較して約 1/3～1/2 の日数で現場
施工が可能となり，現場作業の省力化による工期短縮が達成できる．

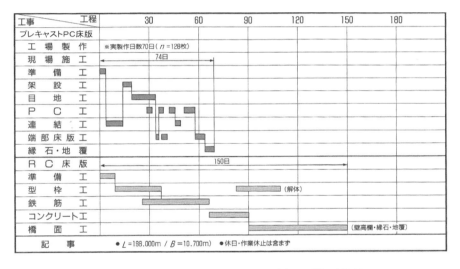

図 4.43　プレキャスト PC 床版と RC 床版の現場工程比較

4.4　ハーフプレハブ・ハーフプレキャスト合成床版の設計・施工法

4.4.1　鋼板・コンクリート合成床版

（1）　**基本事項**

（a）　**基本的な構造と分類**

鋼板・コンクリート合成床版とは，コンクリート版の下面あるいは上・下面に比較
的薄い鋼板を配置し，これとコンクリート版とが一体となって輪荷重あるいは自重な

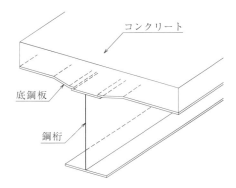

図 4.44　鋼板・コンクリート合成床版の基本構造の概念

どの外力に抵抗することを期待する床版構造である．鋼板・コンクリート合成床版の基本構造を図 **4.44** に示す．

　鋼板・コンクリート合成床版断面の下縁に配置された鋼板は「底鋼板」とよばれ，この上にコンクリートが現場打ちされて硬化した後，両者が一体となって荷重に抵抗する．底鋼板には，合成断面の一部としての性能のほかに，工場で製作された底鋼板を有する鋼板パネルを架設現場で主桁上に配置し，その上にコンクリートを打込む際の型枠としての力学性能，橋梁形式によってはフレッシュコンクリートの自重に対する主桁の座屈防止に対する力学性能などが一般に求められる．なお，コンクリート打込み時の補剛については 133 頁の **(f)** 項で詳述する．

　鋼板・コンクリート合成床版は，鋼板の枚数，コンクリート版内部の鋼材配置，ずれ止めの配置などによって，図 **4.45** のように分類されるが，この 4 タイプの概要を

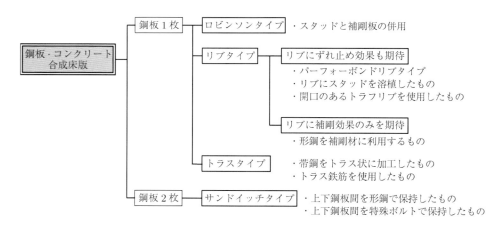

図 4.45　鋼板・コンクリートの合成床版の分類

（a）　ロビンソンタイプ合成床版（⇒口絵4(a)）

（b）　リブタイプ合成床版

（c）　トラスタイプ合成床版

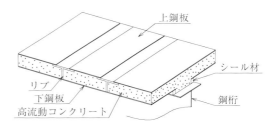

（d）　サンドイッチタイプ合成床版

図 **4.46**　鋼板・コンクリート合成床版のタイプ別概要

図 **4.46 (a)** ～ **(d)** に示す．

（b）　**実橋への適用例**

図 **4.47** には，道路橋における平成 15 年 12 月時点での合成床版の施工実績を示す．この図は，平成 10 年ごろから急速に実用が増加していることを示している．実用増加の理由は，図 **4.48** からわかるとおり，鋼少数 I 桁橋や開断面箱桁橋など，従来の RC 床版の最大適用支間 4 m を超える床版支間長を必要とする主桁配置が増えたため，耐久性にすぐれた床版構造を目的とした合成床版の開発と採用が急増したことである．また，図 **4.49** のとおり，合成桁・非合成桁の採用比率はほぼ同じとなっている．

図 **4.50** は発注機関別の比率を示すが，高規格の自動車専用道路を建設する旧日本道路公団，ならびに都市高速道路を建設する福岡北九州高速道路公社での実績がこれまでの施工量の半分以上を占めている．旧日本道路公団では，国内各地の路線でここ 10 年間にわたって比較的コンスタントに採用されているようであるが，福岡北九州高速道路公社の場合は，新規路線の建設時期に集中的に採用されたようである．国土交通省や地方自治体の採用も全体の約 1/3 を占めるようになっている．これは，高規格の自動車専用道路と一般国道あるいは主要地方道とのジャンクション部分の橋梁への採用が増えたこと，旧日本道路公団により床版形式が選定され建設の後に国土交通省

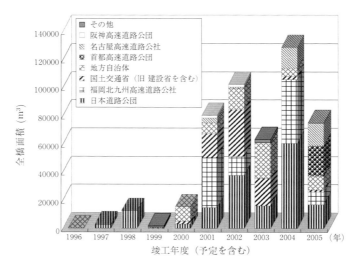

図 4.47　鋼板・コンクリート合成床版の発注実績の推移 (平成 15 年 12 月現在)

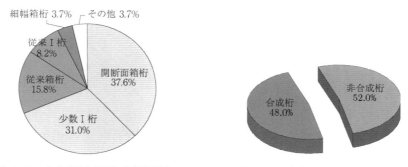

図 4.48　合成床版を採用した橋梁形式
ごとの比率

図 4.49　合成床版を採用した橋梁の
合成桁・非合成桁の種別比

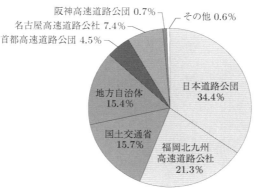

図 4.50　鋼板・コンクリート合成床版の発注機関別の比率

へ移管されたものが含まれること，などが主要因と考えられる．

（c） 鋼板・コンクリート合成床版に必要な条件

鋼板・コンクリート合成床版の設計・施工にあたっては，対象橋梁への採用目的との適合度合い，構造物の安全性ならびに耐久性，施工品質の確保，維持管理の容易さなどを考慮する必要がある．これらは，床版を設計・施工するうえで留意すべき基本的事項であるが，その具体例を次に列挙する．

① **採用目的との適合度**：当初の計画どおり，完成後の床版が交通に利用できる機能のことで，道路利用者が安全で快適に使用できる供用性も含めたもの．

② **床版の安全性**：床版が死荷重，活荷重などに対して適切な安全性を有していること．

③ **耐久性**：床版への経年的な劣化の生じにくさ，あるいは劣化が生じた場合にも適用目的との適合度，安全性が著しく減少することなく，必要な性能が確保できること．

④ **施工品質の確保**：採用目的との適合度や安全性を確保できる施工性を有することで，施工中の安全性も含む．

⑤ **維持管理の容易さ**：供用中の点検，材料の変質状態の調査および補修作業などが容易に行えること．損傷を受けたコンクリートの打替えも可能であること．

（d） 力学的メカニズム

合成床版の特色は，圧縮に比べて引張に弱いコンクリートの曲げ引張域に鋼板を配置して，曲げモーメントに対する応力分担やひび割れ防止を図るとともに，剛性の高い鋼板をコンクリート版と一体化することにより，通常の RC 床版よりも曲げ剛性やねじり剛性を著しく向上させていることである．この結果，輪荷重の繰返し作用に起因するコンクリートのひび割れ面のずれ変形を拘束し，摩耗を抑制するため疲労損傷の生じにくい構造であるとの実験成果が多くの実績増につながっている．従来の RC 床版に比べた鋼板・コンクリート合成床版の一般的な特長は，次のとおりである．

① 適切な鋼板の配置によって，疲労耐久性が飛躍的に向上する．

② 鋼板の効果によってコンクリート版厚を小さくし，軽量化を図ることによって床版の長支間化ならびに鋼桁断面の縮小が可能である．

③ 型枠としての底鋼板が工場で製作され，また鉄筋の一部も工場で配置することができるため，品質管理が比較的容易であり，かつ現場作業を大幅に軽減できる．

④ 底鋼板の存在により，コンクリート断面に生じたひび割れ損傷にともなうコンクリート片の落下の危険性が大きく減少する．

　RC 床版では，コンクリートと鉄筋の一体性は，両者の間の付着力のみで確保されている．一方，合成床版における鋼板とコンクリート版の一体性は，両者の接触面における付着力だけでは満足に確保されない．そこで，この接触面に作用する水平せん断力の伝達のために頭付きスタッド，鋼パイプ，鉄筋，形鋼，高力ボルトなどが，ずれ止めとして底鋼板あるいは底鋼板を補剛しているリブなどに取付けられる．ずれ止めについては，**(e) 項**で後述する．

　サンドイッチ形式以外の合成床版では，底鋼板のように床版断面の下縁にのみに鋼板が設けられ，単純版あるいは連続版の正曲げモーメント域では下側引張鉄筋としての応力分担が期待される．一方，主桁ウェブ付近や張出し部などの負曲げモーメント域では，コンクリート版の上縁付近に配置された鉄筋が曲げ引張応力に抵抗することになる．この場合，コンクリート上面に大きなひび割れの生じる危険があるため，応力計算やひび割れ照査に細心の注意が必要である．

　鋼板・コンクリート合成床版の断面は，引張側コンクリート断面を無視した弾性理論による圧縮コンクリート部と鋼板とからなる完全合成断面のモデルで応力計算がなされるのが一般的であり，別途，求められた設計曲げモーメントと断面の内力がつり合うという条件下で，RC 断面と同じように中立軸位置とコンクリートおよび鋼板の応力が求められる．この概要を図 **4.51** に示す．応力計算上の仮定は次のとおりである．

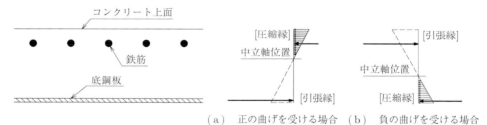

（ a ）　正の曲げを受ける場合　（ b ）　負の曲げを受ける場合

図 4.51　曲げモーメントにより発生する合成床版断面の応力分布

① 維ひずみは中立軸からの距離に比例する．
② コンクリートの引張強度は無視する．
③ 鋼とコンクリートのヤング係数比は 10 とする．

　底鋼板の厚さを 6 mm 以上とし，応力度の照査のほか，コンクリート打込み時の型枠としての剛性，リブのすみ肉溶接やスタッドの溶植などの施工性，鋼板パネルの防錆仕様などを考慮し，鋼板パネルに有害な変形が生じないようにその板厚が決定される．

　輪荷重の繰返し作用による RC 床版の疲労破壊モードは押抜きせん断破壊であるが，合成床版では底鋼板が健全であればコンクリートが抜け落ちるような現象は生じにく

い，また，コンクリート版内部の鉄筋配置やずれ止めの高さなど，種々の要因によってせん断破壊をともなう場合の破壊モードやせん断強度が変化するため，確立した強度算定式はまだない．既往の実験によると，一般に設計荷重の 5 〜 10 倍程度のせん断強度を有していることが認められており，鋼構造物設計指針 PART B[8] では，道路橋床版に対するせん断の照査を省略できるものとしている．

（e） ずれ止め

鋼板・コンクリート合成床版のずれ止めの設計に用いる床版の単位幅あたりの水平せん断力は，**式 (4.7)** により算出される．

$$V_d = k(0.011L + 0.747)P \tag{4.7}$$

ここに，V_d：ずれ止めの設計に用いる床版の単位幅あたりの水平せん断力 (kN)

k ：荷重作用の分担率．頭付きスタッドの場合は $k = 0.5$，十分に剛なずれ止めの場合には $k = 1.0$ とする．

L ：床版支間長 (m)

P ：T 荷重の 1 輪分の荷重 ($P = 100$ kN)

使用するずれ止めの種類によってせん断耐力が異なるため，ずれ止めの設計においては実験により得られた耐力および耐久性の結果にもとづいて許容値が決定される．以下に鋼板・コンクリート合成床版に適用されているずれ止めの設計法を示す．

ⅰ） 頭付きスタッド

スタッドの設計に用いる床版の単位幅あたりのせん断力 τ は，**式 (4.8)** によって算出される．

$$\tau = \frac{d \cdot V_d \cdot Q}{I} \frac{p}{n \cdot A_S} \leqq \tau_f \tag{4.8}$$

ここに，d ：単位幅 (mm)

Q, I：それぞれ，コンクリートの全断面を有効とした場合の合成床版の中立軸に関する，鋼板の断面一次モーメント (mm^3)，および合成床版の断面二次モーメント (mm^4)

p ：スタッドの主鉄筋方向ピッチ (mm)

n ：単位幅あたりのスタッドの配力筋方向本数 (本)

A_S ：スタッドの断面積 (mm^2)

τ_f ：スタッドの疲労強度 ($= 67$ N/mm^2)

疲労強度 τ_f は，スタッドに回転せん断力が作用する場合の疲労強度を示す．輪荷重の移動によりスタッド基部に作用するせん断力の向きと大きさが変化するため，一定せん断力が交番して作用する場合と比較して，疲労耐久性が低下することを考慮している．詳しくは **(2) 項**のロビンソンタイプ合成床版にて述べる．

ⅱ）孔あき鋼板ジベル (パーフォボンドリブ：**PBL**)

孔あき鋼板リブとその孔内のコンクリートによる機械的ずれ止め構造により，ずれ止め効果を期待する．この場合，

① コンクリートのせん断破壊

② 孔部コンクリートの亀裂破壊

の二つの破壊モードを想定し，それぞれのせん断耐力を検討して孔径および孔間隔を決定する．

まず，コンクリートのせん断破壊に対し，ずれ止め孔 1 箇所あたりの設計せん断耐力を式 (4.9) により算出する．次に，孔部コンクリートの亀裂破壊に対しては，ずれ止め孔内部のコンクリートの圧壊を避けるため，設計せん断強度が式 (4.10) を満足するように孔径およびリブ厚 t が決定される．そして，ずれ止め孔 1 箇所あたりの作用せん断力 V_d (N) を求め，これが式 (4.11) を満足するようにずれ止め孔の径および間隔を決定する．

$$V_{S1} = 2\frac{\pi d^2}{4}1.14\sigma_{ck} \tag{4.9}$$

$$V_{S1} \leqq V_{S2} = d \cdot t \cdot 7.5\sigma_{ck} \tag{4.10}$$

$$V_d \leqq V_{S1} \tag{4.11}$$

ここに，V_{S1}：ずれ止め孔 1 箇所あたりの設計せん断耐力 (N)

d 　：リブ孔径 (mm)

σ_{ck}：コンクリートの設計基準強度 (N/mm²)

t 　：リブの板厚 (mm)

V_{S2}：ずれ止め孔内部の設計せん断強度 (N)

ⅲ）鋼管ジベル

図 **4.52** に示すように，リブに設けた長孔に鋼管を貫通させるずれ止め構造である [31]．鋼管の断面は床版厚に応じて，$\phi48.6 \times 2.3$ mm と，$\phi60.5 \times 3.2$ mm の 2 種類が用いられる．ずれ止めの照査に用いる許容せん断力は，押抜きせん断試験により求められる最大せん断力から決定する．

ⅳ）トラス鉄筋によるずれ止め

ずれ止めの概要は図 **4.53** のとおりであるが [32]，ずれ止めに作用するせん断力は，式 (4.7) により算出してよい．荷重作用の分配率は $k = 1.00$ を用いる．許容せん断力 Q_a は，押抜きせん断試験により求められる降伏せん断耐荷力 Q_y の 1/3 とする．

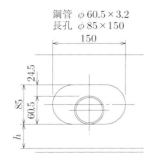
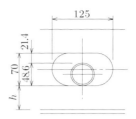

鋼管　φ60.5×3.2
長孔　φ85×150

鋼管　φ48.6×2.3
長孔　φ70×125

（a）床版厚 220 mm 程度以上の場合　　（b）床版厚 220 mm 程度以下の場合

図 4.52　鋼管ジベル断面 (単位：mm)

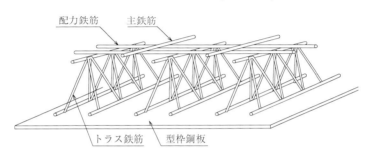

配力鉄筋　　主鉄筋

トラス鉄筋　　型枠鋼板

図 4.53　トラス筋によるずれ止め

（f）　コンクリート打込みに対する補剛

　鋼板・コンクリート合成床版の大きな特徴は，鋼板パネルを主桁上に設置すると，鋼板パネルそのものがコンクリートの型枠として機能することである．したがって，コンクリートを打込むときには，型枠として十分な剛性を有することが必要であり，多くの合成床版ではリブなどの補強材が底鋼板上に取り付けられて補剛されている．

　コンクリート打込み時は鋼板パネルの自重も含めた状態で，支間中央部および張出し部に対して所要の応力度内およびたわみの制限値におさまるように断面設計されている．また，必要に応じて作業荷重に対する照査も行うこともある．とくに，張出し部に対しては負曲げモーメントが作用するため，主桁上付近の断面設計に留意する必要がある．

　型枠としての底鋼板の安全性は，実験あるいは解析により確認されている．その一例として，張出し部に着目した載荷試験の概要を**図 4.54** および**写真 4.2** に示すが，床版支間 6.5 m，張出長 2.75 m の実物大の鋼板パネル供試体に 1470 kN ジャッキを用いてコンクリート打込み時の荷重状態を再現し，載荷梁 (H 形鋼) を用いて線荷重と

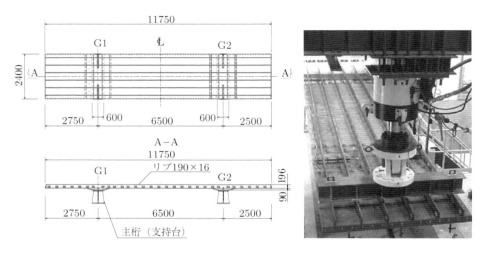

図 4.54 供試体の形状 (単位：mm) **写真 4.2** 載荷の状況

して載荷している．この実験では，型枠のたわみ量，および型枠と主桁接合部の開き量などの確認を行っている[33]．

（g）　工場製作

鋼板・コンクリート合成床版は，鋼板パネルを十分に管理された工場で製作するため，部材の精度，品質などが非常に良好である．製作にあたっては，完成後の形状が現場での出来形になるため，支持桁との取り合いに注意する必要がある．鋼板パネルはタイプにより固有の加工・組立方法がとられているので，既往の施工確認試験にて得られたデータをもとに行っている．鋼板パネルはすべて薄板で構成されているため，溶接により大きな変形が生じないよう留意することが必要である．

鋼板パネルの製作フローを**図 4.55**に示し，製作に対する留意点を述べる．

① **切断**：底鋼板は薄肉の鋼板を用いるケースが多いため，レーザーによる切断が有効となる．リブに孔あけなど行うと変形が生じるため，組立前にプレス機またはガス加熱による矯正を行う必要がある．

② **組立・溶接**：組立，溶接により鋼板パネルが変形する可能性があるため，変形防止の目的の治具などを用いて溶接するのがよい．

③ **矯正**：鋼板パネルにリブやスタッドを溶接すると変形が生じる．そこで，パネルは現場での支持状態と同様に支持した状態で矯正を行うことで，製作精度が向上する．

④ **防錆**：鋼板パネルの外面には，塗装，溶射，溶融亜鉛めっきおよび耐候性鋼などの外面防錆を施すことが標準となっている．コンクリート接触面は打込みまで

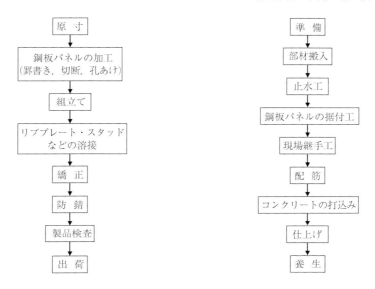

図 4.55 鋼板パネルの製作フロー   **図 4.56** 現場架設のフロー

の放置期間に応じた適正な防錆仕様を採用することとなる.

（h） 現場施工

鋼板・コンクリート合成床版は，工場内で鋼板パネルが製作されて現場へ搬入され，現場にて所定の位置に設置される.

以下に，部材の搬入から設置完了までの作業内容と留意点について述べる．また，施工のフローを**図 4.56** に示す.

① **部材の搬入**：工場製作された鋼板パネルを部材の大きさ，重量を考慮して積載枚数を決定し，トラックまたはトレーラーにより現地へ輸送する.

② **荷下ろし**：荷下ろしは桁架設に用いたクレーンなどを用いて行う．このとき，鋼板パネルに大きな曲げやねじれを生じないよう吊り上げ方法および仮置き時の支持方法に注意する必要がある．また，製品に損傷を与えないように注意する.

③ **止水工**：コンクリート打込み時には，鋼板パネルと鋼桁の間，継目付近に適切な止水工を施す必要がある．鋼桁上に貼り付ける止水材は，はく離を起こさないように接着面の清掃を行うのがよい．合成床版の止水材は止水パッキン，シールスポンジなどの実績が多い.

④ **鋼板パネルの架設**：鋼板パネルは，鋼桁上の正しい位置にクレーンなどを用いて設置しなければならない．鋼板パネルは比較的軽量で剛性が小さいため，設計で想定する以上の応力や変形を与えないように留意することが必要である.

⑤　**鉄筋の設置**：鉄筋の設置にあたっては，所定のかぶりやあきを確保しなければならない．また，コンクリート打込み時のバイブレーターなどにより鉄筋位置にずれが生じないように注意する必要がある．

⑥　**コンクリートの打込み**：合成床版は膨張コンクリートを基本とする．打込みは打込み順序，打継ぎ目の設定など，合成床版の種類別特性を考慮して施工しなければならない．なお，コンクリートは材料の分離，空気量の変化，スランプロスなどが起こらないように適切な方法で打込む．

⑦　**コンクリートの養生**：コンクリートの種類，打込み時の気温，養生期間中の気候状況に応じた適切な養生を行う．

（２）　ロビンソンタイプ合成床版

（ａ）　構造概要

ロビンソンタイプ合成床版とは，底鋼板の上面にずれ止めとして頭付きスタッドを溶接したものを型枠として利用し，鉄筋配置とコンクリート打設を行い，コンクリート硬化後はコンクリートと合成断面を形成するものである．その構造概要を図 **4.57** に，実構造例を図 **4.58** ～ **4.60** に示す．図 **4.58** は，ハンチ周辺以外で底鋼板をフラットとして，その上面に補剛リブを配置するものであるが，他方，底鋼板をアーチ状にしてアーチ効果を期待するのが図 **4.59** である．図 **4.60** はコンクリートの一部を工場施工とし，残りのコンクリートを現場打込みする際の型枠効果を底鋼板と先行コンクリートで確保し，図 **4.58** および図 **4.59** の形式における鋼製の横リブを省略している．

なお，乾燥収縮などや負の曲げモーメントによる引張応力がコンクリート断面に作用するが，これに対して，圧縮側断面に配置された鉄筋が引張応力の伝達あるいは過大なひび割れ発生防止の役割を果たしている．

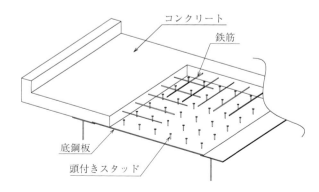

図 4.57　ロビンソンタイプ合成床版の概要

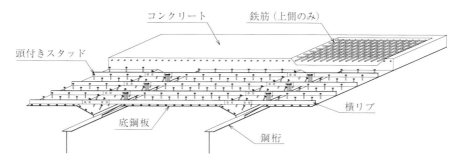

図 4.58　ロビンソンタイプ合成床版の例 (補剛リブ併用型)

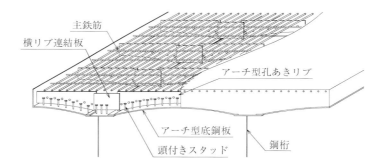

図 4.59　ロビンソンタイプ合成床版の例 (アーチ型底鋼板補剛リブタイプ)

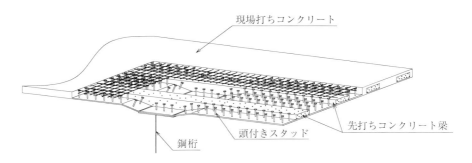

図 4.60　ロビンソンタイプ合成床版の例 (コンクリート補剛タイプ)

（b）　設　計

i ）　ずれ止めの設計

　ずれ止めには，JIS に規定される頭付きスタッドが用いられる．底鋼板とコンクリート版を一体化し，完全合成された合成床版として挙動させるようにスタッドが配置されるが，完全合成理論から求められる水平せん断力に対して，合成桁と同様な手法で

スタッドの配置設計をすることにより十分な静的強度が確保できる．しかし，床版では輪荷重によるスタッドの疲労破壊に対する配慮が必要である．

　スタッドを溶接したロビンソンタイプ合成床版に対して行われた定点載荷疲労試験では，スタッド溶接した鋼板側の止端部から疲労亀裂が発生し，最終的には鋼板が疲労破断するということが確認されている．しかし，ロビンソンタイプ合成床版の輪荷重走行疲労試験を行うと，スタッド溶接の余盛り部でせん断破壊（シアオフ）に至り，鋼板に破断が生じないことがわかった．これらの破壊モードは図 **4.61** のとおりであるが，図 **4.61 (b)** には，溶接余盛りの上側止端から発生した亀裂が，余盛りが鋼板に残留するように進展するタイプ–Ⅰの破壊モードと，溶接余盛りの下側止端部から発生した亀裂がそのまま余盛り下の熱影響部に沿って進展し，鋼板にくぼみを残して破断に至るタイプ–Ⅱの破壊モードを示した．スタッド軸部と溶接余盛り部との溶着強度が低い場合にタイプ–Ⅰ，溶着強度が高い場合にタイプ–Ⅱの破壊モードに至るのである．

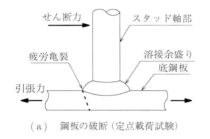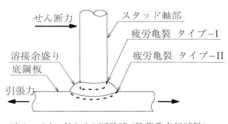

（ａ）　鋼板の破断（定点載荷試験）　　　　　（ｂ）　スタッドのせん断破壊（輪荷重走行試験）

図 4.61　頭付きスタッドが溶接された鋼板の疲労亀裂

　このような輪荷重走行疲労試験におけるスタッドのせん断破壊という現象は，輪荷重が床版上面を移動することによって，着目しているスタッドに作用する水平せん断力の向きと大きさが逐次変化するために生じる．このせん断力は，一般に「回転せん断力」とよばれているが[34, 35]，回転による応力履歴に加えて，スタッド溶接部のうち最も強度の低いところからの亀裂発生を助長させることになり，通常の一方向押抜き試験よりも低い疲労強度を呈することが多数の疲労試験結果の比較からわかっている．図 **4.62** に試験結果の比較を示すが，図中には文献 [36] および [37] などに示されたロビンソンタイプ合成床版の輪荷重走行試験ならびに回転せん断力を載荷した疲労試験の結果とともに，文献 [38] および [39] などに示された一方向押抜き疲労試験結果も併記した．

　回転せん断力による試験結果から求めた回帰式も図中に一点鎖線で示したが，スタッドのシアオフに関しては，2 種類の破壊モードが観察されたことや，回帰直線に

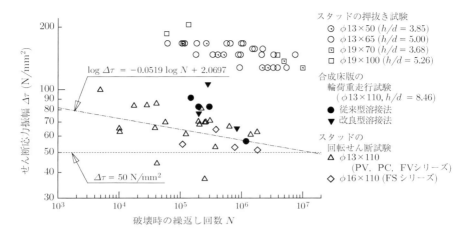

図 4.62 頭付きスタッドの疲労試験結果 (縦軸にせん断応力振幅を使用)

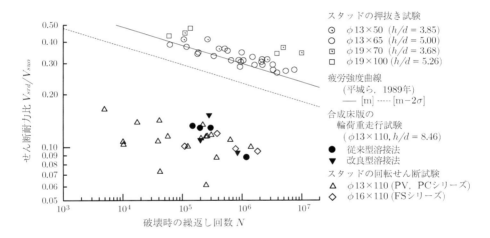

図 4.63 頭付きスタッドの疲労試験結果 (縦軸にせん断応力比を使用)

対するばらつきが大きいことなどから，ロビンソンタイプ合成床版のずれ止め用として の設計 S–N 曲線を提案するまでには至っておらず，複合構造物の性能照査指針 (案)[40] では，$\Delta\tau = 50\ \mathrm{N/mm^2}$ という試験データの下限値で設計疲労せん断応力振幅 を規定している．

図 4.63 は，同じ疲労実験データに対して，作用せん断力とせん断耐力との比率を縦 軸にして整理したものである．従来は，**図 4.62** のように縦軸にせん断応力範囲が用 いられてきた．しかし，輪荷重走行試験機を用いたロビンソンタイプ合成床版に対す

る疲労強度の研究過程で，押抜き試験結果に対して**図 4.63** のようにせん断耐力比を縦軸に用いるとデータの相関性が向上する傾向が確認された [34]．一方，主桁上スタッドなどに用いる疲労強度は，押抜き試験結果で評価できる．この結果に関して，豊富な実験データと適切な統計処理によって平城ら [41] は，**式 (4.12)** および**式 (4.13)** を発表している．

そして，実験データの中央値曲線である**式 (4.12)** から標準偏差の 2 倍だけ下方にシフトした**式 (4.13)** が，設計 S–N 曲線として複合構造物照査指針 (案) の合成桁のずれ止め用に採用されるに至っている．これらを実線ならびに破線で図中に示す．なお，図中に併記した押抜き試験結果は，スタッドの強度面で有利な打込み方向 (通常の床版と同じ方向) の試験体に対するものであるため，これ以外の打設方向の試験体も含めて作成された疲労強度式よりも上方にプロットされる傾向を呈している．

$$V_{srd}/V_{suo} = 1.28 N^{-0.105} \tag{4.12}$$

$$V_{srd}/V_{suo} = 0.99 N^{-0.105} \tag{4.13}$$

$$V_{suo} = \left(31 A_{ss} \sqrt{\frac{h_{ss}}{d_{ss}} f'_{cd}} + 10000 \right) \Big/ \gamma_b \tag{4.14}$$

ここに，V_{srd} ：疲労を考慮する場合の設計せん断耐力 (変動範囲) (kN)

$\quad V_{suo}$ ：スタッドのせん断耐力の平均値 (kN) で，**式 (4.14)** による．

$\quad N$ ：スタッドの破断までの繰返し回数

$\quad A_{ss}$ ：スタッドの軸部の断面積 (mm^2)

$\quad h_{ss}$ ：スタッドの高さ (mm)

$\quad d_{ss}$ ：スタッドの軸径 (mm)

$\quad f'_{cd}$ ：コンクリートの設計圧縮強度 (N/mm^2) で，材料係数 $\gamma_c = 1.0$ としてよい．

$\quad \gamma_b$ ：部材係数で，一般に 1.0 としてよい．

このような表現方法を合成床版にも適用することによって，押抜き試験結果と同様，ロビンソンタイプ合成床版の輪荷重走行試験データや回転せん断力による試験データとの相関性も若干向上するようである．しかし，設計 S–N 曲線を提案することは現時点では困難と思われる．

図 4.62 および**図 4.63** で，輪荷重走行試験による合成床版中のスタッドの疲労強度は，従来の押抜きせん断試験による結果と比較すると約 1/3 に低下していることがわかる．この理由は，前述のように，荷重の走行によってスタッドに回転せん断力が作用するためである．よって，輪荷重を直接担う道路橋の合成床版に使用されるスタッ

ドには，輪荷重走行試験結果や回転せん断試験によって得られた疲労強度曲線を用いて設計すべきであると結論づけられる．

　実際の設計においては，横リブを底鋼板の上面に配置する構造の場合には，水平せん断力が床版支間方向にほぼ限定されるものとして，鋼構造物の疲労設計指針[42]に示されるスタッドの疲労強度 67 N/mm² を用いることとしている．一方，横リブを底鋼板の下側に配置する場合には，前述の回転せん断力の影響に配慮して 50 N/mm² を用いることとしている．スタッド高さの標準値には，コンクリート版厚の 0.7 倍が採用されているようである．スタッドの頭部を圧縮側コンクリート断面に到達させることは，合成床版の押抜きせん断破壊に対するスターラップ効果をスタッドに期待するうえで，有効であると考えられる．

ⅱ）　底鋼板に設ける補剛リブ

　底鋼板には，コンクリート打設時の型枠としての応力分担断面および補剛のために床版支間方向(橋軸直角方向)に横リブが溶接される．わが国における初期のロビンソンタイプ合成床版では，横リブは底鋼板下面に配置されていたが[43]，近年は，底鋼板上面，すなわち，コンクリート内に配置されている．これは，コンクリート内に横リブを埋め込むことによって底鋼板による合成作用の増加を期待し，そのうえ，前記の回転せん断力の大きさや作用範囲を減少させることによりスタッドの疲労耐久性の向上を図るためである．また，横リブをコンクリート内に埋設することにより，当初の形式よりも塗装面積を減らすことが可能である．ただし，コンクリート内に埋込まれたリブが，輪荷重の走行にともなうコンクリートのひび割れを助長しないよう，たとえば，圧縮側コンクリートに到達しない高さに設定する必要がある．

ⅲ）　応力計算

　合成前の荷重に対しては，底鋼板と横リブが抵抗するものとして応力度の計算が行われる．合成後(コンクリート硬化後)の床版断面の応力計算は，引張側コンクリート無視の弾性理論により求まる合成断面にて曲げモーメントを分担するとして行われる．横リブは抵抗断面に算入されず，底鋼板，鉄筋が有効な鋼材として扱われる．

（3）　リブタイプ合成床版

（a）　構造概要

　リブタイプの鋼板・コンクリート合成床版は，工場で厚さ 6 ～ 9 mm の鋼板に平鋼や形鋼を溶接施工して鋼板パネルを形成し，それを現地に搬入して桁上に据付けた後，リブ上に主鉄筋および配力鉄筋を敷設し，コンクリートを打込んで一体化する床版である．リブはコンクリート打設時のフレッシュコンクリートの重量を負担するための補剛材であり，おもに橋軸直角方向に連続すみ肉溶接または断続すみ肉溶接によって

底鋼板に設置される．リブタイプの鋼板・コンクリート合成床版には，リブに用いる鋼材 (形鋼) の種類やずれ止めの形状によって多様な形式がある．ずれ止めにはスタッドや孔あき鋼板ジベルなどがあり，底鋼板に設けるタイプとリブに設けるタイプとがある．リブタイプ合成床版の例を図 **4.64** および図 **4.65** に記す．

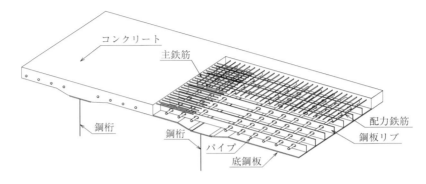

図 4.64　リブタイプ合成床版の例 (リブ貫通型パイプジベルタイプ)

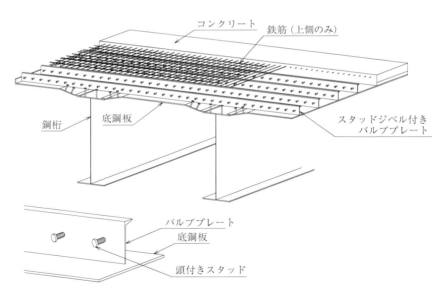

図 4.65　リブタイプ合成床版の例 (バルブプレート・スタッド併用タイプ)

（b）　構造特性

　鋼板パネルとコンクリートが一体として活荷重に抵抗するため，静的強度が非常に高いのが特徴である．繰返し走行荷重に対する疲労耐久性については，輪荷重走行疲

労試験の結果，平成 8 年の道路橋示方書で設計された RC 床版あるいは PC 床版と同等以上であることが確認されている．

　鋼板パネルを使用することにより足場が確保され，現地作業時の安全性が向上する．コンクリート打込み時には型枠として使用し，現場作業の大幅な省力化が可能となる．リブタイプ合成床版の一例として**図 4.64** および**図 4.65** に示した合成床版について，その特徴を以下に記す．

ⅰ） リブ貫通型鋼管ジベルを用いた合成床版 [31]

　底鋼板上面に橋軸直角方向のリブを断続溶接により設置し，このリブを貫通する方向 (橋軸方向) に鋼管が配置されている．リブに設けた長孔に充填されたコンクリートが底鋼板とコンクリート間のずれ止めの役割を果たし，さらに，長孔に鋼管を貫通させることでずれ止め効果が向上する．鋼管の使用によってコンクリート重量が低減でき，床版死荷重を小さくすることができる．さらに，鋼管を橋軸方向全長にわたって配置するため，鋼管の内部空間を利用したロードヒーティングなどへの応用が可能である．

ⅱ） バルブプレートリブとスタッドを併用した合成床版 [44]

　補強リブに球平形鋼 (バルブプレート) を使用し，リブのウェブ面に頭付きスタッドを溶植した合成床版である．剛性の高い球平形鋼を使用することで，鋼板パネルに設置するリブ本数を少なくすることができる．球平形鋼の突起部は底鋼板とコンクリートとの肌離れを抑制し，さらにスタッドをリブウェブに溶植することで堅固に合成される床版である．鉄筋はリブ上側に敷設するだけであり，現地の床版施工工程を大幅に省略できる．

（c） 設 計

　合成前死荷重に対しては，底鋼板と横リブからなる鋼板パネルを抵抗断面として，応力度およびたわみを照査する．この場合，底鋼板の膜作用は考慮しない．合成後死荷重および活荷重に対しては，鋼板パネルとコンクリートの合成断面で抵抗するとして応力度を照査する．曲げモーメントに対して有効な断面は**図 4.66** のとおりで，床版断面に生じるコンクリートおよび鋼材の応力度は，**(1)** 項の **(d)** に述べた仮定で算出する．

　底鋼板の継手部には，高力ボルトによる 1 面摩擦継手などのように鋼板応力を直接伝達できる構造が用いられる．継手部に引張ボルト接合やスタッドボルトによる接合を用いる場合，橋軸方向に底鋼板が連続しない構造となる．その場合は下側配力鉄筋を配置し，応力を伝達させる構造とする．

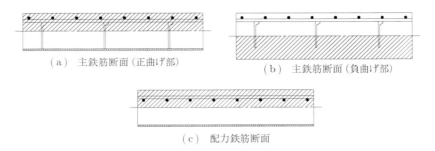

（a） 主鉄筋断面（正曲げ部）　　　（b） 主鉄筋断面（負曲げ部）

（c） 配力鉄筋断面

図 4.66 曲げモーメントに有効な床版断面

（d） 製　作

底鋼板および側鋼板などに使用する鋼材は，道路橋示方書・同解説Ⅱ鋼橋編 15.2 を適用せず，JIS 規格を満たすものが一般に用いられている．底鋼板の防錆処理には，耐候性鋼板の適用，塗装および溶融亜鉛めっきが使用される．底鋼板継手部の摩擦接合接触面には，リン酸塩処理を施すか，その他の方法で所要の摩擦係数を確保する必要がある．**写真 4.3** は溶融亜鉛めっきを施した底鋼板の状況である．

写真 4.3 鋼板パネルの状況 (溶融亜鉛めっき仕様)

（e） 現場施工

鋼板パネル寸法は，輸送条件，積み下ろし作業および現場での施工性に配慮して決定する．鋼板パネルの設置については，安全性，底鋼板と支持桁の連結構造および施工方法を考慮し，施工手順を検討する．鋼板パネルの設置にあたっては，幅員および据付高などに関して所定の出来形を確保できるように調整する．

鋼板パネルを支持桁に敷設する手順を以下に示す．ただし，施工条件が特殊な場所については，別途，検討が必要である．

① 支持桁の上フランジ上面に止水用パッキンを貼り付ける．

② パッキン上に鋼板パネルを据え付ける.

③ 押さえ金具を用いてパッキンの厚さを調節する.

④ 支持ボルトにより締結し,支持桁上に鋼板パネルを配置する.

⑤ 必要に応じて止水工を施す.

鋼板パネルの敷設精度は,床版の出来形に直接影響を与える.したがって,誤差の調整方法について十分な検討が必要である.コンクリート打込み前には,底鋼板や鉄筋に付着した油,ごみ,浮きさびなど,鋼とコンクリートとの付着を妨げるものを取り除く.コンクリートの打込み順序は,張出し部先端のたわみを小さくするために,床版の内径間部を先行して打込み,その後,張出し部を打込む.

(4) トラスタイプ合成床版

(a) 構造概要

トラスジベルタイプの合成床版は,図 **4.67** および図 **4.68** に示すように,底鋼板にトラスジベル,あるいはトラス鉄筋を主鉄筋方向に工場溶接することによって構成されている.構成部材であるトラス部材は機械加工により製作されている.この鋼板パネルを現地へ搬入し,架設後に主鉄筋および配力鉄筋を設置する.その際,トラス部材をスペーサーとして代用できることから作業の省力化が可能な合理的な構造である.このタイプの合成床版の特徴は以下に示すとおりである.

ⅰ) 構造面

① 底鋼板は,トラス部材によりコンクリートと一体化され,終局状態に至るまで分離しない構造である.

② 単純版では,PC 床版に比べて床版厚を小さくでき,死荷重を低減できる.

③ 床版支間 4 〜 7 m に対応が可能.

④ 床版の疲労耐久性は PC 床版と同等以上である.

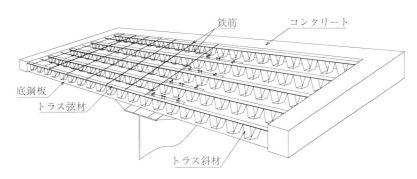

図 4.67 トラスジベルタイプ合成床版の例 (平鋼によるトラス型ジベルを用いた合成床版)

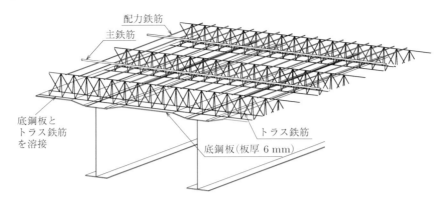

配力鉄筋
主鉄筋
底鋼板と
トラス鉄筋
を溶接
トラス鉄筋
底鋼板(板厚 6 mm)

図 4.68　トラスジベルタイプ合成床版の例 (トラス鉄筋を用いた合成床版)

⑤　トラス部材によるせん断補強効果により，コンクリートのひび割れを抑制できる.

ⅱ)　**施工性**

①　足場，型枠，支保工の省略が可能である.

②　現場工期が大幅に短縮できる.

③　鋼板パネルが型枠となるため，施工時の安全性が向上する.

（b）　**構造特性**

本合成床版は，トラス部材がずれ止めとしてすぐれた効果を発揮し，鋼板パネルと充填されるコンクリートを合成させた耐久性の高い構造である. トラス部材は，**図 4.67** に示す平鋼を用いたトラス斜材とトラス弦材からなるトラスジベルと，**図 4.68** に示す鉄筋をトラス状に組み合わせたトラス鉄筋の 2 種類がある. トラス部材は，コンクリート打込み前は底鋼板を補剛した型枠部材として機能し，コンクリート硬化後はずれ止めとして作用する.

（c）　**設　計**

ここでは一例として，トラス鉄筋の場合の設計方法を示す.

ⅰ)　**断面の計算方法**

コンクリート硬化前の合成前死荷重 (鋼板，鉄筋，コンクリート) に対してはトラス鉄筋および底鋼板で抵抗し，コンクリート硬化後の合成後死荷重 (舗装，壁高欄，遮音壁など) や活荷重に対しては，底鋼板，上側主鉄筋，あるいは配力鉄筋，および圧縮側コンクリートとが合成した断面で抵抗する. なお，合成後の断面にはトラス鉄筋は考慮しない.

合成後の主鉄筋方向の有効断面は**図 4.69** に示すように，正曲げ部では主鉄筋およ

び底鋼板とコンクリートとの合成断面であり，負曲げ部では主鉄筋とコンクリートの
RC 断面である．配力鉄筋方向の有効断面は同じ図に示すように，配力鉄筋および底
鋼板とコンクリートとの合成断面である．

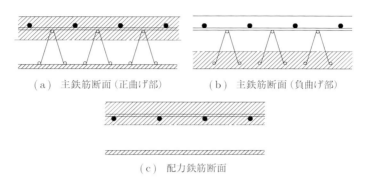

（ａ）主鉄筋断面（正曲げ部）　　（ｂ）主鉄筋断面（負曲げ部）

（ｃ）配力鉄筋断面

図 4.69　曲げモーメントに有効な床版断面

ⅱ）トラス鉄筋の計算

トラス鉄筋は，コンクリート打込み時の型枠部材，鋼板パネルとコンクリートとの
合成後における輪荷重に対してのせん断補強部材，鋼板パネルとコンクリートとのず
れ止め部材として設計する．

トラス鉄筋の標準配置は 150 〜 200 mm 間隔で，この値はコンクリート打込み時の
トラス筋上弦材発生応力およびせん断補強効果として機能させるのに必要な間隔から
決められている．最小間隔は製作性から 120 mm，最大間隔は型枠作用発生時応力度
から定めるものとして，250 mm 程度を上限としている．

ずれ止めとしてのトラス鉄筋の設計は，作用する水平せん断力に対し，押抜きせん
断試験により求められたせん断耐力の 1/3 を許容せん断力として照査する．

ⅲ）パネルの継手

パネルどうしの継手は添接板あるいは引張継手とする．ただし，連続合成桁として
の継手構造および中間支点部で負曲げを受ける区間については，引張高力ボルト継手
を標準とする．

（d）製　作

鋼板パネルの製作では，設計で要求される機械的性質などの特性を確保する必要が
ある．とくに，トラス部材を底鋼板に溶接するときは，設計寸法にもとづいて配置し，
トラス部材の高さ，弦材の間隔およびねじれなどに注意する必要がある．

(e)　現場施工

現場施工にあたっては，鋼板パネルが設計図などに示された位置に設置できることを事前に確認する必要がある．鋼板パネルの架設前には主桁の出来形，上フランジに取付いているスタッドや添接板など，干渉するおそれのあるものの位置関係を確認しなければならない．また，コンクリート打込み時に適切な止水工を施すことが重要である．

(5)　サンドイッチタイプ合成床版

(a)　構造概要と特長

鋼板・コンクリート合成サンドイッチ床版 (以下，「サンドイッチタイプ合成床版」という) は，上下鋼板からなる鋼殻に高流動コンクリートを充填したサンドイッチ合成構造になっており，コンクリートの劣化を加速させる雨水の浸入がない疲労耐久性の高い床版である．機能上，輪荷重には鋼殻部分で耐え，内部コンクリートは鋼殻部材の補強や騒音と振動の低減，凍結防止の機能を果たしている．

現在，鋼殻部の構造が異なる数種類のサンドイッチタイプ合成床版が提案されているが，本項では**図 4.70** および**写真 4.4** に示すような，上下鋼板と高ナットおよび高力ボルトで構成される鋼殻構造を用いるサンドイッチタイプ合成床版について紹介する．

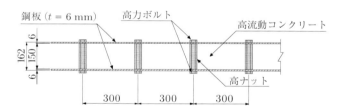

図 4.70　サンドイッチタイプ合成床版の概要 (単位：mm)

写真 4.4　サンドイッチタイプ合成床版の鋼殻

本床版の特長は，(1) 項の (d) にあげた特長のほかに，次のものがある．

① 　コンクリートが未充填であっても車両の通行が可能である．

② 　中間支点部構造を変更することなく連続合成桁に適用できる．

③ 　鋼部材で構成されているため，道路線形への対応が比較的容易である．

(b)　設　計

ⅰ)　床版の最大支間

本床版に関するこれまでの実験や解析は，全厚が 162 mm のものを対象としており，現行の道路橋示方書にもとづいて設計される RC 床版と板剛性が等価となる支間長 4.0 m までがその適用範囲とされている．車道部に位置する片持版の支間は主桁上フランジの突出幅の 1/2 位置から 2.35 m までが目安とされている．

ⅱ)　床版厚

これまでの研究成果から，本床版では上下の鋼板厚 6 mm，コンクリート厚 150 mm の合計 162 mm が標準値として採用されており，ほかの合成床版のように支間長と床版厚の関係が明確に決められてはいない．上下鋼板の板厚は，疲労の影響，製作時の取扱い，現場施工時の不測の変形防止などを考慮して，コンクリート厚は，鋼殻断面の剛性の確保，および現場打ちコンクリートの施工性を考慮して決められている．

ⅲ)　床版断面の設計

他形式の合成床版と同様に，活荷重による設計曲げモーメントは**表 4.15**，等分布死荷重による設計曲げモーメントは**表 4.18** の算出式により求める．ただし，適用支間長は前述のとおりである．そして，合成前の状態でも，本項 **(2)** 〜 **(4) 項**で紹介した鋼板 1 枚のタイプに比べて大きな曲げモーメントに抵抗させることを期待するため，合成前荷重および合成後荷重のそれぞれによる作用曲げモーメントを算出して，鋼板およびコンクリートに着目した抵抗曲げモーメントでこれらを除した値の合計値が 1.0 以下になることを照査する．照査式の一般形は**式 (4.15)** のとおりである．

$$\frac{M_{d1}}{M_{ys}} + \frac{M_{d2} + M_L}{M_{yv}} \leqq 1 \tag{4.15}$$

ここで，M_{d1}：　合成前荷重による作用曲げモーメント

　　　　　M_{d2}：　合成後の死荷重による作用曲げモーメント

　　　　　M_L：　合成後の活荷重による作用曲げモーメント

　　　　　M_{ys}：　合成前断面に関する抵抗曲げモーメント

　　　　　M_{yv}：　合成断面に関する抵抗曲げモーメント

（ｃ） 合成桁に適用時の留意点

本項のサンドイッチタイプ合成床版を合成桁の床版として用いる場合に，道路橋示方書・Ⅱ鋼橋編 11 章の規定と異なる点を述べる．

ⅰ） 主桁との連結

本項で紹介するサンドイッチタイプ合成床版を合成桁の床版として使用する場合，鋼桁と床版の接合方法には，高力ボルト接合が用いられ，コンクリート打込み時の死荷重にもこれらで抵抗させる．

ⅱ） 鋼桁と床版の合成作用の取扱い

合成作用の取扱いは本床版の施工手順を考慮し，高流動コンクリート打設前後の曲げモーメントの種類に応じて次のように扱われている．

① コンクリート硬化前は，下鋼板を主桁断面に算入

② コンクリート硬化後の正曲げモーメントに対しては，上下鋼板とコンクリートを主桁断面に算入

③ コンクリート硬化後の負曲げモーメントに対しては，上下鋼板を主桁断面に算入

実橋における計測結果および有限要素法解析から，コンクリート硬化前の状態では鋼殻の上下鋼板を有効とする主桁として挙動していることが確認されているが，上鋼板への応力伝達がやや緩慢な傾向も認められることから，下面鋼板のみを有効として主桁断面が設計されるのが一般的である．

高流動コンクリート打設時における主桁のたわみ (弾性変形) を算出する場合は，実橋における計測結果にもとづいて，上記によらず，上下ともに有効とした剛性で算出されている．

ⅲ） 主桁作用と床版作用の重ね合わせ

本床版は，コンクリート断面の上下に鋼板を配置した合成床版であることから，主桁作用による応力と床版作用による応力とを重ね合わせた状態でも十分な安全の余裕を有するという実験・解析結果にもとづき，RC 床版を用いた通常の合成桁で行われる応力の重ね合わせ照査は，省略可能とされている．

ⅳ） 床版と鋼桁とのずれ止めの間隔および配置

橋軸方向のずれ止めの最小中心間隔は，ずれ止めに用いる高ナットおよび高力ボルトの締付け作業が可能な 75 mm とし，最大中心間隔は主桁作用を受ける場合の鋼板の局部変形の防止や，鋼桁との密着による防食などを考慮して 300 mm としている．

橋軸直角方向のずれ止めの最小中心間隔は，主桁の架設精度，現場孔あけおよびボルト締付けの施工性などから 150 mm としている．なお，ブラケットなどの主桁以外

に設置するずれ止めの間隔は上記と異なるが，ボルトの締付け作業に支障がないように配慮することが望ましい．

ｖ） 床版と主桁とのずれ止めの許容せん断力の照査

本床版を用いた合成桁では，高力ボルトと高ナットからなるずれ止めを用いることが標準であり，許容せん断力は 1 ボルトあたり 48 kN となっている．高力ボルトと高ナットによるずれ止めは，一般に用いられているスタッド形式のずれ止めと同様に，十分な耐力を有することが実験および解析により確認されているので，照査は省略されている．

ｖｉ） 主桁製作の留意事項

① 鋼桁と床版とは高力ボルトにより連結されるため，鋼桁の上フランジの板厚変化は下面側 (ウェブ側) で行われる．

② 高力ボルト連結工を円滑にするため，鋼桁の上フランジ幅は 250 mm 以上を基本としている．

③ 鋼桁の上フランジ現場継手は，原則として溶接によるものとし，溶接収縮によるキャンバー値も考慮が必要である．

④ 道路の横断勾配のために床版にハンチを設ける場合，舗装により横断勾配を調整する場合以外では，主桁の上フランジは，横断勾配に合わせて配置されている．

⑤ 垂直補剛材や水平補剛材などは，床版と主桁の連結用ボルトの締付け作業が可能となるように配置する必要がある．

（ｄ） 施 工

ｉ） 鋼板および加工

鋼板は道路橋示方書の規定にもとづくものが使用され，鋼殻自重や高流動コンクリート，舗装などの死荷重に対する製作そりが設けられるのが一般的である．

ｉｉ） 工場製作時の高力ボルト締付け

構造上の理由より，ナットを回してのボルトの軸力導入ができないため，ボルト回しによるトルク法が標準とされている．高力ボルトの締付け軸力は，ボルトの性能に応じてその値が変動するため，使用するボルトは締付け以前に**表 4.30** に示す範囲内に締付けボルト軸力の平均値があることを確認しておく必要がある．

ｉｉｉ） 床版パネルの敷設と現場架設時の高力ボルト締付け

主桁上フランジへの高力ボルト孔の穿孔は，現場施工が標準とされている．主桁架設完了後，仮ボルトにより主桁と仮固定しながら床版パネルを順次架設し，全パネルの架設後に高力ボルトの締付けが行われる．パネルの架設状況を**写真 4.5** に示す．

表 4.30　締付けボルト軸力の平均値

ねじ径の呼び	1 製造ロットのセットの締付けボルト軸力の平均値 (kN)	
	常温時 (10 ～ 30 ℃)	常温時以外 (0 ～ 10 ℃, 30 ～ 60 ℃)
M22	212 ～ 249	207 ～ 261

表 4.31　厚膜型無機ジンクリッチペイントを塗布する場合の条件

項　　目	条　　件
接触面片面あたりの最小乾燥塗膜厚	30 μm 以上
接触面の合計乾燥塗膜厚	90 ～ 200 μm
乾燥塗膜中の亜鉛含有率	80 % 以上
亜鉛粉末の粒径 (50 % 平均粒径)	10 μm 程度以上

写真 4.5　サンドイッチタイプ合成床版の架設状況 (⇒ 口絵 4(b))

　ボルト継手の接合面は，0.4 以上の摩擦係数が得られるよう，**表 4.31** の条件を満たす厚膜型無機ジンクリッチペイントを塗布するか，あるいは接触面を粗面とする処理が施される．

　工場締付けと同様に，ボルト回しによる回転法が標準とされており，回転角はボルトに導入される軸力がトルク法で締めた場合 (弾性範囲内) と同程度となるようにし，遅れ破壊に配慮している．

　ボルトの締付け厚は部位ごとに定まっているため，予備締めからの回転角と導入される軸力との関係 (直線関係を示す) をあらかじめ求めておけばよい．予備締めトルクを定量で行い，その軸力に対応する回転角で締付ければトルク法と同程度の軸力が得られる．

iv)　コンクリートの品質と打込み

　本床版に用いる高流動コンクリートの品質は，**表 4.32** に示すものが標準とされている．そして，閉塞断面であることから，高流動コンクリートの打込みに際しては，十分な施工管理と入念な施工が重要である．

表 4.32　高流動コンクリートの品質

スランプ フロー (mm)	500 mm フロー 到達時間 (秒)	設計基準 強度 (N/mm^2)	空気量 (%)	粗骨材の 最大寸法 (mm)
650 ± 50	3 ～ 15	30 以上	4.5 ± 1.5	20 または 25

ⅴ) 鋼板の防錆および防水層

床版下面は，塗装あるいは耐候性鋼材 (SMA-W) の使用による防錆が一般的である．床版上面の防錆方法は，防水層によることを標準とし，防水層施工前までは無機ジンクリッチペイントによる防錆対策が行われる．防水層が不連続となる部位では，立ち上げ部を設けて防水層の機能を確実なものとすることが重要である．

本床版では，ボルトの頭部が上鋼板よりも突出して凹凸部となるため，通常の床版防水層よりも入念に施工することが必要である．

4.4.2 FRP 合成床版

（1） 構造概要

FRP とは，強化繊維と樹脂からなる複合材料であり，高強度，軽量，高耐食性などの特長から，近年，船，自動車および航空機などの構造材として多く採用されるようになった．FRP 合成床版は，この FRP 材を支保工兼用の永久型枠として使用するもので，コンクリート硬化後の荷重に対しては，鉄筋コンクリートと FRP の合成断面として抵抗する合成床版である．FRP 材には強化繊維にグラスファイバーを用いたGFRP 材と，カーボンファバーを用いた CFRP 材とがあるが，経済性の面より主材料には GFRP 材が用いられている．本床版の構造を**図 4.71** に示す．

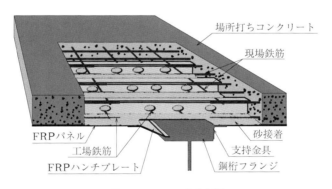

図 4.71 FRP 合成床版

FRP 型枠は，コンクリート打設時の支保工を省略できる程度の剛性を確保するため，床版支間方向にリブを配置した断面としており，このリブと下側配力筋が交差するため，交差部に貫通孔を設け，そこに下側配力筋を配筋する構造としている．FRP 材の幅は，製作性・施工性を考えて，リブ 2 本を含んだ 600 mm 幅とし，隣接部材とは，連続性を確保できる幅でラップさせ，接着剤により接合する．また，FRP 底板のコンクリート接触面に砂を接着することにより，FRP とコンクリートの付着を確保し

ている．本床版を適用した場合の特長は，以下のとおりである．

① FRP が RC 部分のひび割れ進展を抑制し，耐久性が向上する．
② FRP の比重は 1.9 程度と非常に軽く，床版耐久性の向上とあわせて死荷重軽減に寄与する．
③ 架設時のパネル重量が軽いため，大型重機が不要で施工が容易となる．
④ FRP は耐水性，耐食性にすぐれた材料であり，維持管理が容易である．
⑤ FRP パネルが工場製作となるため，支保工や型枠の現場作業が省略できるだけでなく，品質管理や現場の施工管理も容易で現場工期の短縮が可能である．
⑥ 着色が自由で環境との調和が図れる．

（2）　**FRP の材料特性**

FRP 材は，開発後 50 年程度と歴史が浅いこともあり，床版などの供用期間の長い土木構造物に使用する場合には，材料特性の把握が重要となってくる．以下に FRP の材料特性について述べる [45]．

（a）　強　度

FRP は複合材であるため，強化繊維と樹脂の種類や割合によってさまざまな強度を得ることが可能であるが，成形法に応じて強化繊維の割合などの制約があるため，本床版では，FRP のなかで比較的高強度，高弾性率を確保でき，大量生産に向いた成形法である引抜き成形法による FRP が用いられている．この成形法は，**図 4.72** の概念図に示すように，不飽和ポリエステル系樹脂を主成分とした樹脂配合物をガラス繊維基材に含浸させ，金型内に連続的に供給して成形する方法である．**表 4.33** に，引抜き成形品の強度特性を構造用鋼とともに示す．FRP の引張強さは構造用鋼と遜色はないが，弾性率はコンクリートと同程度 (鋼の約 1/7) である．引抜き成形品は，強化繊維の量が長手方向に比べて幅方向のほうが大幅に少なく，強度などが方向により大きく異なる異方性を有する材料である．

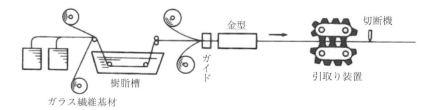

図 4.72　引抜き成形法の概念図

表 **4.33**　FRP の強度特性

項　目		単位	FRP	構造用鋼
比　重		–	1.6〜2.0	7.8
引張強さ	長手方向	MPa	250〜550	400〜510
	幅方向		20〜40	
引張弾性率	長手方向	GPa	20〜30	210
	幅方向		5〜7	
曲げ強さ	長手方向	MPa	250〜550	400〜510
	幅方向		7〜13	
曲げ弾性率	長手方向	GPa	10〜25	210
	幅方向		7〜10	
ガラス含有率		%	45〜60	–

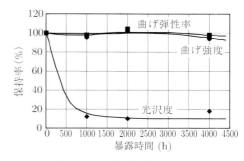

図 **4.73**　耐候性促進試験結果

（b）　耐候性

　FRP は，太陽光によって樹脂表面に劣化現象が生じる．しかし，本床版では，FRP 面が露出するのは床版下面であり，直接太陽光が当たらないため影響は少ないと考えられる．

　FRP の耐候性は，サンシャインカーボンアーク型ウェザーメーター(太陽光劣化促進試験機)による促進試験により確認されており，この結果は，**図 4.73** のとおりである．この図から，FRP の光沢度は太陽光によって急激に低下するものの，強度や弾性率はほとんど低下しないことがわかる．促進暴露200 〜 400 時間は，直射日光が当たる場所での天然暴露 1 年に相当するが，床版下面での直射日光の低減率を 50 ％と仮定すると，この試験による促進暴露 4000 時間は天然暴露20 〜 40 年に相当するものである．本床版では，床版下面の経時劣化を最小限に抑えるため，FRP 材成形時に不織布 (ポリエステル) を表面に配置し，より一層の耐候性の向上を図っている．

（c）　耐燃性

　FRP 合成床版では，床版下での火災発生時の耐燃性が問題となる．FRP は難燃度の高い樹脂の使用や，樹脂に添加剤を加えることにより，難燃化・不燃化が可能である．本床版では，成形時に添加剤を加えて JIS A 1322 (建築用薄物材料の難燃性試験方法) の防炎 3 級以上に相当する性能を付加している．また，FRP の上面と熱容量が大きいコンクリートとの接触により，FRP に炎が直接当たる場合でも延焼せず，樹脂表面が焦げる程度の損傷にとどまるものと考えられる．なお，損傷を受けた場合でも，繊維シート補強などによる補修が容易である．

（3）　実用性の検証

　FRP 合成床版を実橋に適用するために，FRP と鉄筋コンクリートの合成構造としての特性，基本強度，および疲労耐久性などが確認されている．

（a）　**FRP の表面処理と合成効果**

FRP を鉄筋コンクリートと合成させるためには，FRP とコンクリートとの接触面の付着特性が重要である．そこで，FRP のコンクリート接触面を，

① 無処理

② プライマー塗布

③ ブラスト処理

④ 砂接着

⑤ FRP 格子接着 (約 5 mm の FRP で 50 × 50 mm の格子をつくり，それを FRP の底板に接着したもの)

の 5 種類の簡単な供試体を用いて静的載荷試験が行われた[46]．その結果，砂接着はほかと比べて最も高い耐荷力を示し，RC のみのものの約 2.5 倍となることがわかった．そこで，FRP のコンクリート接触面の表面処理方法には，砂接着が採用された．

（b）　**疲労耐久性**

疲労耐久性については，輪荷重走行試験によって検証が行われており[46,47]，FRP 材の剛性がコンクリートと同程度であるにもかかわらず，そのひび割れ抑制効果によって RC 床版よりも耐久性にすぐれ，版剛度の低下が小さいという特長が確認されている．

（4）　設計・施工

（a）　設計方法

ⅰ）　床版厚

床版厚は，床版支間に応じて増加させるが，成形金型を用いた引抜き成形法では，経済性の問題より FRP 断面のリブ高さは，130，160，180，200 mm の 4 種類が用いられる．床版支間長と床版厚の関係を，FRP 型の適用範囲とともに**図 4.74** に示すが，床版厚は，発生応力や鉄筋のかぶりも考慮に入れて決定される．

ⅱ）　断面計算

床版支間方向の断面における FRP パネルは支保工を兼用するため，鉄筋および硬化前のコンクリートの荷重に対して，FRP パネルのみで抵抗し，コンクリート硬化後の死荷重 (地覆，高欄，舗装など) と活荷重に対しては，FRP と鉄筋コンクリートが合成した断面で抵抗するものとして計算される．床版支間に直角な方向の断面では，FRP 材料の幅方向の弾性係数が小さく，また FRP 材の継手部を接着継手とすることから，FRP 底板を無視した鉄筋コンクリート断面として設計される．コンクリート打設時のたわみについても照査が必要である．

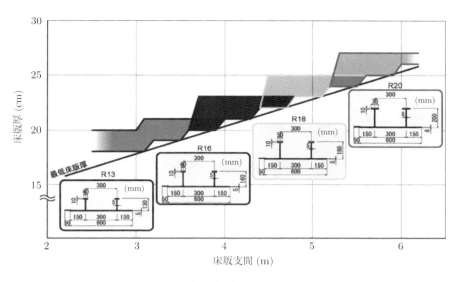

図 4.74 床版厚と床版支間長との関係

（b） 施工手順

実橋における FRP 合成床版の施工手順は，**図 4.75** のとおりであり，施工状況を
写真 4.6 に示す.

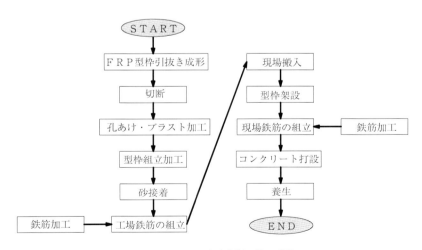

図 4.75 FRP 合成床版の施工手順

（a）引抜き成形品

（b）工場組立パネル

（c）輸　送

（d）現場パネル架設

（e）現場配筋

（f）コンクリートの打込み

写真 4.6　施工手順

i）　工場組立

引抜き成形された FRP 材（幅 600 mm）は，現場施工の省力化のために工場で輸送可能幅 2400 mm に組み立てられる．パネルの継手は接着剤による接合であるが，施工時の密着性確保のために，ステンレス製のブラインドリベットが併用されている．下側配力筋は FRP リブを貫通しており，現場配筋が困難なため工場施工となっている．

ⅱ） **FRP パネルの架設**

FRP が軽量であるため，小規模な重機により行うことが可能で，かつ，すべて上からの作業となるので，床版工用の足場などが不要である．

ⅲ） **現場配筋**

FRP の頂部をスペーサー代わりにして配筋するため，作業性の向上と品質管理が容易である．

4.4.3 ハーフプレキャスト合成床版
（１） PC 合成床版
（ａ） 概　要

PC 合成床版の開発の背景は，昭和 40 年代の道路橋における RC 床版の損傷・劣化問題からの取り組みに端を発している．それと同時に，**4.3 節**で述べたフルプレキャスト床版開発の背景と同様であるが，その当時，日本の建設産業において，現場熟練作業員の激減，技能レベルの低下といった施工労働環境問題もあり，施工の単純化，安全性の向上，工期短縮などが強く望まれていた．また，床版工事においては，在来工法による床版建設費のなかに占める型枠・支保工費の割合は 35 ～ 60 % にも達するという指摘もあり [48]，型枠・支保工を省略することが可能となる合理的な新しい床版工法の開発への機運が高まっていたことが要因となっている．

このような背景のもと，損傷が発生しにくい耐久性のある床版が構築でき，あわせて，型枠・支保工が省略可能となる合理的な新工法の一つとして，PC 合成床版工法が開発された．PC 合成床版は，プレテンション方式でプレストレスを導入した薄板 (70 ～ 120 mm) のプレキャスト版 (以下，「PC 版」という) を橋梁床版の埋設型枠として用い，現場で打設する場所打ちコンクリート床版と合成させるものである．**図 4.76** に概念図を，**図 4.77** に PC 版の標準的な断面をそれぞれ示す．

PC 合成床版は，プレキャスト PC 床版のような全厚がプレキャスト部材であるフ

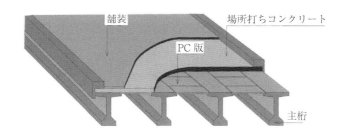

図 4.76　PC 合成床版工法の概念 [49]

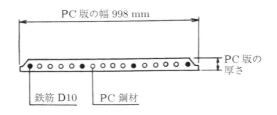

図 4.77　PC 版の標準断面 [49]

ルプレキャスト工法と対比して，ハーフプレキャスト工法とよばれている．床版耐久性の向上とあわせ，現場施工の省力化，単純化，迅速化，および安全化を目的として鋼橋床版への適用事例が数多くある．とくに近年では，コスト縮減と耐久性の向上をめざした PC 橋として開発された PC コンポ橋での施工実績が増えつつある．PC コンポ橋は，主桁に工場製のプレキャスト桁を用い，さらに PC 合成床版と組み合わせた PC 合成桁橋である．

（ｂ）　**特　徴**

PC 合成床版工法の代表的な特長を以下に示す．

① 　**現場作業の合理化・省力化**：現場施工における型枠・支保工が省略できるため，従来の場所打ち RC 床版工法と比較して，現場作業の省力化，単純化および標準化が容易となる合理的な工法である．

② 　**現場施工の工期短縮**：PC 合成床版は，型枠・支保工の工程を省略できるため，現場施工の急速化が可能となる．大規模な現場では，従来工法なら型枠・支保工の転用を考慮する必要があるが，PC 合成床版では PC 版を敷設した箇所から施工が可能となり，型枠・支保工を転用する工期ロスは生じない．過去の報告によれば，現場施工を 25 ％ 程度短縮できた事例もある [50]．

③ 　**現場作業の安全性**：PC 合成床版は，主桁間に PC 版を敷設することにより作業足場となるため，その後の施工が安全に遂行できる．場所打ちの従来工法で必要とされた高所作業で行う型枠・支保工の組払いが不要となり，現場作業の安全性が大幅に向上する．

④ 　**疲労耐久性の向上**：プレストレスが導入された PC 版の採用により，ひび割れ耐力が大きくなり，耐久性は大幅に向上する．PC 版は品質管理が行き届いた工場で製作されており，高精度，高品質である．

⑤ 　**経済性**：在来工法と比較して初期建設コストは数％増加するが，床版の耐久性の向上を考慮すればライフサイクルコストは低減する．

（C）　設　計

　一般にPC合成床版は，PC版に導入したプレストレスによって，PC版の自重，鉄筋および場所打ちコンクリート床版の荷重と作業荷重を支持し，床版完成後に載荷される永久荷重や活荷重に対しては，PC版と場所打ちコンクリート床版部が合成され，一体となって抵抗すると考える．

　図 **4.78** にPC合成床版の設計の原理として，各荷重状態における合成床版断面の橋軸直角方向の応力状態を示す．設計計算上の仮定として，PC版と場所打ちコンクリート部は完全に合成されて一体としてはたらくものとし，同時に平面保持の仮定が成立するものとしている．

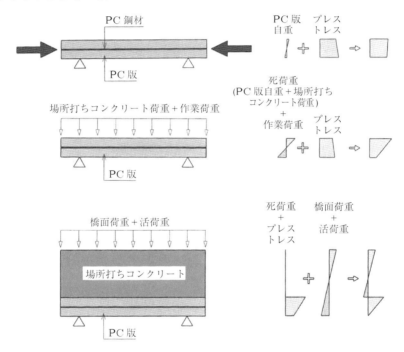

図 4.78　PC合成床版の設計の原理[49]

　PC合成床版の設計法は，昭和62年に土木学会より「PC合成床版工法設計施工指針(案)」[51]としてまとめられている．そのなかで，PC合成床版の使用限界状態，疲労限界状態，終局限界状態に対する具体的な検討法が示されている．

　道路橋PC合成床版工法設計施工便覧[52]では，PC合成床版を道路橋床版に適用する場合の設計・施工に関する事項を定めている．PC合成床版の設計曲げモーメントの算定は，道路橋示方書・同解説Ⅱ鋼橋編8章およびⅢコンクリート橋編7章に準

じることが規定されており，床版の曲げモーメントを算定する支間は，**図 4.79** のように定められている．

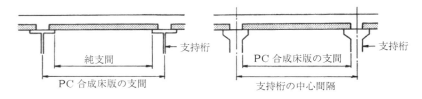

図 4.79　PC 合成床版の設計曲げモーメント算出用支間 [52]

（ｄ）　疲労耐久性

PC 合成床版の開発時における構造特性に関する研究は，「コンクリートライブラリー 62 号 [51]」および「PC 埋設型枠床版の耐荷性状に関する調査研究報告書 [53]」にまとめられている．これらのなかでは，疲労耐久性に関する研究として定点繰返しによる疲労実験が報告されており，PC 版と場所打ち床版部との一体化および鋼桁と PC 版の接触部に関して，疲労耐久性に問題がないことが確認されている．

近年では，輪荷重走行試験機を用いた疲労実験が実施されている [54, 55]．輪荷重走行試験では，PC 合成床版の輪荷重走行に対する疲労耐久性の検証および隣接する PC 版継目部や，**図 4.80** に示す主桁上フランジ切欠き部の疲労耐久性の確認を主目的としている．結果として，PC 合成床版としての疲労耐久性は十分であり，橋軸直角方向に不連続となる PC 版継目部の存在は実用上弱点とはならないこと，また，PC 桁に用いる場合の切欠き部に着目した耐久性確認試験では，繰返し載荷後も健全な状態であり，十分な耐荷性能を有していることなどが確認されている．**図 4.81** に PC 合成床版と RC 床版の輪荷重走行回数に対応するたわみの比較を示す．

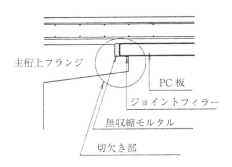

図 4.80　PC 合成床版の切欠き部 [55]

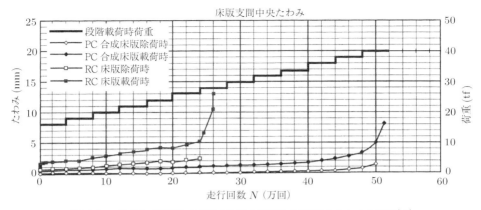

図 4.81 PC 合成床版および RC 床版の輪荷重走行回数とたわみの関係[55]

（e） 施 工[49, 52]

PC 合成床版の一般的な施工方法と留意点を以下に示す.

ⅰ） **PC 版の製作**

PC 版は，PC 部材製作工場でプレテンション方式により製作される．PC 版の設計基準強度は 50 N/mm² 以上とし，PC 鋼材は一段配置として用いられている．また，板幅は 998 mm を標準とし，適用する床版支間により PC 版の厚さは 70 ～ 120 mm としている.

ⅱ） **PC 版の現場敷設**

PC 版を現場へ搬入してトラッククレーンや門型クレーンなどで所定の位置に敷設する．PC 版と主桁の支持部の間にはジョイントフィラーを設けて両者のなじみをよくし，不陸調整を行う．また，隣り合わせる PC 版の継目部には無収縮モルタルを注入する．PC 版の両端でそれぞれ主桁支持部に鋼桁で 50 mm，PC 桁で 60 mm のかかり長を確保する必要がある．**写真 4.7** に鋼桁上に PC 版を敷設した状況を示す.

写真 4.7 PC 合成床版工法 PC 版の敷設[56]

ⅲ) 場所打ち床版の施工

敷設された PC 版を作業足場として使用し，場所打ち床版の鉄筋組立て，コンクリート打設・養生を行う.

PC 桁への適用事例を図 **4.82** に，鋼桁への適用事例を図 **4.83** にそれぞれ示す.

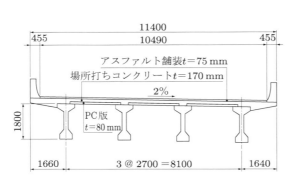

図 4.82 PC 連結合成桁への適用事例 [49]

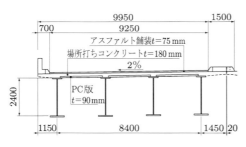

図 4.83 鋼 5 径間連続非合成 I 桁への適用事例 [49]

（2） トラス鉄筋を用いたハーフプレキャスト合成床版

（a） 特 徴

トラス鉄筋を用いたハーフプレキャスト合成床版 (以下，「HPPC 床版」という) は，図 **4.84 (a)** に示すように，トラス筋の下半分をコンクリート内に埋め込んだプレテンション方式の PC 版を工場製作した後，これらを所定位置に現場架設して，足場，支保工および底型枠兼用とし，所要の鉄筋を組立てた後にコンクリートを打込んで完成する合成床版である. また，図 **4.84 (b)** に示すように，PC 版の切れ目位置に継

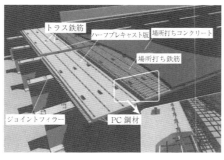

（a）　構造概要

（b）　橋軸方向継手詳細図

図 4.84　トラス筋を用いたハーフ PC 合成床版 (HPPC 床版) の構造概要

手を設けることにより，プレストレス導入直角方向も構造的に連続とすることができる．このため，一般の供用荷重下では等方性版として扱われている [57]．

　HPPC 床版の施工は，

① 　プレキャスト工場における PC 版製作

② 　現場における PC 版架設，鉄筋組立ておよびコンクリートの打込み

の 2 段階に大きく分けられる．プレキャスト工場で製作された PC 版の寸法は，橋梁の形式，規模，支間長などによって異なるが，一般に 9 〜 12 cm 程度の厚さで，橋軸方向長さ 2 〜 3 m 程度，橋軸直角方向の長さは通常は総幅員と同幅にされる．施工面での特徴は次のとおりである．

① 　場所打ち部の鉄筋は，一般の RC 床版における上筋に相当するもので，トラス筋上に置くだけで正確な高さおよびかぶりが確保できるので，スペーサーが不要で施工性にすぐれる．

② 　現場配筋は一段であるため，現場打ちコンクリートの締固めが容易で確実である．

③ 　橋梁線形に対応した床版表面高さの複雑な変化にも，最後に場所打ちコンクリートを打込むため容易に対応できる．つまり，PC 版を橋梁線形に対応して製作する必要がないため，PC 版製作が比較的容易である．

　床版としての構造は，橋軸直角方向は正曲げに対しては PC 構造であり，負曲げに対しては RC 構造となる．また，橋軸方向は RC 構造となる．輪荷重走行試験機による疲労試験や多くの実験解析 [57〜69] により，RC 床版よりも疲労耐久性が大きく，フルプレキャスト PC 床版と同等であることが確認されている．また，すべての鋼がコンクリートにより保護されているので，鉄筋や PC 鋼材などの腐食の心配がないことや，水が浸入しにくいので鋼の錆汁による橋梁の汚染もない．

　経済的な面から HPPC 床版をとらえれば，架設位置が高い場合や特別な架設が必要な場合には，場所打ちコンクリート床版よりも安価になる可能性がある．また，場所打ちコンクリート床版に比較すると施工が簡単で品質が高くなり，現場における施工数量が少ないために施工速度にすぐれ，現場施工工期だけを比較すると，RC 床版の数分の一となる．**写真 4.8** に HPPC 床版とフルプレキャスト PC 床版の比較を示すが，PC 床版部分の薄さがわかる．

（a）　HPPC 床版　　　　　　　　　（b）　フルプレキャスト PC 床版
写真 4.8　同じ条件で設計製作された PC 床版の厚さの比較

　一方，RC 床版に比べて疲労耐久性にすぐれている特徴を活かして，既設橋梁の床版の打換え時にも適用が可能である．たとえば，現行の道路橋示方書にもとづいて RC 床版に打換えるときに，死荷重の増加によって既存主桁の耐力不足が生じる場合，あるいは片側通行で床版を打換える際の軽量性などが求められる場合である[70]．

（b）　トラス筋の合成効果

　HPPC 床版の特徴は，トラス筋を半分ほど埋込んだ PC 版と，場所打ちコンクリートとの合成構造という点である．トラス筋のない PC 版と場所打ちコンクリートからなる合成床版の疲労耐久性は，同じ床版厚の PC 床版とほぼ同等であり，PC 版と場所打ちコンクリートの付着切れによって破壊することが報告されている[71]．トラス鉄筋を用いた PC 版と場所打ちコンクリートとの合成方法は，ドイツで開発された技術である．**写真 4.9** に示すように，トラス鉄筋は 1 本の上鉄筋（トップ筋）と 2 本の下鉄筋（ボトム筋）に波型をしたラチス筋が連続して溶接された構造で，PC 版と場所打ちコンクリートとを力学的に合成させる構造であり，信頼性が高く，せん断耐力も向上することが知られている[72]．

　トラス鉄筋の効果は，トップ筋とボトム筋が主鉄筋として曲げ応力に抵抗するだけでなく，ラチス筋がその軸方向には引張鋼材として PC 版と場所打ちコンクリートのはく離に，その軸直角方向にはせん断抵抗材として PC 版と場所打ちコンクリートの

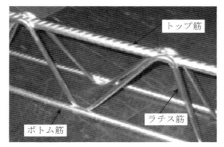

写真 4.9　トラス鉄筋の構造

すべりに抵抗することである．さらに，載荷実験によれば，トップ筋，ボトム筋，ラチス筋で拘束されたコンクリートの拘束効果[62]により，単純合成断面の抵抗よりも大きな合成効果が期待できる．輪荷重走行疲労試験では，トラス鉄筋のない合成床版にみられる界面のはく離がHPPC床版では発生しなかった[63〜65]．

（c）　構造および施工の信頼性の検証

HPPC床版の耐荷力，耐久性および材料の経時変化に関する信頼性を確認するために，多くの実験が行われている．ここでは，継手部や床版厚に着目した輪荷重走行疲労試験の結果を紹介する．

ⅰ）　継手と界面に着目した疲労耐久性の確認[58〜60]

2枚のPC版間に継手を1箇所設けて，その上に場所打ちコンクリートを打込んだ床版 (J–T供試体)，継手のない1枚のPC版に場所打ちコンクリートを打込んだ床版 (NJ–T供試体)，供試体J–Tと同様で，PC版と場所打ちコンクリートの界面の疲労損傷度を調べる目的で，載荷の途中でPC版と場所打ちコンクリートの界面における付着強度の試験を行う床版 (供試体J–T′) の3体の供試体について，輪荷重走行試験機によって**図 4.85 (a)** に示す継手部を含む床版の疲労耐久性が検証された．主要な結果は次のとおりである．

① 継手の影響はわずかに認められたものの，実用上十分な疲労耐久性を有している．

② **図 4.85 (b)** に示すように，同様のパターンで載荷した同厚のRC床版に比べて，非常に高い疲労耐久性が認められた．

③ **図 4.86** (p.169) に示すように，試験の途中および終了後に実施した界面の強度試験結果によると，界面の付着強度および引張強度は輪荷重の繰返し走行の影響をほとんど受けないことがわかり，トラス鉄筋によるPC版と場所打ちコンクリートとの合成の信頼性が確認された．

供試体 J–T

供試体 NJ–T

（a） 試験体の橋軸方向断面（中央部：継手）

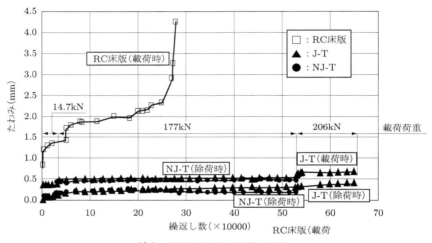

（b） 走行回数と中央変位の関係

図 4.85 継手と界面に着目した輪荷重走行試験

ⅱ） **板剛性に着目した疲労耐久性の確認** [63~65]

床版厚をパラメータとした輪荷重走行疲労試験も実施された．試験体Ⅰは PC 版 100 mm 厚，場所打ち 125 mm 厚の計 225 mm 厚，試験体Ⅱは PC 版 100 mm 厚，場所打ち 100 mm 厚の計 200 mm 厚であり，比較に用いた RC 床版は打継ぎ目がない 250 mm 厚の試験体である．**図 4.87** (p.170) は，この 2 体における載荷回数と床版中央たわみの関係で，試験体Ⅰは載荷終了まで弾性的な応答を示したが，試験体Ⅱは載荷途中で破壊に至った．**図 4.88** (p.170) に試験終了後の試験体Ⅱのひび割れ図を示す．この実験から次のことがわかった．

① RC 床版に比べて床版厚が 20% 小さくても，はるかに大きな疲労耐久性を示した．

② 破壊は一般部で生じ，中央部に設けた継手部は直接的な弱点とはならなかった．

③ 破壊形態は，RC 床版と同じく梁化した後に生じる押抜きせん断破壊であった．

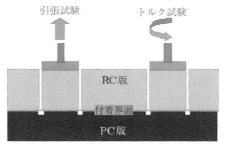

（a） 引張試験・トルク試験の概念

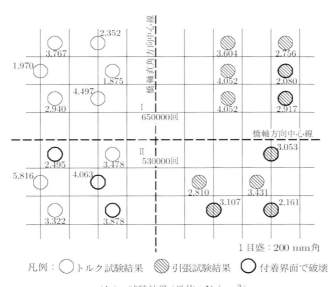

凡例：◯ トルク試験結果 ◯⃰ 引張試験結果 ◉ 付着界面で破壊

（b） 試験結果（単位：N/mm²）

図 4.86 界面の付着強度と引張強度

（d） 設 計

i） パネル架設時およびコンクリート打込み時の検討

　合成前の設計は，工場における製作時（プレストレス導入直後），工場における仮置時（プレストレス有効時），現場への運搬時，PC 版架設時および場所打コンクリート打込み時について検討を行えばよい．プレストレス導入時のコンクリート強度は，一般に設計基準強度 σ_{ck} の 70 ％ である．トップ筋が圧縮を受ける場合には，ラチス筋の溶接間隔をトップ筋の座屈長 l として道路橋示方書・同解説 II 鋼橋編の軸圧縮力を

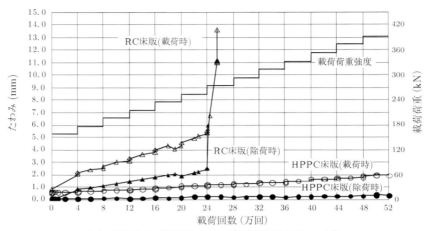

（a）　試験体 I （PC版100 mm厚，場所打ち125 mm厚）

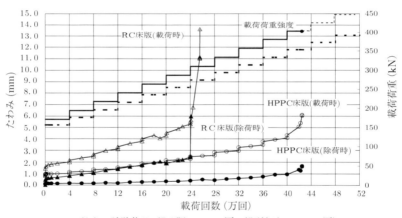

（b）　試験体 II （PC版100 mm厚，場所打ち100 mm厚）

図 4.87　輪荷重走行試験結果 (載荷回数と床版中央たわみの関係)

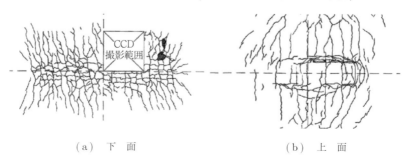

（a）　下　面　　　　　　　　　（b）　上　面

図 4.88　試験体 II (床版厚 200 mm) の破壊時ひび割れ状況

受ける部材としての許容応力度を用いればよい.

ⅱ）　合成時の検討

合成断面に作用する荷重は,橋面工荷重,活荷重,衝撃荷重,衝突荷重および風荷重である.また,合成後の応力算定方法については,床版に正曲げが作用するときにはPC構造として取り扱い,負曲げが作用するときにはRC構造として取り扱えばよい.輪荷重走行疲労試験などの結果[65]から,引張応力は許容してもひび割れの発生を許さない,いわゆるⅡ種PC構造として設計しても十分な疲労耐久性が確保されることが判明しているので,PC構造とするときの許容引張応力度は,一般に $\sigma_{ck}/25 \sim \sigma_{ck}/40$ 程度で設定するのが合理的と考えられる.

ⅲ）　設計曲げモーメント

本床版の設計曲げモーメントについては,解析的な検討が行われている[62].多くの輪荷重走行試験の結果より,本床版の破壊は2層間のはく離ではなく,継手部以外の一般部における押抜きせん断破壊であることがわかっている[64].このことから,本床版は損傷のない状態では等方性を呈し,ひび割れの進展にともなって異方性が顕著になるといえる.そして,理論上の異方性(橋軸方向に関する初期からの剛性低下率＝剛性比 α)の最小値は0.3程度であり,剛性比 α を 0.3 〜 1.0 と仮定し,検討が行われた.

道路橋示方書と同様に,輪荷重は 100 kN で,載荷面を 500×200 mm として,直交異方性を考慮できる市販汎用プログラムによって,シェル要素を用いた解析が行われた.設計支間は中央部を 2.0 〜 8.0 m,片持部を 1.0 〜 2.5 m としている.解析の結果,中央部の主鉄筋方向(一般には橋軸直角方向)および配力鉄筋方向(一般には橋軸方向)では,道路橋示方書に示されている設計曲げモーメント式を支間 8.0 m まで使用しても問題がないことが確認された.

片持部においては,支間 (L) が 1.5 m を超えると,2個の輪荷重が載荷されるために急激に曲げモーメントが増加し,道路橋示方書の算定式を修正する必要があることがわかった.この解析結果と片持部の設計曲げモーメント式を図 **4.89** および式 **(4.16)** に示す.L が 1.5 m 以下の場合は,道路橋示方書の算定式が適用できる.

$$M_x = -(0.50L - 0.07)P \qquad (1.5 \text{ m} \leqq L \leqq 2.5 \text{ m}) \tag{4.16}$$

ⅳ）　最小床版厚

多くの輪荷重走行疲労試験の結果および試設計から,設計可能な床版全厚は,$3L+11$ と $2.5L+10$ の間にばらつく結果となった.これは,道路橋示方書に規定される RC 床版の基本床版厚 d_0 の 1.0 〜 0.8 に相当するため,最小全厚として $0.9d_0$ が設定された.同様に検討された PC 版の最小床版厚を表 **4.34** に示す.

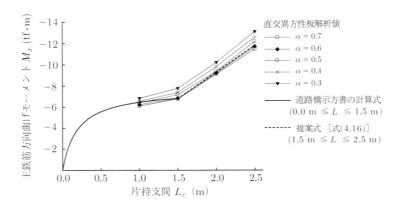

図 4.89　片持部に作用する曲げモーメントと支間の関係

表 4.34　最小床版厚

	最小全厚 (mm)	最小 PC 版厚 (mm)
単純版	$0.9(40L + 110) \geqq 160$	$L + 70 \geqq 80$
連続版	$0.9(30L + 110) \geqq 160$	$L + 60 \geqq 80$

ここで，L：床版支間長 (m)

ⅴ）　橋軸方向継手の照査方法

　本床版の継手は，図 **4.90** に示すように半厚の PC 版どうしはフック継手とし，両側のフック間に橋軸直角方向の鉄筋を配置するが，この鉄筋を後架設する PC 版にあらかじめおさめておくことが可能であり，現場作業の効率化を図っている．また，上側現場打ち部の鉄筋をこの継手部と無関係に配筋できるという利点もある．

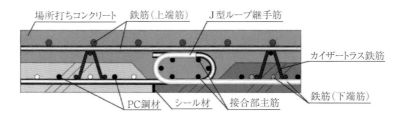

図 4.90　トラス筋を用いたハーフプレキャスト合成床版の継手構造

　ただし，本床版の橋軸方向継手の必要長を決める必要があるが，国内では，このようなループ形状による継手の基準や研究例が当時なく，図 **4.91** に示すドイツの DIN 1045[73] を参考にして検討を行ったものが**式 (4.17)** である．DIN 1045 は，RC 梁断面の引張鋼材の重ね継手に対して規定されたものであるため，床版のようにループ面

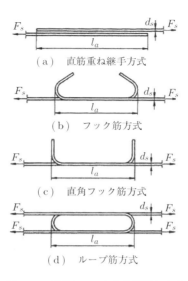

（a） 直筋重ね継手方式

（b） フック筋方式

（c） 直角フック筋方式

（d） ループ筋方式

図 4.91 DIN 1045 による継手タイプ

を縦使い (鉛直面内に曲げ上げ) する場合，あるいは平面的に広がってループ筋の下側鉄筋に引張が，上側鉄筋に圧縮が作用する場合にそのまま適用することは難しい.

道路橋示方書の重ね継手の式と共通点はあるものの，用いる値や考慮すべき係数が異なっている. ループ形状継手の場合の係数 $f = 0.5$，継手位置に対する配慮の係数 k，鉄筋の最小曲げ半径などが規定されている. 輪荷重走行疲労試験結果[63~65] および継手試験の結果[67] を DIN 1045 の式にあてはめ，係数が調整された結果である.

$$L_a = f \cdot a_0 (A_{se}/A_{sv}) \, k \geqq 1.5 d_B \tag{4.17}$$

$$a_0 = (\sigma_{sa}/10\tau_{0a}) \, \phi \tag{4.18}$$

ここに，L_a ： 必要継手長

f ： 鉄筋の定着形状による係数で，フック付き鉄筋およびループ鉄筋に対して 0.5

a_0 ： 基本定着長で，**式 (4.18)** による.

σ_{sa}：鉄筋強度で，鉄筋の引張強度 β_s を設計安全係数 ν で除した値

τ_{0a}：基本付着応力度で，コンクリートの設計基準強度 $\sigma_{ck} = 30$ N/mm^2 に対して 2.0 N/mm^2，$\sigma_{ck} = 50$ N/mm^2 に対して 2.2 N/mm^2

ϕ ： 鉄筋の公称直径

A_{se}/A_{sv}：必要鉄筋断面積/配置鉄筋断面積で，1/3 以上とする.

k ： 継手鉄筋のずらし量の影響を考慮した係数．重ね継手位置が一断面に
集中する場合，$\phi 16$ 以上に対して 2.2，$\phi 16$ 未満に対して 1.6 とする．

d_B ： 鉄筋曲げ直径で，鉄筋の最小曲げ半径 ϕ_c の 5 倍以上とする．

(e) 施 工

本床版の施工の流れは，PC工場におけるPC版製作，仮置き(作り置き)，PC版運搬，架設，足場・安全施設組立て，排水装置設置，配筋，コンクリート打設，養生からなる．以下に主要な工程を写真で紹介する．

ⅰ) PC版製作

写真 **4.10** は，PC工場におけるPC版の製作工程である．最初にベッド上に強固な型枠を製作し(**写真(a)**)，次にこの型枠上で鉄筋を組立てる．スペーサーによるかぶりの確保と鉄筋の加工精度が重要である(**写真(b)**)．

鉄筋組が終了した後，PCケーブルを緊張する．多くのケーブルを一度に緊張するので，型枠の強度とともに各PC鋼材に一様な緊張力が作用するようにする(**写真(c)**)．

続いてコンクリートを打込む．PC工場の1バッチはPC版1枚分に満たない場合もあるので，次のコンクリートまでの時間を慎重に管理する．また，細部は鉄筋が入り組んでいるため，振動機以外にも型枠振動機などを用いて十分に締固める(**写真(d)**)．

表面仕上げを行った後，蒸気養生にて促進養生を行い(**写真(e)**)，最後に仮置きする(**写真(f)**)．

ⅱ) 現場施工

写真 **4.11** に HPPC 床版の現場施工を紹介する．主桁フランジの縁にシールスポンジを貼り付ける(**写真(a)**)．現場に到着したPC版をクレーンにて架設し(**写真(b)**，**(c)**)，桁上設置時にトラス鉄筋などを利用して既設のPC版に引き寄せる(**写真(c)**)．

PC版に埋込んである高さ調整ボルトを利用して，PC版の高さ調整するとともに，ボルトに均等な支持力を作用させた後，スタッド孔からグラウトを充填する(**写真(d)**)．このとき，桁の勾配などに配慮して打込む順序を決めておく．

グラウトが硬化したら現場配筋を行う．継手部の配筋を最初に行い，次に橋軸方向鉄筋をトラス鉄筋上に並べ，最後に橋軸直角方向鉄筋を橋軸方向鉄筋上に並べ，よく結束する(**写真(e)**)．コンクリートを打込んで完成に至る(**写真(f)**)．

（a）　型枠製作

（c）　緊張（プレテンション方式）

（b）　配　筋

（d）　コンクリート打設

（e）　蒸気養生

（f）　仮置き

写真 4.10　PC 版の製作

（a） シールスポンジ貼付け

（b） PC版架設

（c） PC版引き寄せ

（d） グラウティング

（e） 配 筋

（f） コンクリート打設

写真 4.11 現場施工

4.5 立地条件・施工条件にもとづく選定と計画

4.5.1 基本的な選定フロー

前節までに紹介した床版構造の特徴を踏まえ，橋梁の立地条件や施工条件にもとづく床版構造の選定フローを図 **4.92** に示す．この選定フローは基本的手順を示したものであり，実際の現場条件に応じて適用方法は変化する．とくに，現在のわが国では場所打ちコンクリート床版が最も安価であるため，初期コスト低減の面からは，プレキャスト床版や合成床版よりも場所打ちコンクリート床版のほうが有利になることがある．

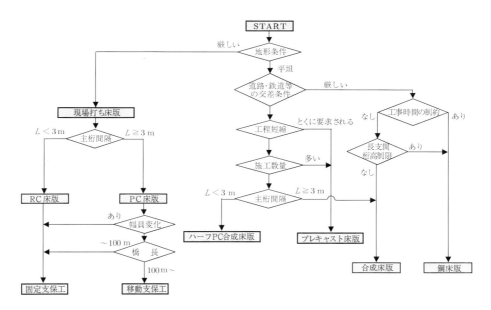

図 4.92 床版構造の選定フロー

一方，ライフサイクルコストの観点からは，高耐久性床版の建設は重要であり，施工条件に応じた適切な床版構造を選択することが，トータルコストの低減につながる可能性は大きい．また，近年の熟練技能者の不足状況，あるいは環境問題などを考慮すると，プレキャスト床版や合成床版の採用による工期短縮および安全性の向上は，初期コストの縮減にもつながると考えられる．

今後の技術開発の動向を注視しながら適切な床版構造の選定を行うことで，施工性や経済性にすぐれた高耐久性床版の適用など，合理的な橋梁の建設計画が実施されることが望まれる．

4.5.2　山間部における床版選定と計画

　現在，供用中の高速道路における橋梁の約4割を占める鋼橋において，床版には古くから場所打ちコンクリート床版が標準的に採用されてきた．なかでもRC床版は，現場で型枠や鉄筋を組んだ上にコンクリートを打込むという簡潔な工法で特殊技術も不要であることから，昭和初期より採用され，名神高速道路や東名高速道路の建設から近年に至るまで，経済的な床版として最も広く採用されている．**写真4.12**は，場所打ちコンクリート床版の施工状況である．なお，ドイツやフランスなどの海外の施工事例をみても，ほとんどの場合，場所打ちコンクリート床版が採用されている．

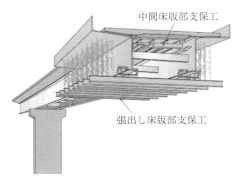

中間床版部支保工

張出し床版部支保工

写真4.12　場所打ちコンクリート床版　　　　　**図4.93**　移動式型枠支保工の概念図
　　　　　の施工状況

　場所打ちコンクリート床版は，鉄筋や型枠運搬用のトラックや生コンクリート車の進入ができれば施工可能であるため，山間部においてほかの床版よりも経済的となる場合が多い．これはトレーラーのアクセスが悪く，大型クレーンのような重機が進入できないような山間部では，プレキャスト床版の輸送や架設が困難であるからである．

　また，場所打ちコンクリート床版の利点は，施工条件の変化に対して柔軟な対応が可能なことである．すなわち，現場で型枠を組上げるので，幅員変化や横断勾配の変化，あるいは床版厚の変化に自由に対応ができ，また，主桁のキャンバー調整などの施工誤差にも対応が可能である．

　RC床版の疲労損傷の社会問題化，および建設工事費のコスト削減の取組みとしての鋼少数I桁橋の技術開発にともない，近年になって，橋軸直角方向にプレストレスを導入したPC床版の採用が増えている．プレストレスを導入する床版としては，連続合成桁の中間支点上で橋軸方向にプレストレスを導入する事例もあるが，現時点で「PC床版」といえば，基本的には橋軸直角方向にプレストレスを導入する床版をさす．

　さらにこの鋼少数I桁橋では，**図4.93**に示す移動式型枠支保工による施工が標準的に採用されてきている[16]．近年の作業員の高齢化，熟練労働者の不足などへ対応

するために，バブル経済期以降，現場施工の省力化および合理化が積極的に進められてきた．このような状況下で，北海道縦貫自動車道ホロナイ川橋で移動式型枠支保工が採用された[14,74]．移動式型枠支保工は，床版施工のサイクル化による作業の単純化と品質の安定化を可能にするものであり，屋根設備の設置による安定した工程管理の実現，さらには型枠材の転用による環境対策にも寄与している．

移動式型枠支保工による施工は，ホロナイ川橋以降の鋼2主I桁橋の施工において標準的に採用されているが，その普及には二つの点が大きく影響していると考えられる．一つは，2主桁化によって鋼桁構造が最大限に簡素化されたために，移動式型枠支保工の構造合理化，とくに内側支保工の合理化が可能となったことである．二つめは，橋梁の長大化や多径間連続桁の増加である．

移動式型枠支保工の施工ブロック長は，鉄筋の定尺長や設備の重量制限などから一般的に 10 m 程度となる．このことから，橋長が 300 〜 500 m の橋では 30 〜 50 回の繰返し作業となるため，作業の標準化による施工時間の短縮，および転用回数の増加が，全体のコスト削減に寄与している．

鋼2主I桁橋の PC 床版の施工では，基本的に移動式型枠支保工を使用するが，幅員変化などの施工条件が変化する場合には，固定式型枠支保工を使用するといった使い分けが行われるとともに，転用回数による経済性の観点からは，一般に橋長 100 m までは固定式型枠支保工，300 〜 400 m までは移動式型枠支保工 1 台を使用し，さらに 500 m 以上になると移動式型枠支保工を 2 台，4 台と複数使用するのがよいと考えられている．

場所打ちコンクリート床版の施工では，コンクリートの施工の良否が，床版の耐久性に大きく影響することは明らかであり，型枠の据付から，コンクリートの配合，打込み，養生に至るまで，きめ細やかな施工管理が要求される．また，床版完成後の型枠支保工設備の撤去について，十分な安全対策が必要である．北海道縦貫自動車道のホロナイ川橋では，鉄筋の配置作業のプレハブ化を行い，施工サイクルの短縮と高所作業の軽減が図られた．その施工状況を**写真 4.13** に示す．

4.5.3　都市部や平坦部における床版選定と計画

建設現場の地理的条件が比較的平坦で，トレーラーやクレーンなどの重機のアクセスがよい場合には，プレキャスト床版が採用されることが多い．プレキャスト床版の採用目的は，現場施工の削減による作業の省力化，工期の短縮，および安全性の向上であり，これにともない建設コストの縮減が図られる．また，工場製品の使用による品質の向上も期待される．平坦部におけるプレキャスト床版は，基本的には経済性によって採用が判断されるが，都市部の場合には，交差道路や鉄道などによる施工条件

写真 4.13 鉄筋のプレハブ施工 (北海道縦貫自動車道ホロナイ川橋)

の制約，たとえば，施工時間 (通行止め時間，規制時間) の制限，施工ヤードや作業空間の制限，安全対策の重要性などによって，プレキャスト床版が採用されているケースも少なくない.

このプレキャスト床版には，現場継手部を除いてプレキャスト版をすべて工場製作する「フルプレキャスト床版」と，床版の一部をプレキャスト製とし，現場施工のコンクリートと合成することにより一体化する「ハーフプレハブ合成床版」あるいは「ハーフプレキャスト合成床版」に区分される. 前者にはコンクリート製プレキャスト床版と鋼床版があり，後者には鋼・コンクリート合成床版 (ハーフプレハブ床版) とプレキャスト PC 埋設型枠合成床版 (ハーフプレキャスト床版) がある. 以下にそれぞれの特徴について述べる.

4.5.4　選定や計画時に考慮すべき構造上の特徴と実例

（1）　フルプレキャスト床版

（a）　コンクリート製プレキャスト床版

道路橋におけるコンクリート製プレキャスト床版 (以下，「プレキャスト床版」という) は，昭和40年代に首都高速道路ですでに採用[75]されており，旧日本道路公団においても，平成4年ころに上信越自動車道栃木川橋[76]をはじめとする数橋において，作業員の高齢化と熟練労働者不足にともなう省力化の観点から試験施工が行われているが，経済性の観点から標準採用するには至らなかった.

しかし，その後，第二東名・名神高速道路の建設計画にともない，建設コスト縮減が強く要望されるに従い，本格的にプレキャスト床版の技術開発が行われた. その代表例が，第二東名高速道路・東海大府高架橋[15]である (**写真 4.14** および**写真 4.15**).

写真 4.14 第二東名高速道路・
東海大府高架橋

写真 4.15 プレキャスト床版架設状況
(東海大府高架橋)(⇒ 口絵 5)

　プレキャスト床版の利点は，大型パネルで一括架設を行うので，大幅な工期短縮が可能となるため，場所打ちコンクリート床版やハーフプレキャスト合成床版に比べて施工工期はもっとも短い．現場施工は継手部のみであり，省力化が図れるとともに，安全性も向上する．

　また，工場で製作するため，品質は安定し，床版の耐久性が向上する．この耐久性の観点では，プレキャスト床版は工場製品として床版単体で製作されるために，コンクリートの乾燥収縮に対する拘束は内部の鉄筋のみであり，拘束度は非常に小さい．また，現場に架設されるまでに相当な日数が経過しており，架設後の乾燥収縮ひずみが大きくならないために，初期ひび割れが生じにくい床版である．

　プレキャスト床版の形状は，一般に橋軸直角方向に長く，橋軸方向に短い短冊状となっている．これは，最近のプレキャスト床版は PC 床版が標準であり，主鉄筋方向となる橋軸直角方向にはプレストレスが導入されるため，分割することなく全幅員を一体成形することによる．一方，橋軸方向は，輸送重量や輸送トラックの荷台の幅など，輸送上の制約からパネルサイズが決まっており，1.5 〜 2 m 程度の寸法が一般的である．これよりパネルサイズが小さい場合には，現場での継手作業が増えるためにかえって煩雑になることがあり，注意が必要である．また，大型パネルとなる場合には，重量に応じた大型トレーラーやクレーンが必要であり，輸送の問題も含めて，搬入路の計画に注意が必要である．

　なお，プレキャスト床版を現場で製作する事例もあるが，製作設備の投資に対して，ある程度の数量がまとまらないと経済性に劣る．

　プレキャスト床版では，現場での継手構造が施工性や耐久性の観点からの課題であるが，東海大府高架橋では，橋軸方向の連結はループ状をした鉄筋をプレキャスト PC 床版より出し，間詰コンクリートを充填することにより連続化している．このループ

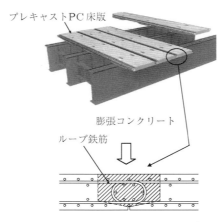

プレキャストPC床版

膨張コンクリート

ループ鉄筋

図 4.94 東海大府高架橋のループ継手

写真 4.16 ループ継手の状況

継手は，ループ定着効果により，必要重ね継手長を短くでき，間詰め幅を小さくできる (図 4.94 および写真 4.16)．この継手の場合には，橋軸方向のプレストレスは導入されないが，内部に配置された鉄筋により，断面の抵抗強度を母材床版と同等以上に確保しており，輪荷重走行疲労試験により疲労耐久性も確認されている [77]．

なお，このループ継手構造は，プレキャスト床版にあごを設置して，現場における継手用の型枠および下面からの作業を省略する工夫が施されている．継手部の施工では，この部分の架設時の破損や間詰めコンクリートの付着不足が生じないように注意が必要である．

写真 4.17 鋼床版 (箱桁) の一括架設

（b） 鋼床版

鋼床版は，デッキプレートを縦横方向のリブで補剛した鋼材のみで構成された床版である．コンクリート系床版に比べて高価ではあるが，構造高を低くでき，床版の自重を小さくできるため，長大スパンの橋梁で採用されることが多い．また**写真 4.17**のように，鋼桁の架設とともに床版の架設が完了するため，現場工期の短縮が可能であり，都市部などの厳しい施工条件下での実績も多い．

鋼床版は，コンクリート系床版とは異なり，比較的薄い鋼板が輪荷重を直接支持しているため，近年，溶接部の疲労損傷が大きな問題となっており，都市高速道路を中心に維持管理上の対策が急務となっている．

これらの疲労対策として，一般国道 357 号の横浜ベイブリッジでは，デッキ上面に舗装厚程度 (75 mm) の繊維補強コンクリート (SFRC) を敷設し，スタッドジベルを用いてデッキプレートと合成させることにより局部応力を低減して，疲労耐久性を向上させる補強が行われている [78]．また，美原大橋では，建設当初より，鋼床版の疲労耐久性向上を目的に，グースアスファルト舗装に替えて，厚さ 40 mm の高じん性繊維補強セメント複合材料 (高じん性モルタル) をプレートジベルによりデッキプレートと合成する方法が採用された [79]．今後，鋼床版は，このような合成鋼床版化の方向に進むと考えられる．

（2） ハーフプレハブ合成床版・ハーフプレキャスト合成床版

ハーフプレハブ合成床版あるいはハーフプレキャスト合成床版は，補剛鋼板または半厚のプレキャスト板を型枠として使用し，現場打ちコンクリート硬化後は一体化して合成される床版をいう．施工の合理化，省力化，工期短縮，安全性向上など，施工上の多くの利点を有していることから，積極的に採用されるようになった．この現場打ちコンクリートと一体化して合成する型枠部材には，鋼製のものとコンクリート製のものとに大別される．

（a） 鋼板・コンクリート合成床版

鋼橋において実績の多いハーフプレハブ合成床版は，工場製作された鋼製型枠を場所打ちコンクリートと一体化する合成床版である (**図 4.95** および**写真 4.18**)．現在までに，鋼橋メーカーを中心に研究開発が活発で種類が豊富であり，帯鋼板を使用して剛性を高めたタイプ，2 枚の鋼板でコンクリートを上下からはさむサンドイッチタイプなどがある．

施工面の特徴としては，フルプレキャスト床版に比べて重量が軽量なので，比較的大きくない重機で施工が可能であり，施工性がよい．また，主桁との一括架設が可能であり，場合によっては架設時の桁補強材として利用することもある．鋼板を先行し

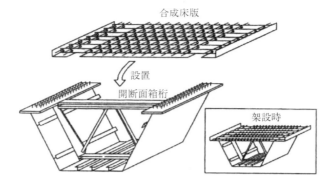

図 4.95　鋼板・コンクリート合成床版の開断面箱桁橋への適用例

写真 4.18　鋼板・コンクリート合成床
　　　　　　版の施工状況

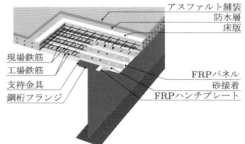

図 4.96　FRP 合成床版

て敷設してしまうので，床版施工用の足場や支保工が不要であり，省力化や工期短縮
が可能であるとともに，施工中の安全性も向上する.

　維持管理面の特徴としては，連続した鋼板が床版下面にあるため，コンクリートが
劣化損傷しても，コンクリート片の落下が防止できるが，その一方で，鋼板の防錆処理
や床版の損傷状態が見えないなどの課題があるため，道路管理者によっては採用が控
えられることも少なくない. ところで，この鋼板の防錆対策として，近年では**図 4.96**
のような FRP 製の合成床版も開発されている.

（b）　プレキャスト PC 埋設型枠合成床版 (HPPC 床版)

　HPPC 床版は，床版厚の$1/3 \sim 1/2$程度のプレキャスト PC 版を主桁上に並べて，
これを埋設型枠とし，この上にコンクリート床版を打ち足して一体化する床版である.

　図 4.97 は，第二名神高速道路・四日市ジャンクションのランプ橋で採用された

HPPC 床版である[80]．工場においてプレテンション方式でプレストレスを導入した
トラス鉄筋付きプレキャスト PC 版を，型枠・支保工兼用として**写真 4.19** のように
桁上に架設し，トラス鉄筋をスペーサーとして現場配筋を行い，コンクリート打込み
後に一体化され床版を形成する．

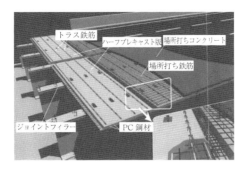
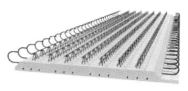

図 4.97 第二名神高速道路・四日市ジャンクションランプ橋で採用した
ハーフプレキャスト合成床版

写真 4.19 ハーフプレキャスト合成床 **写真 4.20** PCF 床版の架設
版の架設 (⇒ 口絵 6)

　施工面での特徴としては，プレキャスト PC 版の厚さが床版全厚の半分程度 ($t = 100$
mm) と軽量なため，大きな重機を必要とせずに架設が容易で，山間部などへの大量輸
送が可能である．プレキャスト PC 版は足場および型枠兼用として使用するので，支
保工および型枠の設置・撤去が不要となり，工期短縮が可能になるとともに，施工中
の転落防止にもなるため安全性が向上する．

　なお，このトラス鉄筋を配力鉄筋方向に配置した RC タイプのプレキャスト版 (PCF
床版) が開発され[81]，第二東名高速道路・藁科川橋の開断面箱桁で採用されている．
写真 4.20 はその状況である．

4.5.5 耐久性向上を目指した床版構造

（1） プレストレス導入による耐久性向上

床版の耐久性向上のポイントは，

① 橋軸直角方向の貫通ひび割れを発生させないこと，

② 主鉄筋断面の有効幅を広くして疲労強度を高めること，

③ 水を遮断すること，

などであり，近年の輪荷重走行疲労試験の結果により，床版の耐久性を高めるためにプレストレスの導入が有効であることが明らかになっている[82, 83].

このうち，① については，橋軸方向にプレストレスを導入することが最も効果的であり，既往の輪荷重走行疲労試験の結果より，約 1.5 MPa の圧縮応力を与えるだけで約 50 倍疲労寿命が伸びるといわれている[82]. プレストレスの導入方法としては，床版内に配置した内ケーブルによる方法や外ケーブルによる方法，さらにはジャッキアップ・ダウンによる方法などがある[84, 85].

図 **4.98** は，内ケーブルによる方法の例であるが，主桁上にプレキャスト床版を配置した後に，床版中のシース内に PC 鋼材を挿入し，床版間の間詰めコンクリート硬化後にプレストレスを導入する．そしてシース内のグラウト充填およびジベル箱抜き部の無収縮モルタル充填を経て施工が完成する工法である．

内ケーブルによるプレストレッシングの場合，現場打ち床版やハーフプレキャスト合成床版では，床版コンクリート硬化後は主桁と床版が合成しているために，鋼桁の

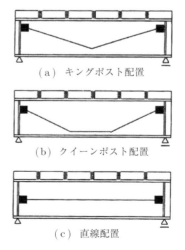

（a） キングポスト配置

（b） クイーンポスト配置

（c） 直線配置

図 **4.99** 外ケーブルの配置例

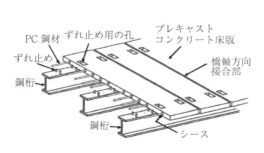

図 **4.98** 内ケーブルにより橋軸方向にプレストレスを与える例

抵抗によりプレストレス力が効率よく導入できず，鋼桁へのプレストレス伝達が悪影響となる可能性がある．このため，鋼桁と床版を合成しない状態でプレキャスト床版と組み合わせることが有効である．

　外ケーブルによる方法は，**図 4.99** のように床版と主桁を一体化した後に，主桁に定着した外ケーブルを緊張することにより行う．維持管理において，主桁自体の耐荷力を補う目的で採用されることが多く，ケーブルの配置方法によっては軸力よりも負の曲げが卓越することがあり，床版に引張応力を生じさせて，かえって耐久性を損ねることのないように注意が必要である．

　図 4.100 に示すジャッキアップ・ダウン工法は，連続桁の中間支点上の負曲げ対策として現場打ち床版でもよく採用される．ただし，プレキャスト床版の場合には，すべてのパネルを先行架設した後に床版と主桁との連結を順次行うが，死荷重をすでに載荷しているため，30 cm 程度の比較的少ないジャッキアップ量で中間支点上のプレストレス導入を効率的に行うことが可能である．

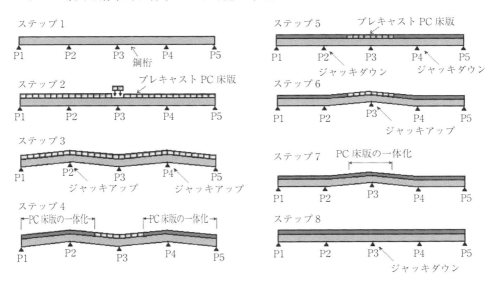

図 4.100　ジャッキアップ・ダウン方式によるプレストレス導入方法

　近年の第二東名・名神高速道路における床版の長支間化にともない，さらには経済性や工期短縮の目的から，橋軸直角方向 (横方向) にプレストレスを導入する方法が主流になりつつある．

　横方向にプレストレスを与える方法は，前述の耐久性向上のポイントの ② に示した主鉄筋断面の疲労強度を高める方法として有効であり，場所打ちコンクリート床版

の場合には，ポアソン効果によって橋軸方向の圧縮力を付与することも期待できる．一方，フルプレキャスト床版の場合には，ループ継手のように十分耐久性のある継手構造が開発されており，橋軸方向にプレストレスを導入しなくても，十分に床版の連続性は保たれている．また，仮に横方向のひび割れが生じたとしても，ひび割れ間隔がプレキャスト床版の幅 1.5 ～ 2 m となることが予想されるので，主鉄筋断面の有効幅を確保することが期待できる．なお，このひび割れ間隔の制御は，ハーフプレキャスト合成床版でも同様の効果が期待される．

（2） 鋼板・コンクリート合成床版を適用した新しい橋梁構造

　前述の鋼板・コンクリート合成床版は，連続した底鋼板を有しているため，コンクリートに貫通ひび割れが発生した後でも輪荷重による相対ずれ変位が小さく，ひび割れ面が劣化しにくい疲労耐久性にすぐれた床版である．また，施工性にもすぐれ，長支間化にも対応可能であるため，今後の技術開発が期待される工法である．この鋼板・コンクリート合成床版工法を利用した新しい橋梁構造の事例を紹介する．

　第二東名高速道路の須津川橋は，標準的な有効幅員 16.0 m，主桁間隔 10 m の鋼 2 主桁 I 橋である．この路線の建設計画において，開通当初は 4 車線 (片側 2 車線) の暫定供用とし，数年後の交通量の増加により 6 車線 (片側 3 車線) の完成供用とする方針が決定され，建設コストの初期投資を抑制する目的から，橋梁計画もこれに対応できる構造が要求された．

　このような橋梁構造上の要求に対応するために考案された構造が図 **4.101** である．この構造は，主桁間隔 10 m の鋼 2 主桁と，3.5 m 間隔で上段配置された横桁で，格子状に合成床版を支持する床組構造である．このような横桁で合成床版を支持する構造の採用により，床版支間方向を橋軸方向とすることで，主桁間隔 10 m の広幅員橋梁の暫定施工および将来拡幅を可能にしている．採用する合成床版は，底鋼板，頭付きスタッド，補剛リブからなるロビンソンタイプ合成床版を基本とし，ハンチや下鉄筋

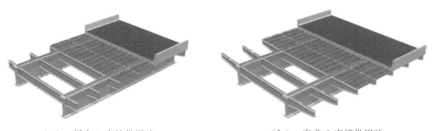

（ａ）　暫定 2 車線供用時　　　　　　　（ｂ）　完成 3 車線供用時

図 4.101　第二東名高速道路・須津川橋の床板構造

を省略するなど構造の合理化，簡素化を図っている．

　本構造の妥当性や安全性については，輪荷重走行疲労試験などを行いながら，委員会において審議され，合成床版による新しい構造形式として，今後の発展が期待されるところである．

第5章　床版防水

5.1　床版防水

　道路橋床版における初期ひび割れ損傷は，コンクリートの乾燥収縮を主桁が拘束することによって発生する橋軸直角方向ひび割れである．ひび割れ発生に至らない場合でも，内部引張応力が発生している．そして，供用開始後の輪荷重の繰返し載荷によってひび割れ幅や長さの進展をもたらし，ねじりモーメントとせん断力の繰返し作用により，ひび割れ面がこすり合わされて摩耗が進行する．これらのひび割れに橋面舗装内に蓄えられた雨水が浸入すると，ひび割れ面における摩耗や骨材まわりの付着切れが促進され，コンクリート内の材料組織を崩壊させる (骨材化現象：**写真 5.1**).

写真 5.1　模型試験における輪荷重走行位置で確認された骨材化現象

　骨材化現象は，おもに床版上面の荷重走行位置に確認されることが多く，この現象にともなって床版の圧縮側コンクリートは抵抗力を失い，曲げ耐荷力，せん断耐荷力とも減少する．そして，床版としての機能が大きく損なわれるだけでなく，床版自体の寿命も理想的な環境における寿命の 1/50 ～ 1/80 へと大幅に短縮する．床版そのものが陥没破壊に至る場合も想定されることから，このような現象が確認された床版は，早急に補修・補強などの処置が必要である．

　雨水などの水の影響下に置かれると予測される床版においては，早期のコンクリートの骨材化を防止し，乾燥状態における疲労寿命を確保するために最も有効な方法は，

床版への水の供給を遮断することである．その方法として，舗装と床版との間に防水層を設置することが経済的にも有効であると考えられる．このような知見から，平成14年に改訂された道路橋示方書では，床版上面に防水層を設置することが望ましいとの記述が新たに加えられた．

近年では，高い耐久性を有する鋼板・コンクリート合成床版がいく種類も開発され，実橋に使用されているが，これらの形式の床版でも，コンクリート上面にひび割れが発生する可能性がある．床版自体は大きな曲げ剛性などすぐれた性能を有しているものの，床版の構造詳細によっては，活荷重の作用により橋軸直角方向のひび割れが急速に成長すると予想されるものもある．床版に発生したひび割れに雨水が浸入すると床版の劣化が急速に進行するため，水分の供給は極力遮断しなくてはならない．現在，鋼板・コンクリート合成床版では，床版の弱点となるひび割れの発生を抑制するため，膨張コンクリートを使用することが一般的であり，床版上面への防水層の設置が不可欠とされている．

一方，わが国においては，床版防水は建築物の屋根に適用すべく開発されたものがその主流を占めていたため，道路橋床版という特殊荷重環境下では，その耐久性を確保することが困難であった．近年ではこのことを受けて，従来の防水システムよりも高い機能を付加した床版防水が開発され，実橋に適用されはじめている．

5.2　床版防水に求められる性能

これまで，床版防水の性能はその主体となる防水層の性能のみに依存し，防水層の性能を向上させることが床版防水，ひいては橋梁全体の耐久性向上につながると考えられてきた．

しかし，実際の道路橋に床版防水を適用する場合，防水層が保護すべき床版と適切に接着されていないことや，防水層の素材の物性の影響により，防水層がその性能を発揮しない場合や防水層の上に配置されるアスファルト舗装に好ましくない影響を与えてしまい，橋梁機能を著しく損なう可能性がある．

そこで近年では，道路橋床版に適用される床版防水の性能を考える場合，従来のような防水層のみに着目した性能を考えるのではなく，「床版＋防水層＋舗装」の組合せを一つのシステムとしてとらえ (**図 5.1**)，全体としての性能向上をめざすべきであるとの考え方が提唱されている．本項では，この考え方にもとづいた床版防水に要求される性能について説明する．

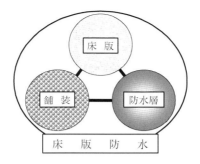

図 5.1 新しい床版防水のイメージ

5.2.1 道路管理上の要求性能

　これまで，道路管理関連の各機関において床版防水に関するさまざまな検討・研究がなされ，床版防水層の品質基準が規定されている．しかし，これらの基準にもとづいた床版防水層を施工した場合においても，床版下面からの漏水やコンクリート内の塩化物の増加，あるいは防水層が原因となる舗装の損傷が早期に発生している事例がある．このため，床版防水層の性能向上の観点から防水層に要求される性能を明確にし，その照査手法を確立することが必要不可欠である．

　床版防水層に要求される性能は，**表 5.1** に示すとおりであり，大別すれば，

① 　床版の劣化要因を抑止すること，

② 　舗装に対して悪影響を与えないこと，

の二つである．

表 5.1 床版防水層の要求性能

大項目	小項目
床版の劣化要因を抑止すること	防水性能：水を通さない性能
	遮塩性能：塩化物を通さない性能
舗装に対して悪影響を与えないこと	接着性能：床版と舗装からはがれたりずれたりしない性能
	耐わだち掘れ性能：舗装のわだち掘れを助長しない性能
床版・防水層・舗装の三位一体で耐久性を有すること	耐久性能：床版・防水層・舗装の三位一体で，上記の性能を設計耐用期間中保持すること

　床版の劣化要因を抑止するためには，水を通さない「防水性能」および塩化物を通さない「遮塩性能」が必要となる．舗装に悪影響を与えないためには，防水層が床版と舗装からはがれたりずれたりしない「接着性能」，舗装のわだち掘れを助長しない「耐わだち掘れ性能」が必要となり，これらの性能を施工時から設計耐用期間中保持しなければならない．

　また，これらの性能に加え，施工性，補修性，リサイクル性，経済性についても十分な配慮が必要である．施工性とは，施工方法が明確であり，施工が温度などの環境条件に左右されてはならないことである．また，舗装基層の打替え工事にともない床版防水を施工する場合は，交通規制による時間的制約を受けるだけでなく，舗装切削にともなって床版面に凹凸が生じるため，凹凸に左右されず短時間で施工可能であることが同時に必要である．

　床版防水層は，床版と舗装の間に位置するため，防水層の状態を常に観察することは不可能であり，防水層の劣化，損傷は，舗装の変状として表面化し，多くの場合は，短時間の交通規制をともなう補修により対応をとることになる．補修性とは，舗装に変状が生じた場合，補修が容易に行えることである．

　リサイクル性とは，舗装基層の打替え工事などにおいて，舗装発生材の再生利用に床版防水層が悪影響を与えないように配慮することである．

　また，床版防水の経済性は，単に初期投資を最小にするだけではなく，橋全体の維持管理も含めたライフサイクルコスト低減の観点から検討する必要がある．

5.2.2　床版の耐久性を確保する観点からみた要求性能

　床版は，車両の円滑な走行性を確保するための重要な部材であり，近年の交通事情から交通遮断が許されないため，高い耐久性能が求められている．昨今，床版に高い耐久性を付与するために，PC 床版や合成床版などの高い耐久性をもつ床版が，適用されているが，これらの床版においても，耐久性を確保するためには水分の床版内への浸入を阻止することが重要である．

　上記の目的を達成するために，床版防水に要求される性能は次のとおりである．

① **防水性・遮塩性**：雨水，塩水，化学物質などを遮断し，床版コンクリートのひび割れへの浸入を防止すること，ならびに，床版内のコンクリートに有害な損傷を与えず鉄筋を腐食させないこと．

② **ひび割れ追随性**：ひび割れが輪荷重の作用により，開閉を繰返すことに対して，防水層がそれに弾性的に追従し，破断などの損傷を生じないこと．

③ **接着性**：供用期間中，床版コンクリートおよび舗装に対し所定の付着強度を確保し，はく離や防水層の破断が生じないこと．

④ **施工性**：縦横断勾配，不陸，その他伸縮装置，地覆，排水ますなど細部構造まわりの狭あいな部位や特殊形状の場所，ならびに，気象条件，環境条件が厳しくても容易に施工できること．

⑤ **耐久性**：所定の期間において性能が確保できること．具体的には，舗装基層の打替え期間と同程度以上の寿命を有していること．

⑥ **取替え時の施工性**：舗装基層，防水層の取替え時，床版に有害な損傷を与えないこと．

⑦ **経済性**：初期施工時だけでなく，橋梁の供用期間中に発生する床版に関するすべてのコストの合計が適正であること．

5.2.3 舗装の耐久性を確保する観点からみた要求性能

床版面に敷設された防水層上には，通常，表層（上層）と基層（下層またはレベリング層）の二層からなる 60 ～ 80 mm のアスファルト舗装が敷設される．近年，雨天時における車両の安全走行性確保ならびに走行騒音低減の観点から，表層に排水性舗装が適用されることが多い．この場合には，表層に遮水効果が期待できないため，基層には，密粒度アスファルトコンクリートや砕石マスチックアスファルト（SMA）などの水密性の高いアスファルト混合物が用いられる場合が多い．

耐久性の高い橋面舗装は，床版，防水層，舗装が一体となって達成されるものであり，そのためには，設計時にこれらを三位一体とした設計がなされる必要がある．橋面舗装が，十分な締固めが確保された耐久性のあるアスファルト舗装となるには，均一かつ所要の舗装厚が必要である．このため，アスファルト舗装の施工基盤となる床版面には，所要の舗装厚と十分な平坦性を確保できる施工精度が要求される．一般に，舗装一層あたりの厚さは，骨材の最大粒径の 2.5 倍程度が必要とされており，最大粒径が 13 mm の骨材を用いた場合には，舗装厚は 30 ～ 40 mm となる．

アスファルト舗装の施工では，床版面に敷設された防水層上にダンプトラック，アスファルトフィニッシャーなどの施工機械が直接走行して加熱アスファルト混合物を敷きならし，マカダムローラー，タイヤローラーにて転圧して仕上げる．とくに，床版上では混合物の温度が土工部よりも低下しやすいので適切な温度管理が必要である．施工されたアスファルト舗装には，防水層との確実な接着とアスファルト舗装自体の十分な締固めが求められ，この点が達成されないと供用後の舗装の耐久性に問題を生じる．

以下に，舗装および防水層の耐久性を確保するための要件を列挙する．

① 一層のアスファルト舗装の厚さは，骨材の最大粒径の 2.5 倍を確保できること．

② アスファルト舗装の施工基盤となる床版面が十分平坦で滞水がないこと．

③ 舗装施工時における膨れ（ブリスタリング）発生防止のため，防水層の施工にあたって床版が十分乾燥していること．また，床版と防水層の接着が確実であること．

④ 作業車両，施工機械の走行に対して防水層が安定していること．

⑤ アスファルト混合物の転圧時に，防水層上の混合物が過度なよれ（ウェービン

グ) を生じないこと.

⑥　アスファルト混合物が確実に接着する防水層であること.

⑦　供用中において，とくに，夏季に発生するわだち掘れへの影響が小さい防水層であること.

⑧　維持管理において，コア採取を行った箇所の補修，および防水層の局部的な損傷箇所に対して，補修が容易であること.

⑨　大規模な補修において基層まで切削を行う場合，床版の凹凸の影響により防水層が損傷することがあるので，既設床版に対しては床版切削面が粗な状態でも施工可能な防水層であること.

5.3　代表的な床版防水システム

現在，市場で流通している防水層のうち，代表的なものは**表 5.2** および**図 5.2**，**5.3**に示すようなものである．この表に示された防水層のうち，「高機能タイプ」は，日本道路公団・試験研究所の「防水システム設計・施工マニュアル (案)」[1](以下「JH マニュアル (案)」) の初期性能照査試験の基準値を満足，または同等の性能を有するものであり，高い耐久性を要求される部位に適用されるものである．「現行タイプ」として示されているものは，現在，一般的な床版防水層として使用されているものであり，一般道に対して適用されているものである．また，「簡易タイプ」とは，高機能タイプや現行タイプでは適切に施工できない条件 (施工時間など) を要求される現場において適用される防水層である．

表 5.2　防水層の種類

タイプ	防水層 (材料・工法)	備　考
高機能タイプ	速硬化ウレタン (2.5mm)※	塗膜系：吹付けタイプ
	手塗りウレタン ※	塗膜系：塗布タイプ
	MMA※	塗膜系：塗布タイプ
	アスファルトシート I ※	シート系:ポリエステル不織布
	アスファルトシート II ※	シート系:ガラス積層
	アスファルトシート III ※	シート系:ポリエステル不織布＋ガラスクロス
現行タイプ	アスファルト塗膜	塗膜系
	アスファルトシート	シート系
簡易タイプ	弾性モルタル	塗膜系：ポリマーセメントモルタル
	MMA	塗布系：浸透タイプ

注)　※印は JH マニュアル (案) 初期性能照査試験適合品

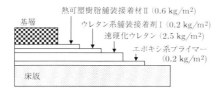

（a） 速硬化ウレタン（2.5mm）

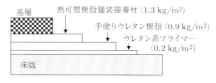

（b） 手塗りウレタン

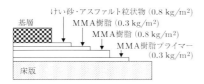

（c） MMA

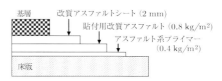

（d） アスファルトシートⅠ

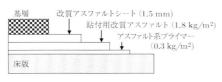

（e） アスファルトシートⅡ

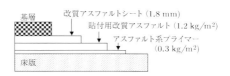

（f） アスファルトシートⅢ

図 5.2 高機能タイプ床版防水システムの構成

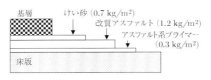

（a） アスファルト塗膜（現行タイプ）

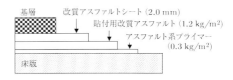

（b） アスファルトシート（現行タイプ）

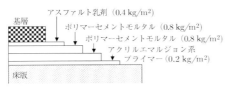

（c） 弾性モルタル（簡易防水）

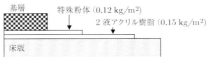

（d） MMA（浸透系，簡易防水）

図 5.3 現行タイプおよび簡易タイプ床版防水システムの構成

5.4　床版防水システムの設計

　床版は，その内部に雨水などが浸入すると，疲労耐久性が著しく損なわれることから，平成 14 年に改訂された道路橋示方書・同解説において，床版上面に排水性アスファルト舗装を適用する場合には，橋面より浸入した雨水が床版内部に浸入しないように防水層を設けることが規定された．また，道路関連各機関においても床版の耐久性向上のための床版防水層に関する研究が行われている．このような動きにともない，近年では，これまでの防水層にはない新材料・新技術が導入されつつある．

　高機能防水層は，その耐久性に関わる各種の物性・性能において，現行タイプの防水層を上まわるものや，現行タイプの防水層では適用が困難な条件においても，高い防水機能を発揮できるものが含まれている．また，床版上面に水を滞留させた状態で行われた輪荷重走行疲労試験の結果から，床版との付着が良好な場合には，床版上面が滞水状態でも所定の疲労耐久性を確保できるという結果が報告されている[2]．

　しかし，防水層の上面に雨水が滞留してしまった場合，雨水の影響を受けるアスファルト舗装の組織が早期に破壊されてしまうことから，舗装の耐久性が確保できず，橋梁上の交通に多大な支障を生じる．また，防水層と舗装との付着が確保できない場合には，ポットホールの発生などの不具合が懸念され，これも交通を阻害する大きな要因になる．したがって，床版の耐久性を確保するために防水層をその上面に設置する場合には，床版，防水層，舗装をそれぞれ個別に考えるのではなく，その相互作用に着目して設計を行うことが重要である．

5.4.1　床版設計における留意事項

　床版は，防水層や舗装に対してその性能を十分に発揮させるような条件を与えるように，床版・防水層・舗装の三つの相互関係を考慮して設計を行わなければならない．防水層や舗装に対して悪影響を与えないような十分な性能とは，

① 　防水層や舗装に過度の負担を与えないような，構造体としての力学的性能
② 　防水層・舗装の状態にかかわらず，床版上に水の滞留を許すようなことのない排水能力

といえる．そこで，これらの性能確保のための留意点を述べる．

（1）　床版構造の留意点

　床版の構造は，防水層や舗装の性能が確保される構造を有したものでなければならない．床版が防水層に悪影響を与える構造的要因として考えられる項目には，以下のものがある．

（a）床版剛性の不足

コンクリート床版の剛性が不足している場合，床板上面にはせん断ひび割れやねじりモーメントによるひび割れが発生し，防水層にはく離やせん断変形の繰返しが起こり，防水層を破断させる可能性が高まる．また，舗装の敷設時には転圧が十分にできず，良好な品質の舗装を施工できないことが想定される．

（b）床版上面の形状

最近では，床版上面をこて仕上げすることが原則となっているが，この場合においても，床版上面の形状は完全な平面形状を呈するわけではない．過度の床版上面における凹凸は，防水層や舗装の厚さ確保を困難にするばかりか，プライマー層や接着層の厚さも不均一となり，防水層のブリスタリングや舗装のポットホールを起こしやすくする．防水層や舗装の厚さに影響を与えない程度の平坦性をもたせることが必要である．

（c）床版に使用されるコンクリート

コンクリートの品質が適切でない場合，乾燥収縮やクリープなどの影響により床版上面にひび割れが発生する．これらの現象により発生したひび割れが過大である場合，活荷重や温度変化の影響によってひび割れは開閉を繰り返し，防水層が破壊する可能性が大きい．

（2）床版の排水

構造上および線形上の条件から水が滞留しやすい部位の床版は，確実に排水ができるように排水ますやスラブドレーンなどの排水設備を配置する必要がある．

床版の施工において，上面の形状を注意深く管理したつもりであっても，実際には橋面の水を排水するのに十分な勾配 ($\geqq 1.0$ %) が与えられていない場合や，排水設備の不備により滞水が発生している場合がある．このような箇所においては防水層の上面に水が滞留することになり，上にある舗装体が水に浸かった状態におかれ，活荷重の作用と相まって舗装体の材料組織の早期破壊につながる可能性が高い．このことから，床版の上面には水の滞留を許さないことが重要である．このための方策としては，以下のことが考えられる．

① 床版の構造上，路面が凹面となる箇所，縦断勾配の下流側に位置する伸縮装置近傍，路面勾配が小さい箇所については，スラブドレーンなどの橋面排水装置を設ける．

② 排水ますの設計に際しては，路面，橋面および防水層上の排水が可能となる構造とする．とくに，防水層の地覆立ち上がり部の処理が重要である．また，排水ますには泥が詰まりにくい構造のものを選定する必要がある．さらに，建設時か

ら供用開始までの間の排水性を確保することや，排水設備が破損した場合においても破損箇所から床版内に水分が供給されることのないように配慮することも必要である．

5.4.2 防水層の選択

防水層の設計にあたっては，適用箇所の状況を十分に勘案したうえで，最適な防水層を選定することが重要である．ここでは，(財) 災害科学研究所において実施された研究のデータ[3] をもとに種々の防水層がもつ基本的な特徴を示すとともに，設計時に考慮すべき設計条件や防水層の選定について述べる．

（1） 設計条件の整理

床版防水層を設計する場合，適用現場の施工条件，交通条件，道路構造などを十分に勘案しなければならない．防水層設計時に考慮すべき条件は次のとおりである．

（a） 施工条件

新規に建設される床版に防水層を施工する場合には，時間的，施工スペース的な制約が課される場合は少なく，床版面の状態も良好である場合が多い．そのため，床版の施工に不具合がない限り，防水層は，室内試験などで確認された性能と同等の性能を発揮することが期待できる．

舗装基層打替え時など，既設床版に防水層を施工する場合は，切削機により生じる床版上面の凹凸や，床版上の既存アスファルトが完全に除去できないことによる影響が懸念される．また，既設床版に対する施工は橋梁の維持管理作業として実施されるものであるため，施工時間や施工スペースなどに厳しい制約条件が生じる．そのため，床版上面の凹凸に追従でき，施工性にすぐれた防水層を選定する必要がある．また，床版の状態によっては，ひび割れ追従性が重要となる場合がある．

（b） 交通条件

交通量が多く，一般道と比較して大きな輪荷重が繰返し作用する重交通路線では，防水層の種類によっては，はく離の発生により防水性能が低下する場合がある．このため，このような路線では，輪荷重の作用により防水層と床版，舗装との間の接着性能が低下しにくい防水層を選定する必要がある．

また，防水層の存在により舗装の性能が確保できない場合には，供用開始後早期にわだち掘れが発生し，橋梁の使用性に影響を与える可能性がある．このため，重交通路線では，舗装の耐わだち掘れ性能に影響を与えないような防水層を選定することが必要である．

（c） 道路構造

直線で勾配のほとんどない道路に比べ，曲線部や坂道では車両通行時に作用する遠心力や加速，制動にともなう横荷重の影響が大きいので，このような部位では，防水層と床版，舗装との間の引張接着力やせん断応力に対する疲労耐久性にすぐれた防水層を選定する必要がある．

（2） 各種防水層の特徴

既往の研究として，(財) 災害科学研究所において実施された研究[3]のデータにもとづいて，各防水層が保持していると想定される性能を表 5.3 に示す．

なお，表 5.3 は，既往の研究が実施された時点においてなされた評価にもとづいて作成されたものであるので，それぞれの防水層に関しては，その後も改良が加えられ，性能が向上している材料が多くあることに留意する必要がある．

表 5.3 各種防水層の特徴

必要性能		高機能タイプ		現行タイプ		その他	
		ウレタン	シート	塗膜	シート	セメント	浸透
基本性能	① 防水性	○	□	△	○	○	△
耐久性能	② 接着性	□	○	○	○	○	－
	③ ひび割れ追従性	○	□	△	○	△	△
	④ せん断疲労性	○	○	○	△	△	○
	⑤ わだち掘れ抵抗性	○	○	△	△	○	○
その他	⑥ 施工性	△	□	□	□	□	○

注）　○：試験においてすべての試験体が基準値を満足したもの．
　　　□：試験において製品の種類により基準値を満足しない試験体が確認されたもの．施工性においては，試験体製作時に補修箇所や出来形基準値の超過が発生したもの．
　　　△：試験において基準値を満足しない試験体が確認されたもの．施工性においては，試験体製作時に再施工が生じたもの．
　　　－：今回の検討の範囲では判断できないもの．

（3） 防水層の選定

表 5.3 を参考にして，(1) 項で示した設計条件ごとに防水層を選定した例を表 5.4 に示す．

表 5.4 防水層の選定例

	必要性能	対応できる防水層タイプ
ひび割れ発生	①，③，⑥	高機能タイプ，現行タイプシート系など
重交通路線	①，②，⑤，⑥	高機能タイプ
急勾配・急曲線	①，②，④，⑥	高機能タイプなど

表 5.4 では，防水層の施工期間が十分確保できることを前提としている．したがっ
て，実際の選定に際しては，施工時間の制約や経済性などを考慮して防水層の種類を
選定しなければならない．

5.4.3　防水層の設計

防水層はその供用期間において，床版への雨水の浸入を遮断できる性能，融雪材な
どによる塩害を防ぐ性能を有すると同時に，舗装の性能を保持させるものでなければ
ならない．防水層の設計においては，床版や排水ますなどとの取合い部の処理が非常
に重要になる．地覆，排水ます，伸縮継手などの橋面構造との取合い部は，防水層の
種類により処理方法が異なる場合が多いため，代表的なウレタン塗布系とアスファル
トシート系の防水層について構造細目を以下に示す．

（1）　床版部の防水

床版部は，車両の通行によって繰返し作用する輪荷重に対して長期に防水性が保た
れる材料を選択する必要があり，設計には以下の点を考慮しなければならない．

① 　車両の通行や発進・停止などの制動による力学的作用に対して，十分な耐久性
　　がある防水層であること．

② 　コンクリート床版にひび割れ (0.25 ± 0.15 mm 以下) が発生した場合でも，こ
　　れに対する追従性があり，防水性が保たれること．

③ 　床版との接着性にすぐれ，床版からの水蒸気圧などによりブリスタリングを生
　　じ，ポットホールが発生するなど舗装に悪影響を与えることがないこと．

④ 　舗装との接着性にすぐれ，舗装のずれや流動に対する抵抗性を低下させる不具
　　合を誘発しないこと．

ウレタン塗布系防水層は，アスファルト舗装との接着性を確保するために，防水層
上に舗装接着材を使用する．アスファルトシート系防水層は，舗装用混合物と同質の
アスファルトを主原料としているため，とくに接着材を必要としない．**図 5.4** および
図 5.5 にこれら 2 種類の代表的な防水仕様を示す．

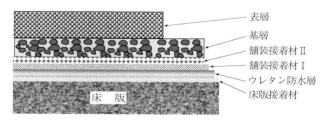

表層
基層
舗装接着材 II
舗装接着材 I
ウレタン防水層
床版接着材

床版

図 5.4　ウレタン塗布系防水仕様

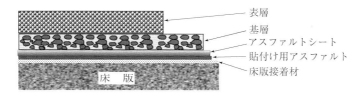

図 5.5 アスファルトシート系防水仕様

（２）　地覆部の防水

　地覆部と舗装との境界は，雨水などが非常に浸入しやすい箇所である．そのため，境界部の床版防水については，防水層と舗装の接着を確保したうえで地覆部まで立ち

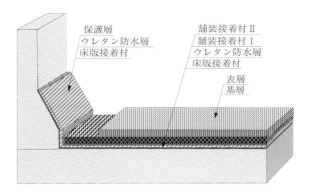

図 5.6　ウレタン系防水層による地覆部防水例

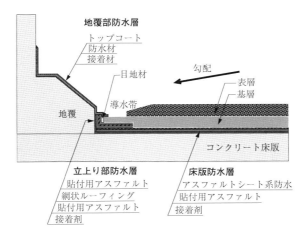

図 5.7　アスファルトシート系防水層による地覆部防水例

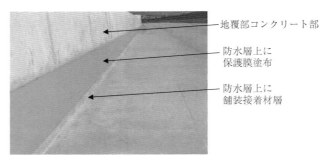

写真 5.2 ウレタン系防水による地覆部防水例

上げるのが好ましい．また，一般に床版防水層は紫外線に弱いため，保護材などの処置をする必要がある．地覆部の床版防水の一例を**図 5.6**，**5.7**，**写真 5.2** に示す．

（3） 排水ます部の防水

排水ます周辺は，雨水などの集まる箇所であること，また，舗装表面の水だけでなく床版面の水も排水ますに流れるようにする必要があるため，防水層，舗装，排水ますとの取合いを十分に検討する必要がある．とくに，排水ますと防水層との接着を長期に維持することが難しく，この部分からの漏水が懸念される．

このため，排水ますとの取合いとなる箇所の防水設計は，とくに注意する必要があり，長期に漏水しない構造とする必要がある．この箇所の防水例を，**図 5.8**，**5.9** に示す．

最近では，シート系防水やウレタン系防水の排水ますまわりの防水性を向上させるため，**図 5.10** に示すように，排水ますの側壁底部につばをつけ，防水層をそのつば上まで設置し，防水層上の進入水を排水ますの立壁部に設けた開口部から排水するますも提案されている．

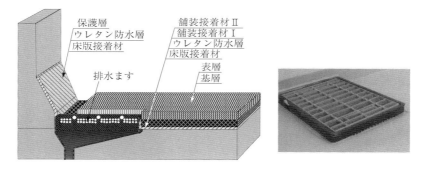

図 5.8 ウレタン系防水による排水ます部防水例

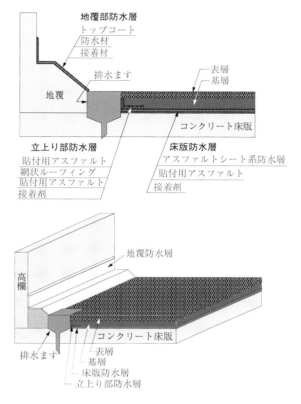

図 5.9 アスファルトシート系防水による排水ます部防水例

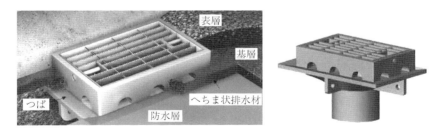

図 5.10 改良型排水ます (⇒ 口絵 7)

(4) 伸縮装置部

　伸縮装置部と舗装の境界は，舗装の端末部となるため，アスファルト混合物の締固め密度が低くなる場合があり，活荷重の通行にともなう衝撃的な荷重により舗装が損傷しやすく，雨水などが浸入しやすい箇所である．この部分の防水層は，伸縮装置と

床版の境界部の接着性，伸び，衝撃荷重を考慮した構造を採用する必要がある．したがって，防水層と舗装，防水層と伸縮装置との接着を十分に確保したうえで，**図 5.11**，**5.12** に示すように，伸縮装置の背面からの雨水の浸入を防止する構造を採用するのがよい．

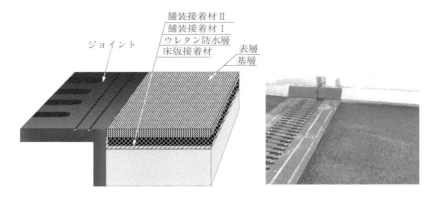

図 5.11 ウレタン系防水による伸縮装置部の防水例

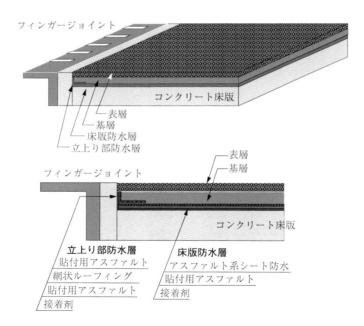

図 5.12 アスファルトシート系防水による伸縮装置部の防水例

5.4.4 舗装の設計

橋面舗装は，交通車両の快適な走行性を確保し，同時に，交通荷重，雨水，その他の気象条件などから橋梁の床版を保護することを目的としている．橋梁部は代替道路が少なく，交通の要となることから，補修の回数をできるだけ減らせることができるような耐久性の高い舗装が必要とされている．このように，橋面舗装においては，一般部の舗装と比べて交通条件や構造の違いにより留意すべき点が多い．したがって，舗装の耐久性に対して橋梁の床版構造の影響が大きいことから，橋面舗装の設計は床版の設計と同時に行うことが望ましい．橋面舗装の設計においては，とくに以下の事項に留意すべきである．

① 防水層に対して十分な接着性を有する舗装とする．また，舗装体内部での滞水によるはく離現象が起こりやすいので，はく離抵抗性のある接着材料を使用することが望ましい．

② 防水層を設けたことによる床版上の滞水は舗装の耐久性に影響を与えるため，舗装中に滞水しないような排水処理を行わなければならない．橋面舗装の排水は，一般に表面排水のみを考慮することが多いが，床版面排水処理も含めて入念に計画することが必要である．

③ 橋面舗装では，車両の走行位置が特定の部位に限定される場合が多く，その部位ではとくに荷重が集中することが多いことから，流動やひび割れなどの破損が生じやすい傾向にある．したがって，耐流動性，はく離抵抗性などにすぐれた混合物を使用し，補修の頻度を少なくすることが望ましい．

④ 一般に，舗装は基層と表層の二層で構成されるが，縦および横の施工継目は重ならないように，それぞれ適当な間隔でずらす．

⑤ 基層と表層間の接着剤にはタックコートを使用する．タックコートには，一般にはアスファルト乳剤を用いてよいが，とくに強い接着力を必要とする場合はゴム入りアスファルト乳剤を用いる．タックコートの散布量は，散布する基面の粗さによって $0.3 \sim 0.6 \ l/m^2$ の範囲で選択する．

床版と基層の間には，接着層や防水層を設ける．また，基層は不陸などに対するレベリング層も兼ねるものとする．

① 橋面舗装の標準的な舗装構成として，舗装の厚さは $60 \sim 80 \ mm$ が標準である．表層は $30 \sim 40 \ mm$ とする場合が多く，基層は床版の不陸などの影響を考慮して表層より厚くすることがある．

② 表層には，密粒度アスファルト混合物，密粒度ギャップアスファルト混合物，排水性舗装用アスファルト混合物などを用い，基層には，コンクリート床版では粗粒度アスファルト混合物や密粒度アスファルト混合物などを用いることが多い．

　なお，近年，高速道路などでは，基層として強度の高い砕石マスチックアスファルト混合物を用いることが多くなっている.

③　歴青材料は，耐流動性やはく離抵抗性などを考慮した改質アスファルトを用いることが多い．そのほかに，エポキシ樹脂を添加した熱硬化性改質アスファルトなどを用いることもある.

5.5　床版防水の性能確認

5.5.1　床版防水の性能についての考え方

　現在，床版防水に限らず，社会基盤構造物の設計には，性能照査型設計を導入する動きが主流となりつつある．性能照査型設計とは，対象となるものに対して要求される性能が設定され，それを満足することを示す（照査する）という設計手法であり，これまでの設計法と異なる考え方である.

　これに対し，従来の設計法は，仕様設計とよばれる考え方を採用している．仕様設計では，対象物の性能（品質）を確保するために材料の品質や構造物の詳細構造，施工などに関して詳細な規準が設定されている．この考え方で物を設計する場合，非常に詳細な部分に関してまで規定が存在するために，どのような状況下でも同じ品質のものを大量に設計・施工するには有効であるが，この規定自体が障壁となり，対象物に関連する技術の進歩を阻害するという一面も併せもっている.

　基本的には，照査方法に関しての制限はないものと考えてもよいが，まったく新しいシステムを導入しようとする場合，それに見合った照査方法を提案者が用意する必要がある．現在の床版防水システムの性能確認においては，既存の試験方法だけではなく，新しく考案した試験方法による照査を提案し，実施している場合が多い．今後は，これらの新たに提案された試験法について，その性質，適用範囲を確認し，要求性能を満足することを照査するにはどのような組合せが有効かを検討したうえで，照査（実験）を実施することが重要である．ここでは，これまでに得られている床版防水システムの設計に関係する資料について簡単に紹介する.

5.5.2　道路橋鉄筋コンクリート床版防水層設計・施工資料 [4]
（日本道路協会，昭和62年1月）

　現在のところ，わが国において最も広く用いられている資料である．設計思想は仕様設計であり，この設計によってもたらされる床版防水は「現行タイプ」防水とよばれることが多い．この資料中で示されている防水層の一部には，これまでに不具合が報告されているものもあるため，自動車交通量の多い路線など，構造物にかかる負荷

が大きく，通行止めなどの処置が困難な場合においては，この資料中に示されている防水よりも高い性能を有している床版防水層を導入すべきである．とくに，この資料で提示されている品質は，あらゆる道路橋への使用を想定しているため，道路橋床版に施工する床版防水層の最低限の品質を示しているとみるべきである．

この資料中で示されているおもな確認項目を**表 5.5** に示す．

表 5.5 道路橋鉄筋コンクリート床板防水層設計・施工資料における評価方法の概要[4]
(評価方法中の JIS 規格に関しては資料公開当時の番号)

防水材料	確認項目	評価方法	備　考
シート系	厚さ・伸び率・低温可撓性・吸水膨張性・加熱収縮率	本四橋面舗装基準 (案) に準拠	貼付用アスファルトについても規定 (JIS K 2207, 2265) 標準値を記載
	耐アルカリ性・耐塩水性	JIS K 5400	
合成ゴム塗膜系	作業性・指触乾燥時間・不揮発分・引張強度・伸び率・耐屈曲性・耐アルカリ性・耐塩水性	JIS K 5400, 6021, 6839	－
アスファルト塗膜系	針入度	セメントコンクリート舗装要綱	標準値を記載
	軟化点・引張強度，伸び率・耐アルカリ性・耐塩水性	JIS K 2207, 5400, 6021	
舗装系防水材	針入度・軟化点・伸度・薄膜加熱質量変化率・三塩化エタン可溶分・引火点・比重	JIS K 2007, 2249, 2265	標準値を記載

5.5.3　防水システム設計・施工マニュアル (案)[1]
(日本道路公団試験研究所，平成 13 年 6 月)

道路公団試験研究所が，高速道路向けの床版防水の品質に関する要求性能を明示するために作成したマニュアル (案) である．これまでの資料とは異なり，設計耐用期間として 30 年を提示したこと，実際の道路公団管轄の高速道路における実橋のデータから要求性能を導き出していることなど，性能設計の考え方を強く打ち出しているマニュアルである．

ただし，性能照査方法に関しては，床版防水を提案する側に新たに提案させると負担が大きくなることを考慮して，試験方法を日本道路公団試験研究所規格 (JHERI) という形で決めている．

本マニュアル (案) における照査方法の概要を**表 5.6** に示す．

表 5.6 防水システム設計・施工マニュアル (案) の照査方法の概要 [1]
(「防水システム設計・施工マニュアル (案)」より抜粋)

性能照査の段階		試 験		負 荷	
施工方法		−		試験体製作	(JHERI-410-1)
初期性能の照査		防水性試験	(JHERI-410-10)	膨れ負荷	(JHERI-410-2)
		引張接着性試験	(JHERI-410-11)	はがれ負荷	(JHERI-410-3)
		せん断接着性試験	(JHERI-410-12)	舗設負荷	(JHERI-410-4)
耐久性能の照査	耐久性能Ⅰ	防水性試験	(JHERI-410-10)	温度変化および薬品負荷	(JHERI-410-5)
		引張接着性試験	(JHERI-410-11)		
		せん断接着性試験	(JHERI-410-12)		
		遮塩性試験	(JHERI-410-13)		
	耐久性能Ⅱ	① 移動輪荷重載荷試験機による試験			(JHERI-410-6)
		定点荷重載荷試験機による試験			(JHERI-410-7)
		② 防水性試験	(JHERI-410-10)	ホイールトラッキング負荷	(JHERI-410-9)
		引張接着性試験	(JHERI-410-11)		
		せん断接着性試験	(JHERI-410-12)		
		防水性試験	(JHERI-410-10)	ひび割れ負荷	(JHERI-410-8)
		③ 防水性試験	(JHERI-410-10)	ホイールトラッキング負荷	(JHERI-410-9)
		引張接着性試験	(JHERI-410-11)		
		せん断接着性試験	(JHERI-410-12)		
付加性能の照査		切削性の試験			
		環境適合性の試験			
		リサイクル性の試験			
		施工性の試験			

5.5.4 道路橋床版高機能防水システムの耐久性評価に関する研究報告書 [3]
(災害科学研究所, 平成 17 年 9 月)

現在のわが国における床版防水の性能照査のあり方について検討するために, 災害科学研究所において組織された「道路橋床版高機能防水システム研究委員会」(委員長:松井繁之・大阪大学教授 (当時)) において実施された一連の研究に関する報告書である.

この報告書では, わが国ではじめて「床版+防水層+舗装」の関係に着目した一連の研究を実施し, この三つがシステムとして有機的に機能するためにはどのような性能が必要であるのか検討を行っている. とくに, 輪荷重走行試験機や回転式舗装試験機などの, 従来では, 床版や舗装の性能評価のみに使用されてきた大型試験機を床版防水システムの性能評価に活用できること, ならびに各種の疲労試験や要素試験を実施し, その成果をもって試験方法の提案なども行っている.

現在は, データ数の蓄積が少ないと指摘されているものの, 今後, 試験結果の整備が順調に進めば, 標準手法として活用できる試験法を多く示している.

この報告書に提示された照査方法の概要を **表 5.7** に示す.

表 5.7 「道路橋床版高機能防水システムの耐久性評価に関する研究報告書」[3] に提示された照査方法の概要

段　階		目　的	負荷内容	性能照査項目
初期	基本性能	標準的なアスファルト混合物舗装による基本性能の照査	アスファルト混合物舗設時の温度負荷と転圧時の骨材押込みと移動	防水性能
				引張接着強度
				せん断接着強度
	適応性能	アスファルト混合物接着強度の温度依存性の照査	低 (高) 温度アスファルト混合物の低 (高) 温度環境での舗設	引張接着強度
				せん断接着強度
供用後(耐久性能)		大型車両の走行にともなう耐久性能の照査	ホイールトラッキング試験機での夏 (冬) 想定の走行負荷	わだち掘れ性能
				引張接着強度・保持率
				せん断接着強度・保持率
		ひび割れ追従性能の照査	疲労試験機による開閉疲労負荷と季節の温度変化	防水性能
		大型車両の走行にともなう舗装のわだち掘れ性能の照査	回転式せん断疲労試験機による床板と舗装間への水平方向の疲労負荷	使用限界寿命
				限界ずれ
				S–N 曲線

第6章　道路橋床版の維持管理

6.1　道路橋における床版の劣化損傷の現状

わが国における橋長 15 m 以上の道路橋の総数は，2005 年 4 月 1 日現在 148223 橋であり，総延長は約 9053 km である．このうち，鋼橋は 57583 橋 (総延長 4357 km)，RC 橋は 25978 橋 (総延長 1201 km)，PC 橋は 59206 橋 (総延長 2946 km)，その他の橋梁 (石橋，木橋など) は 5474 橋 (総延長 549 km) となっている．着目する橋梁を一般国道中のものに限定すると，図 **6.1** のようになり，鋼橋は 11180 橋 (総延長 1224 km)，RC 橋は 3047 橋 (総延長 182 km)，PC 橋は 8656 橋 (総延長 595 km)，その他の橋梁 (石橋，木橋など) は 689 橋 (総延長 156 km) となる [1]．

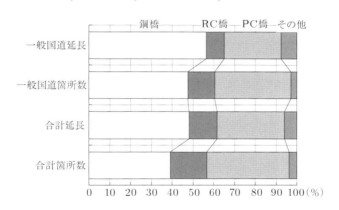

図 6.1　橋梁数・橋梁総延長における橋種別内訳

近年の新設橋梁では，図 **6.2** に示すように，PC 橋梁の数が大きな比重を占めているが，わが国における橋梁ストック全体をみれば，鋼橋の総延長は全体の橋梁総延長の 49 %，一般国道中に限定すれば全橋梁総延長の 56 % を占めており，橋梁架設数の傾向とは少し異なる．このような傾向の相違は，橋梁規模と橋梁種類の関係に起因すると考え，橋梁を長大橋梁 (橋長 100 m 以上) と中小橋梁 (橋長 15 m 以上，100 m 未

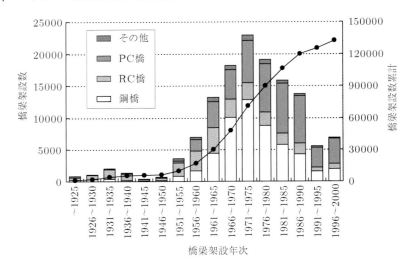

図 6.2　橋梁の架設数の推移

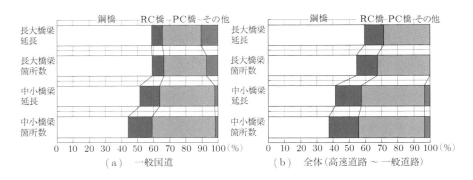

図 6.3　橋梁数・橋梁総延長における橋種別内訳 (橋梁規模で分類)

満) に分け，橋梁規模の違いによる橋梁種別の比率を整理したのが**図 6.3** である．道路橋においては，橋長が大きくなると鋼橋を選択する場合が多く，橋長が小さくなれば RC 橋や PC 橋のコンクリート系橋梁が多くなる．また，総延長では，鋼橋はコンクリート系橋梁を上まわる傾向にある．このことは，一般国道中の橋梁における鋼橋，RC 橋，PC 橋の平均橋長が，それぞれ 107.7，59.6，68.2 m となって表れている．

　道路橋には多種多様な損傷が発生する．とくに，鋼道路橋上部工に発生するおもな損傷とその発生部位は**表 6.1** のようになる．しかし，これまでの事例においては，これらのすべてが重大な損傷に結びつくわけではなく，橋梁の架替えに至るような深刻な損傷はこのうちの一部である．既往の研究により報告されている橋梁の架替え理由

表 6.1　鋼道路橋上部工におる劣化損傷と発生部位

損傷名	おもな発生部位
腐　　　食	鋼部材全般 (桁端部や支承部周辺，鋼主桁下フランジなど)
疲労亀裂	主桁・横桁取合い部，主桁・対傾構取合い部，主桁腹板切欠き部，下横構取付けガセット部
緩み・脱落	ボルト設置箇所 (腐食・振動)
変　　　形	高欄・防護柵など (車両等の衝突)，鋼主桁など (外力の作用)
塗装劣化	塗装箇所全般
ひび割れ	床版，高欄などコンクリート使用部位
はく離 (はく落)	
鉄筋露出	
豆板・空洞	
遊離石灰	

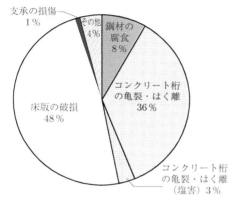

図 6.4　道路橋の架替え理由となった損傷の内訳

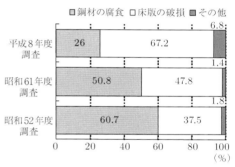

図 6.5　鋼道路橋における架替え理由となった損傷の内訳 (昭和 52 年〜平成 8 年)

となった道路橋上部工の損傷内訳を**図 6.4** に示す[2]．この図を見ると，道路橋全体では床版の破損が 48 ％で最も多く，ついでコンクリート桁のひび割れ・はく離 (36 ％)，鋼材の腐食 (8 ％) の順番になっている．とくに，鋼道路橋の上部工に関して損傷を調べた場合，その内訳は**図 6.5** に示すように「鋼材の腐食」と「床版の破損」で常に全体の 98.2 〜 93.2 ％ を占めている．しかし，その比率は時代とともに変化しており，昭和 52 年当時は腐食が 60.7 ％，床版の破損が 37.5 ％の割合であったのに対し，平成 8 年には腐食が 26 ％，床版の破損が 67.2 ％と完全に逆転している．床版の破損は疲労によるものが多いため，経過年数が増加するにつれて損傷が加速度的に増加しているようである．よって，床版損傷は道路橋の維持管理および LCC (ライフサイクルコスト：設計寿命期間中に発生する全コストの総和) 算定の主要な着目要素となっている．

6.2　構造物の維持管理の基本

　構造物の維持管理の基本は,「みる」に始まり「みる」に終わるといえる. 漢和辞典で「みる」を調べると「視る」「診る」「看る」などの文字が出てくる.「視る」は調査することを,「診る」は原因・状況を診察・診断することを示し, 最後の「看る」は原因や状況に見合った補修・補強を行うことを意味している. また、構造物の点検で必要な「廻る」「巡る」という字も「みる」と読むことができ, 英語の patrol に該当する. すなわち, この五つの「みる」は構造物の維持管理に深く関係する言葉であり, 言い換えれば, 構造物の維持管理は「視る, 診る, 看る」に始まり「廻る, 巡る」に終わる過程の繰り返しといえる.

6.2.1　維持管理の基本的な考え方

　社会基盤として整備される構造物は, 事故や地震による異常荷重を受ける場合以外では, **6.1 節**で述べたような損傷が発生しても急激にその性能を失うことはなく, 比較的長期にわたり徐々にその性能を喪失する傾向にある. このため, 構造物の各構成要素に発生した損傷などの状況を定期的に点検調査し, 損傷状態の把握とそれにともなう要素の健全度について正確な診断を行う必要がある. すなわち, 各構造要素について損傷の進行速度を含めた性状の特定を実験的検証データや解析的データにもとづいて行う必要がある.

　構造物の損傷劣化は, 概念的には**図 6.6** に示すような劣化曲線で進むといえる[3]. ある時点で行われた 1 回目の点検・調査の結果, 判定された構造要素の健全度が P_0 であったとするとき, 次の回の点検・調査において確認される状況が P_1, P_2, P_3 のいずれかになるが, 残存寿命との関係からその損傷に対する対策の取り方を変える必要がある.

　状態が P_1 の点であると確認できた場合, その健全度はほとんど低下していないと

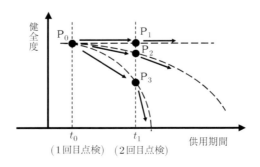

図 6.6　点検結果 (健全度) の変化

判断され，点検した事実を記録して次回の定期点検まで放置してよい．P_2 の点であると判断された場合には，追跡点検や詳細調査の実施，または次回点検までの期間を短縮するなどの対策を検討する．また，予防保全的な対策を行って劣化速度の鈍化を図ることも考えられる．P_3 であると確認された場合には，その構造要素は危険な状態にあると判断し，早急に補修や補強などの対策を実施し，健全度を回復する．

　また，P_3 の状況において，補修や補強による対策ではその構造要素の健全度を長期にわたって維持できないと判断される場合には，新規構造要素への更新を考えることも LCC を少なくする方法として有効である．ただし，この場合，補修や補強対策と比較して，経済的，社会的負担が大きくなることが予想されるので，事前に必要となる予算の確保や更新に関する関係機関との合意形成が必須となる．

　これらの手順を踏んで更新を実施するまでの間にも重大事故が発生する可能性が高い場合には，要素の更新を前提とした最低限の補修や補強を実施する必要がある．さらに，数種類の構造要素が同じような劣化状態にある場合には，全体構造物を更新することも視野に入れる必要がある．

6.2.2　維持管理の手順

　上記のような，社会基盤構造物の健全度に関する点検調査・診断から対策の決定に至るまでの一連の作業をより円滑に進めるためには，社会基盤の維持管理活動の要素である，

① **点検**：日常点検，定期点検，臨時点検など
② **診断**：机上調査，詳細調査，解析調査にもとづく評価
③ **対策**：補修，補強の計画と実施，その後の追跡点検・調査
④ **記録**：上記活動ごとに管理台帳やカルテへの記入，データベースへの登録，
　　　　　　次期点検時期の記録

の各作業を適切に実施するとともに，データベースを核として管理機関管内の構造物をグループ別に，あるいは全体を有機的に結びつけて，適切かつ効率的な維持管理が行えるようなシステムの構築が要望されている．橋梁の場合，このようなシステムをブリッジマネジメントシステム (BMS) とよんでいる．

　以上の維持管理手順を模式的に**図 6.7** に示す[4]．

　さらに，近年の維持管理においては，単純に対象とする構造要素の要求性能を指標として，その水準を維持するだけでなく，継続的に進められる維持管理において発生する直接コストを最小化させることが要求される．さらに，最近では，直接的経費以外に，社会全体が負担する間接的な負のコストについても算定し，管理対象となっている構造物全体について，LCC を最小化すべきであるという考えが主流となってい

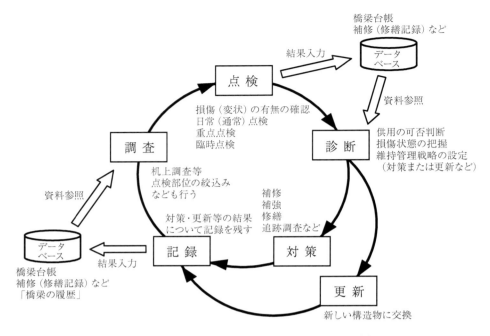

図 6.7 更新を含めた橋梁の維持管理作業サイクル [4]

る [3]．**図 6.8** は供用期間中における橋梁性能とコストの総和の推移をイメージ図として示したものである．この図中に示されているコストは，**式 (6.1)** により与えられている．

$$LCC = I + M + R \tag{6.1}$$

ここに，LCC ：全コストの総和
$\quad\quad I$ ：イニシャルコスト (建設費)
$\quad\quad M$ ：維持管理費
$\quad\quad R$ ：撤去費

社会基盤構造物は，その構造物が社会的に必要とされ続ける限り，あるいは構造物もしくはその機能を破棄してもよいというコンセンサスを得られない間は，常にその機能をある一定のレベルで維持し続けなければならない．このような原則があるため，社会基盤の維持管理に関係する一連の作業において，「終点あるいは終局」といえる状態を設定しても，実際にはその状態に至ることはほとんどない．維持管理作業は管理対象の機能が必要とされ続ける限りにおいて，連綿と続くものであり，**図 6.7** に示すようなサイクルを適当な期間ごとに一巡するものである．劣化が激しく，適切な補

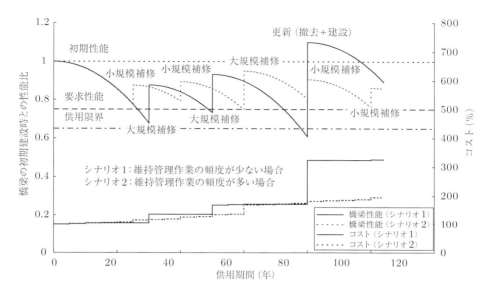

図 6.8　性能とコストの推移 (イメージ図)

修・補強対策がみつからない場合には，更新といったループを飛び出す決断を実行する必要がある．そして再び，維持管理ループに戻らなければならない．

6.2.3　構造物の劣化要因の特定と劣化機構の推定

　構造物の損傷劣化を観察した場合，同じ種類の劣化であっても要因が異なることがある．また，複数の要因が複合している場合も多い．これらの要因が特定できれば，その要因ごとに劣化機構が異なることから，外観上現れる損傷状態や劣化の進行速度の違いを，経験則，実験，解析などによって説明できると考えられる．

　劣化要因の特定と劣化機構の推定には，点検結果から変状の種類，状況，発生位置，範囲を正確に把握し，構造物の環境条件や使用条件を主体とする外的要因も把握する必要がある．ただし，初期点検では，目視による点検が主体となるため，外観の変状や外的条件も比較的定性的である場合が多い．したがって，初期点検のみでは劣化機構の推定が困難な場合が多く，さらに詳細調査を実施し，劣化指標などから劣化機構を絞込み，検討しなければならない．

　とくに難しいのがコンクリート構造物の損傷劣化である．参考として，コンクリート標準示方書・維持管理編[5] に示されている劣化機構と劣化要因，劣化現象，劣化指標の関連を**表 6.2** に，環境条件，使用条件から推定される劣化機構を**表 6.3** に示す．また，ひび割れ現象と劣化原因との関係を**表 6.4** に示す．劣化要因の推定の手順は，

まず外的要因でスクリーニングし，次に使用材料や施工などの内的要因を組み合わせて推定するのが一般的である．この場合，**表 6.2** の関連性などを用いて推定結果の妥当性を評価するとよい．おもな劣化機構による損傷の外観上の特徴をまとめると以下のようである．

① **中性化**：鉄筋軸方向のひび割れ，鉄筋のかぶりコンクリートのはく離
② **塩害**：鉄筋軸方向のひび割れ，錆汁，コンクリートおよび鉄筋の断面欠損
③ **凍害**：微細ひび割れ，スケーリング，ポップアウト，変形
④ **化学的侵食**：変色，コンクリートはく離
⑤ **アルカリ骨材反応**：膨張ひび割れ (拘束方向，亀甲状)，ゲルの析出，変色
⑥ **疲労 (道路橋床版)**：格子状ひび割れ，角落ち，遊離石灰

表 **6.2**　劣化機構と要因，指標，現象の関連

劣化機構	劣化要因	劣化のメカニズム	劣化指標
中性化	二酸化炭素	二酸化炭素がセメント水和物と炭酸化反応を起こし，細孔溶液中の pH を低下させることで，鋼材の腐食が促進され，コンクリートのひび割れやはく離，鋼材の断面減少を引き起こす劣化現象	中性化深さ 鋼材腐食量
塩害	塩化物イオン	コンクリート中の鋼材の腐食が塩化物イオンにより促進され，腐食金属の体積膨張によりコンクリートのひび割れやはく離，鋼材の断面減少を引き起こす劣化現象	塩化物イオン濃度 鋼材腐食量
凍害	凍結融解作用	コンクリート中の水分が凍結と融解を繰返すことによって，コンクリート表面，とくに角からスケーリング，微細ひび割れおよびポップアウトなどの形で劣化する現象	凍害深さ 鋼材腐食量
化学的侵食	酸性物質 硫酸イオン	酸性物質や硫酸イオンとの接触によりコンクリート硬化体が分解したり，化合物生成時の膨張圧によってコンクリートが劣化する現象	劣化因子の浸透深さ 中性化深さ 鋼材腐食量
アルカリ骨材反応	反応性骨材	骨材中に含まれる反応性シリカ鉱物や炭酸塩岩を有する骨材がコンクリート中のアルカリ性水溶液と反応して，コンクリートに異常膨張やひび割れを発生させる劣化現象	膨張量 (ひび割れ)
床版の疲労	大型車通行量 (床版諸元)	道路橋の鉄筋コンクリート床版が，輪荷重の繰返し作用によりひび割れや陥没を生じる現象	ひび割れ密度 たわみ
梁部材の疲労	荷重の繰返し作用	鉄道橋梁などにおいて，荷重の繰返しによって，引張鋼材に亀裂が生じて，それが破断に至る劣化現象	累積損傷度 鋼材の亀裂長

表 6.3　環境条件，使用条件から推定される劣化機構

外的要因		推定される劣化機構
地理的環境条件	海岸地域	構造物の側面の塩害
	寒冷地域	凍害，床版上面塩害，高欄・地覆内側の塩害
	温泉地域	構造物表面の化学的侵食
物理的・化学的使用条件	乾湿繰返し	アルカリ骨材反応，塩害，凍害
	凍結防止剤使用	塩害，アルカリ骨材反応
	繰返し荷重	疲労
	二酸化炭素	中性化
	酸性水	化学的侵食

表 6.4　ひび割れ現象と原因の関係

ひび割れの分類		不適切な骨材	水和熱	収縮	施工	構造
ひび割れの発生状況	不規則	○	−	−	○	−
	規則的	−	○	○	−	−
	網状	○	−	○	○	−
ひび割れ発生時期	若材齢	○	○	○	○	−
	ある程度以上の材齢	○	−	○	−	○

6.3　床版の維持管理

6.3.1　床版の損傷過程

　道路橋 RC 床版のひび割れ劣化についてはすでに第 2 章で詳述した．重複するが，局部的な陥没に至るまでの典型的なひび割れ進展について概念的に図示したのが図 **6.9** である．

（a）　一方向ひび割れの発生

（b）　二方向ひび割れの発生

（c）　ひび割れ網の発達と角落ちの発生

（d）　床版の陥没

図 6.9　床板下面ひび割れの進展

これらの進展は，供用期間の経過とともに進行するので，疲労現象として認識されている．橋面上の交通量が多く，大型車の混入率が大きい場合には早い速度で進展が進む．最終破壊まで放置すると大きな事故を引き起こすおそれがあるので，通常は定期的な点検・調査を行い，健全度あるいは劣化度を判定し，できるだけ早期に補修や補強を行って進行を遅らせる対策を施している．

以下にこれらについて順を追って説明する．

6.3.2　点検・調査（視る）

（1）　ひび割れの目視点検

目視点検は，床版の維持管理において最も簡単な点検法であると同時に，最も広く行われている手法である．この手法では，床版のひび割れが進展する過程が実橋ならびに輪荷重走行疲労試験で**図 6.9** のようになるとの経験に立脚し，床版の劣化程度を推定する．すなわち，床版下面のひび割れ特性により劣化度を判定する方法で，「ひび割れ法」とよばれるものである．本判定法は，国土交通省，旧日本道路公団，旧阪神高速道路公団などで採用されており，概括すると**表 6.5** のようになる．

表 6.5　ひび割れ法における平均的な劣化度の判定基準

ひび割れ特性	劣化ランク				
	0	I	II	III	IV
平均ひび割れ間隔 (I)	$I \geqq 1$ m	$I = 0.6 \sim 1$ m	$I = 0.4 \sim 0.6$ m	$I = 0.2 \sim 0.4$ m	$I \leqq 0.2$ m
ひび割れ密度 (D)	$D \leqq 1$ m/m²	$D = 1 \sim 3$ m/m²	$D = 3 \sim 5$ m/m²	$D = 5 \sim 7$ m/m²	$D \geqq 7$ m/m²
ひび割れ幅 (W)	ヘアークラック	おもなひび割れが $W \leqq 0.1$ mm	$W = 0.1 \sim 0.2$ mm	おもなひび割れが $W = 0.2$ mm	おもなひび割れが $W \geqq 0.2$ mm
ひび割れパターン	一方向	一または二方向	二方向	格子状	格子状
表面状態	良好	良好	・水漏れ ・遊離石灰浸出	・水漏れ ・遊離石灰浸出 ・亀甲状ひび割れ	・水漏れ ・遊離石灰浸出 ・連続的な亀甲状ひび割れ ・欠落ち ・舗装の陥没

床版下面に入ったひび割れが一方向に入っているのか，二方向（または網目状）に入っているのかにより劣化の程度を判断するとともに，床版下面において単位面積中に発生しているひび割れの総延長量，すなわち，「ひび割れ密度」を求めて，劣化ランクを数値的に評価している．さらに，劣化には雨水の影響が大きいため，雨水の浸透程度がわかるひび割れに沿った遊離石灰などの沈着状況を損傷ランクの判定に考慮するのが一般的である．

点検対象の床版に接近できる場合には，床版に発生しているひび割れの幅を簡単に

はクラックゲージフィルムで，詳細には読微鏡とよばれる光学機器を用いて計測しておき，コンクリート標準示方書などで提示されている許容ひび割れ幅を上まわっているか否かについても判定することがある.

（2） ひずみの計測

鉄筋やコンクリートのひずみを床版の健全度評価に用いるよう明文化した規定はない．しかし，ひずみ計測は，通常点検や緊急点検において重大な損傷と疑われる変状が現れた場合や，補修・補強工法の効果確認，あるいは重要路線における橋梁管理に用いる初期データの収集の際などに採用されることが多い.

この方法は，現場において床版内の鉄筋をはじめとする鋼材や床版上下面のコンクリート表面に，ひずみゲージなどのセンサーを取り付けて特定部位に発生するひずみを計測し，その絶対値，およびひずみ値から計算される中立軸位置によって床版の劣化状態を推測するものである.

本方法は，床版の形式や境界条件の影響を顕著に受けるので，事前あるいは事後に調査対象橋梁の数値解析を実施し，実測ひずみを床版の劣化状態を仮定した理論ひずみと比較して検討しなければならない．このためには，複数箇所でひずみを計測することが肝要である．しかし，現場実験や解析調査に要する費用や時間的な負担が大きくなるため，道路各機関において一般的な手法として採用されるには至っていない.

ひずみを計測する場合の注意事項としては，以下の点が考えられる.

① 試験車の載荷によって床版下面のコンクリートに新たなひび割れが入ることが想定されるので，ひび割れが発生しないと予想される点にもゲージを貼ることが肝要である.

② 鉄筋などの鋼材にひずみゲージを設置する場合，ひずみ計測値がゲージ周辺のひび割れの分布状況に影響される可能性があり，ひび割れの有無による変動が大きい．よって，ひずみはできるだけ複数箇所で計測し，分布状況を把握できるようにするのがよい.

③ 床版内部の鉄筋のひずみを計測する場合には，かぶり部分のコンクリートをはつり落とす必要が生じる．この場合，前記のように周辺コンクリートの状態の影響を受ける．よって，はつり範囲は極力小さくなるようにしなければならない.

（3） たわみの計測

前項で紹介したひずみと同様，床版のたわみも床版の健全度評価に用いるよう明文化した規定はない．しかし，たわみ測定は構造物に傷を与えないで行えるので，床版の維持管理において，ひずみ以上に多用される．とくに，重大な損傷が疑われる床版の剛性の評価や補修工法の効果確認に多用される傾向が強い．この理由として，以下

のものが考えられる.

① 床版のたわみは簡単・直接に計測でき，床版の剛性評価において，信頼性，確実性が高い.

② 床版の上面もしくは下面にセンサーを配置して計測を実施するが，床版のコンクリートなどを傷つけることがない.

③ 既往の研究で，計測された実測たわみと理論たわみを用いた劣化度などの指標で，床版の健全度を評価することができ，それまでの荷重履歴にかかわらず，おおよその床版の状態を知ることができる.

たわみ計測を行う際の注意事項としては，次のようなものがあげられる.

① たわみ計を設置する治具の剛性が低い場合や設置方法が適切でない場合には，計測値の信頼性が低下する.

これまで数多くの機関で床版のたわみ計測が行われたが，計測値のばらつきが大きく，その成果があまり公表されていない. その理由として，たわみ計測に用いた変位計の精度に問題があるのではなく，それを取付ける治具架台に問題がある場合が多い. **図 6.10** にたわみ計測に使用された治具の一例を示す[6].

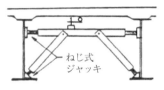 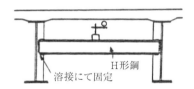

（a） ねじ式ジャッキを用いた　　　　（b） 横梁をスチフナーに固定した
　　　測定装置　　　　　　　　　　　　　　測定装置

図 6.10　既往のたわみ測定装置

一つは支持架台の端部を主桁に密着させ，架台の振動を防ぐためにねじ式ジャッキを装着したものである. もう一つは横梁を垂直スチフナーに溶接にて固着したものである. 一見，両架台とも主桁と固着しているため，架台の振動は少なく安定しているように見える. しかし，橋梁にトラック荷重が作用すると断面は**図 6.11** のように変形する. この変形が治具架台に伝わり，治具を変形させる. 床版のたわみは 1 mm 程度の小さな量であるので，このような変形による測定誤差は非常に大きなものになってしまう.

このような欠点を補うには，橋梁の断面変形が治具架台に伝わらないようにすることが肝要であり，松井ら[6] は，**図 6.12** に示すような門形フレームを主桁フランジ上に単純支持で乗せる構造を提案している. 本装置では，片端を万力など

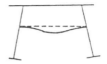

（a）　主桁の不等沈下　　　（b）　腹板の面外曲げ　　　（c）　主桁のねじり変形
　　　による断面変形　　　　　　　による断面変形　　　　　　　による断面変形

図 6.11　橋梁断面の変形概念図

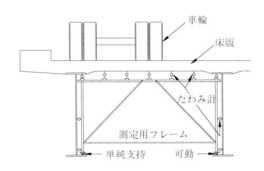

図 6.12　たわみ測定装置

で軽く締めることによって水平方向の移動が止められる.

② 　たわみ計を設置するために治具架台が大きくなり, 設置に時間がかかる.

　直接床版に細いワイヤーを付け, それに錘をぶら下げ, その錘の下にダイアル
ゲージを取り付けて計測する方法がある. この装置を用いて床版たわみを計測し
ようとする場合は, 桁のたわみも同時に計測するため, それを差し引く必要があ
る. 一見, 簡単そうに見えるが, 風のある場合にはケーブルの風による変形で誤
差が発生するため, 注意を払う必要がある.

③ 　たわみ計測のために, 大型トラックなどの重量車を載荷させるが, 測定時のタ
イヤの位置を正確に計測しなければならない.

　この載荷位置の測定精度を上げることは簡単であるが, 静的載荷に時間がかか
り, 交通量の多い橋梁で実施する場合, 長時間の交通止めはなかなか許可されな
い. これを解決する方法として, たわみを動的に計測することがある. トラック
を一定速度で走らせて計測するもので, たとえば3軸車の場合, 二つの山が計測
される. この場合, 後の山の最大値が後輪2軸によるものであり, 高精度で計測
できる場合が多い.

（4）　ひび割れの挙動計測

　コンクリート床版に発生しているひび割れは，種々の断面力の作用を受けて複雑な動きを示す．すなわち，1 本のひび割れに着目すると，そのひび割れに平行な断面に作用する曲げモーメントの作用によってひび割れが開閉する動き，ひび割れをはさむ両側のコンクリートがせん断力の作用によって鉛直方向にずれる動き，さらに，ねじりモーメントの作用によってひび割れに沿ってコンクリート塊が水平方向にずれる動きの 3 種類の動きを示す [7]．

　図 **6.13** は，矩形床版の中央を輪荷重が移動する場合の断面力の影響線を模式的に示したものである．この図によると，配力鉄筋断面に作用するせん断力とねじりモーメントは交番して作用する断面力であり，ほかの断面力はほぼ同一符号で変動する断面力である．前記二つの交番する断面力は，鉛直および水平方向のずれを誘起させるとともに，交番することにより，ひび割れに対してはほかの断面力とは違い 2 倍の振幅で作用するので，ひび割れ面の摩耗を促進する．この二つの断面力の作用によって，初期載荷により発生した橋軸直角方向の曲げひび割れは貫通ひび割れへと進展し，床版が梁状化する劣化現象を呈する．

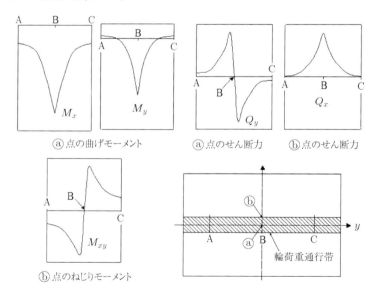

図 6.13　輪荷重の移動による断面力の影響線

　したがって，床版のひび割れ損傷の進行度を評価する一つの方法として，ひび割れの動きを正確に測定し，評価することが有効と考えられる．この測定方法について，松井 [8] は，**写真 6.1** に示すような三方向変位計を開発した．測定値に対して，貫通

写真 6.1 三方向変位計

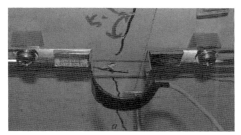

写真 6.2 パイゲージを用いたひび割れ開閉量計測

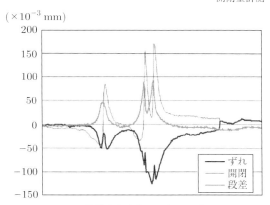

図 6.14 橋軸直角方向ひび割れの計測結果

ひび割れなどが発生していない状態での理論値，すなわち，引張側コンクリートを無視した剛性による解析ひずみから想定されるひび割れの開閉量およびずれ量を求め，測定値がそれより小さい場合，床版はまだ健全状態であると評価できる．

　図 **6.14** は，橋軸直角方向ひび割れを計測した事例である．三つのピーク値の波形は 3 軸トラックが走行した場合の結果であるが，この図において，ひび割れの鉛直方向ずれ，すなわち，段差の動きに着目すると，自動車が到着する前のゼロレベルと通過後のゼロレベルに差異が認められる．このような差異が現れるのは，このひび割れがすでに貫通ひび割れに達していることを示しており，この部位の床版は，**3.4.5 項**で定義された使用限界状態をすでに超過しているものと判断できる．

　ひび割れ開閉量・段差量の計測にあたっては，前述の三方向変位計を使用するのがよいが，一つの動きだけに着目する場合や測定するひび割れ数を多くしたい場合には，**写真 6.2** および**写真 6.3** に示すパイゲージを利用して計測を行ってもよい．ただし，このような場合，パイゲージ両端の支持間隔が異なることによる出力差が**図 6.15** のように出るので，その補正処理を行う必要がある．

写真 6.3　パイゲージを用いた
ひび割れの段差計測

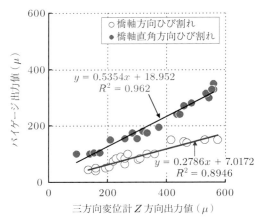

図 6.15　三方向変位計とパイゲージの比較

また，ひび割れの挙動は動的に載荷しているときと静的に載荷しているときとでは大きく異なるので，一般には，動的に計測を行うのを基本とする．

（5）　その他の手法の活用

ひび割れの深さを調べる場合などで，超音波伝播速度をある 2 点間で測定する方法がある．ひび割れがない場合には最短の水平方向に伝播するが，ひび割れが存在するとその先端を通過する三角形の 2 辺を伝播し，到達時間が長くなる．このため，両者の到達時間の差によってひび割れの深さが計測できる．

また，2 点間で周波数の高い衝撃弾性波を伝播させ，受信側の減衰特性をみて，内部ひび割れの多さ，ひいては床版の全体の劣化程度を推定することもできる．ただし，本手法はまだデータが少ないため，信頼性の面で課題が多い．

6.3.3　劣化ランク判定 (診る)

（1）　各道路機関で規定されている劣化ランク判定法 [9]

各道路機関では，床版の劣化に対して独自の劣化ランキング規定をもっている．国土交通省の規定を例にあげると，**表 6.6** のようなものであり，劣化要因には施工に起因するもの，環境劣化によるもの，交通荷重によるものが考えられるが，劣化度の判定は，床版下面に発生しているひび割れの目視点検結果で行うことになっている．このうち，ひび割れによる判定は，床版の使用限界までの劣化がおもに曲げモーメントの作用によるとの考えから導き出されたものと思われる．この方法は，経験にもとづくもので，科学的でないとの批判もあるが，次節で述べるように，輪荷重走行試験機による疲労実験結果からみても一応は妥当な判定といえる．

表 6.6　国土交通省の床版劣化ランキング基準

（a）健全度の判定基準

判定区分	判定の内容
A	損傷が認められないか，損傷が軽微で補修を行う必要がない
B	状況に応じて補修を行う必要がある
C	すみやかに補修などを行う必要がある
E1	橋梁構造の安全性の観点から，緊急対応の必要がある
E2	その他，緊急対応の必要がある
M	維持工事で対応する必要がある
S	詳細調査の必要がある

（b）はく離・鉄筋露出に関する損傷区分

区分	一般的状況
a	損傷なし
b	－
c	はく離のみが生じている
d	鉄筋が露出しているが，鉄筋の腐食は軽微である
e	鉄筋が露出しており，鉄筋が著しく腐食している

（c）漏水・遊離石灰に関する損傷区分

区分	一般的状況
a	損傷なし
b	－
c	ひび割れから漏水が生じているが，錆汁や遊離石灰はほとんど見られない
d	ひび割れから漏水が生じているが，錆汁はほとんど見られない
e	ひび割れから著しい漏水が生じている，あるいは漏水の著しい錆汁の混入が認められる

（d）抜け落ちに関する損傷区分

区分	一般的状況
a	損傷なし
b	－
c	－
d	－
e	コンクリート塊の抜け落ちがある

表 6.6　国土交通省の床版劣化ランキング基準 (つづき)

(e) 床版のひび割れに関する損傷区分

区分	ひび割れ幅に着目した程度	ひび割れ間隔に着目した程度
a	[ひび割れ間隔と性状] ひび割れは主として一方向のみで，最小ひび割れ間隔が概ね 1.0 m 以上 [ひび割れ幅] 最大ひび割れ幅が 0.05 mm 以下 (ヘアークラック程度)	
b	[ひび割れ間隔と性状] 1.0 ～ 0.5 m，一方向が主で直交方向は従，かつ格子状でない [ひび割れ幅] 0.1 mm 以下が主であるが，一部に 0.1 mm 以上も存在する	
c	[ひび割れ間隔と性状] 0.5 m 程度，格子状直前のもの [ひび割れ幅] 0.2 mm 以下が主であるが，一部に 0.2 mm 以上も存在する	
d	[ひび割れ間隔と性状] 0.5 ～ 0.2 m，格子状に発生 [ひび割れ幅] 0.2 mm 以上がかなり目立ち，部分的な角落ちも見られる	

　床版の劣化は，主として大きな輪荷重で走行する大型トラックによる疲労現象であるが，これが雨水のひび割れへの浸入により加速されることは**第 2 章**で述べたとおりである．旧日本道路公団では，この雨水の影響が高速で自動車が走行する高速道路ではとくに大きいと判断され，**表 6.7** に示すような漏水ひび割れ法とよばれる遊離石灰をともなう場合の判定基準を設けている．床版下面での漏水ひび割れが一方向のもの，二方向になったもの，そして二方向のひび割れでは，ひび割れ間隔によって損傷ランクを分類している．さらに，漏水部において白い遊離石灰の沈着部にコンクリートの粉が混じって黄色に変色している場合は，陥没がいつ起こってもおかしくないとの考えで，緊急補修すべきランクに位置づけている．国土交通省でも，**表 6.6 (c)** に示すような漏水に対する判定基準を平成 16 年度に追加している．

　また，名神高速道路の研究委員会では，床版の劣化が進むと上面の舗装の劣化速度が速まるとの経験から，舗装の変状を床版の損傷度判定に取り込んだ基準も作成されている．ほかの高速道路機関でも同様の考えで，舗装の観察が行われている．

表 6.7 旧日本道路公団の漏水ひび割れ法による損傷度判定基準

損傷度	床版の状況			判定の標準
	遊離石灰をともなっている場合		遊離石灰をともなっていない場合	
A	一般部	遊離石灰が二方向に発生しており，両方向ともその間隔が 50 cm 以下で，かつ遊離石灰が泥水，錆汁で変色している．また「B」でその進行が早いもの	はく離：径 50 cm 以上の範囲にある 鉄筋の露出：主鉄筋が 50 cm 以上の範囲に露出している 豆板，空洞：径 50 cm 以上の範囲にある	損傷が著しい 緊急な補修が必要
	継目部	施工継目部において，遊離石灰が泥水，錆汁で変色している		
B	一般部	遊離石灰が二方向に発生しており，両方向ともその間隔が 50 cm 以下で，その色が白いもの．また「C」でその進行が早いもの	はく離：径 10 〜 50 cm の範囲にある 鉄筋の露出：主鉄筋が 50 cm 以下の範囲に露出している 豆板，空洞：径 10 〜 50 cm の範囲にある	損傷が大きい 早急な補修が必要
	継目部	施工継目部において，遊離石灰が発生しており，その色が白いもの		
C	遊離石灰が二方向に発生しており，片方向のひび割れ間隔が 50 cm 以上 (亀甲状となっていない，またはその間隔が大きい)．また「D」の損傷度でその進行が早いもの		はく離：径 10 cm 以下の範囲にある 豆板，空洞：径 10 cm 以下の範囲にある	損傷が大きくなりつつある 適時な補修が必要
D	遊離石灰が一方向に発生している		−	損傷は小さい 定期的な点検が必要
E	遊離石灰が一方向に発生していない		−	−

（2） 輪荷重走行試験によって得られた劣化度判定法 [10]

（a） たわみによる劣化度判定法

本評価法の概要を **3.4.7 項**に示したが，ここでは，その背景について詳述する．

輪荷重走行試験機による走行荷重を受ける床版は，走行回数の増加とともにひび割れが増加し，さらにひび割れ面の摩耗によって曲げ剛性ならびにせん断剛性が低下するが，その結果として，床版のたわみにその剛性低下の影響が反映される．輪荷重走行試験による実験結果の一例を**図 6.16** に示すが，載荷初期のたわみの急激な増加は載荷初期における曲げひび割れの発生によるものである．その後，安定した漸増状態を経過し，最終破壊近くになると再びたわみの増加速度が増しはじめ，たわみの急増の後，最終的に押抜きせん断破壊する劣化過程を示している．実験では，このたわみ変化曲線における安定漸増期からたわみが再増加する時点あたりでひび割れが貫通し，ひび割れ面の劣化が進行しはじめ，ひび割れからコンクリート粉などが落下することが認められる．よって，この時点をもって床版の使用限界と考えることができる．そして，その時点の活荷重たわみを弾性理論による板解析値と比較すると，多くの実験結果において，引張側コンクリートを無視した断面剛性による解析値とほぼ一致する

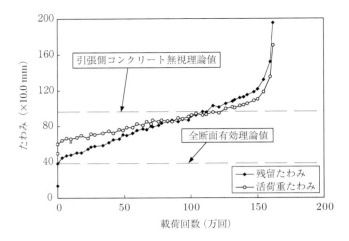

図 6.16　輪荷重走行試験における載荷繰返し数によるたわみ変化状況

ことが確認された.

　載荷当初の静的載荷時のたわみは, 当然, コンクリートの全断面を有効とした剛性による解析値に一致することから, 松井らは, たわみにより床版の劣化度判定が行えるとして, **式 (6.2)** を判定式として提案している.

$$D = \frac{w - w_0}{w_c - w_0} \tag{6.2}$$

ここに, D ： 劣化度 $(0 \leqq D \leqq 1)$
　　　　w ： 床版中央におけるたわみ (実測値)
　　　　w_0 ： コンクリートの全断面を有効とみなしたときの床版中央におけるたわみ (計算値)
　　　　w_c ： 引張側コンクリートを無視したときの床版中央におけるたわみ (計算値)

　実橋床版にこの判定式を使用する場合, 計量したトラックを実橋床版に載荷してたわみを計測するとともに, 版剛性を変えた二つの理論値を解析によって求める必要がある. このため, 本劣化度評価法ではたわみの実測に費用と時間を要するだけでなく, 解析においても構造条件や境界条件が複雑な実橋では FEM 解析などを使用する必要があり, 費用を要する. 以上の理由から, たわみによる劣化度判定はそれほど多くは活用されていない. しかし, 橋梁形式が複雑な場合や判定に正確性が要求される場合には, 本方法の利用が薦められる.

（ｂ） ひび割れ密度による劣化度判定法

本評価法についても前記（ａ）項と同様，その概要を **3.4.7 項**に示しているが，以下にその背景について述べる．

前記（ａ）項に示したように，たわみによる劣化度評価は費用と手間を要するため活用度が低い．そこで，松井は，このたわみによる劣化度評価法とひび割れ密度との関係について調査検討を行い，ひび割れ密度を用いた劣化度評価法の妥当性について検討した．すなわち，輪荷重走行試験機による疲労実験結果において，たわみの走行回数に対する変化状況は**図 6.16** に示すようなものであったが，ひび割れ密度の増加傾向もたわみの増加傾向と類似した傾向を示す．このことから，任意の測定回数におけるひび割れ密度を使用限界時のひび割れ密度で除した値をひび割れ密度による劣化度と定義し，実験床版の結果について，ひび割れ密度による劣化度とたわみによる劣化度との関係を求めてみると，**図 6.17** のようになることがわかった．すなわち，たわみによる劣化度が $0 \sim 1.0$ までの間は，ひび割れ密度による劣化度と増加傾向がほぼ一致することが認められた．

そこで，この傾向が実橋でも成立するか否かを確認するため，12 橋についてデータ

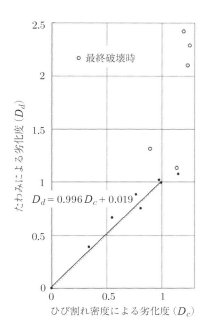

図 6.17 たわみによる劣化度とひび割れ密度による劣化度の相関

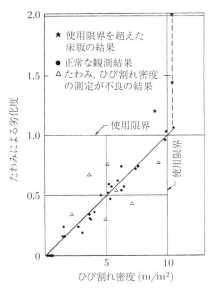

図 6.18 たわみによる劣化度とひび割れ密度の関係

収集が行われ，その結果，実橋では最終のひび割れ密度がほぼ $10 \, \text{m/m}^2$ になることが判明するとともに，ひび割れ密度による劣化度の分母にこの値を採用した場合も，たわみによる劣化度 1.0 まではひび割れ密度による劣化度の値が 45°線上にプロットできることがわかった．これより，第 3 章に示したひび割れ密度とたわみによる劣化度との関係図 (**図 3.20**) が得られ，これを再表示して**図 6.18** に示す．以上より，ひび割れ密度による判定もたわみによる判定と同様，合理的なものといえる．

ただし，実橋ではひび割れ密度は約 $10 \, \text{m/m}^2$ 以上には増加しないため，ひび割れ密度による劣化度は 1.0 以上とはならない．これは，床版の劣化が進行して使用限界に達すると床版のひび割れ密度は停留し，新たなひび割れが発生しないためであり，本判定法は，使用限界をどの程度超えているかの判定には利用できない．したがって，このような場合にはたわみによる判定が必要となる．

6.4　床版の損傷対策 (看る)

6.4.1　対策方針

道路橋床版において，「性能低下があり問題がある」と評価および判定された場合には，残存供用期間や残存耐用期間，維持管理の容易さ，ライフサイクルコストなどを考慮して，要求性能を満足するような対策を選定しなければならない．

対策には，点検強化，補修，補強，第三者被害対策 (道路橋床版からはく落したコンクリート片などが人的あるいは物的障害を与えること)，修景 (美観や景観の改善・向上)，使用性回復，機能性向上，供用制限，最終的な対策である解体・撤去などがあるが，本章では，補強および補修 (第三者被害を含む) を対象に記述する．

ここで，補修とは，床版の耐久性 (疲労耐久性を除く) を回復もしくは向上させること，第三者被害を防ぐことを目的とした維持管理対策である．補強は，床版の耐荷性や剛性，疲労抵抗性などの力学的な性能を回復，もしくは向上させることを目的とした対策をいう．

選定した対策を実行するには，床版の劣化要因と劣化の程度に応じて，工法や材料の選定などを含めた適切な対策計画を立案しなければならないが，必要に応じて，目標とする性能水準を定める必要がある．参考に，コンクリート標準示方書・維持管理編 [5] に示されている目標とする性能水準の分類を**図 6.19** に，構造物の基本性能と目標とする水準に応じた対策の種類を**表 6.8** に示す．また，第三者被害を対象に対策の計画を立案する場合は，状況によってはネットによるコンクリート片の落下防止処置などの応急処置を行うことも必要である．

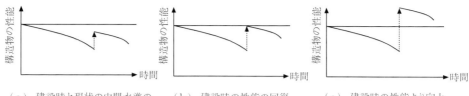

（a） 建設時と現状の中間水準の　　（b） 建設時の性能の回復　　　（c） 建設時の性能より向上
　　　 性能の回復

図 6.19　目標とする性能水準の分類

表 6.8　構造物の基本性能と目標とする水準に応じた対策の種類

構造物の基本性能	対策の目標水準		
	建設時と現状の中間性能	建設時の性能	建設時よりも高い性能
耐久性能	補修	補修・補強	補修・補強
安全性能	−	補強	補強
使用性能	−	使用性回復・補強	機能性向上・補強
第三者影響度に関する性能	補修	補修	−
美観・景観	−	修景	修景

（1）　道路管理機関の基準による対策方針 [9]

　床版の劣化ランクが決定されると，それらのランクに応じて定められた対策工法のなかから，その橋梁の環境，形式，期待する供用期間などを勘案して具体的な工法を選択し，実施する．一般には，各機関でマニュアルが用意されている．**表 6.9** に，具体的にランクに応じた対策工法を与えている基準，すなわち，東京都の選定基準および北海道の独立行政法人 土木研究所・寒地土木研究所の基準を示す．

　東京都の場合は損傷ランクがⅡで，寒地土木研究所の場合はＣで補修工法が選定され，同様にランクが Ⅲ あるいはＢになると補強が選択される．また，Ⅲ，Ⅳ あるいはＡになると打替えか合成床版などのほかの床版への取替えが選択される．なお，寒地土木研究所の対策工法適用基準では，安全側への配慮から損傷程度が１ランク低いところまで恒久的対策を検討すべき範囲に含めている．

（2）　供用期間を考慮した対策方針 [10]

　従来の維持管理基準では，床版の劣化ランキングが決まると，必然的に対策工法が決まる形となっているが，たとえば，30 年間供用されてきた橋梁と１年前に竣工した橋梁とが，床版の劣化ランキングが同じで早急な対策が必要と判定された場合，これら両床版に同じ対策工を同時期に実施する必要があるかとの疑問がでる．30 年かけてゆっくりと損傷が進んできた場合は，その後の損傷も徐々に進むと考えられ，当面，放置してもよいと思われるが，１年前に供用を開始した橋梁では，その後１年以内に陥没に至る確率は高いと考えられるので，緊急の対策工を施す必要がある．

表6.9 ランクに応じた対策工法に関する基準の例

(a) 東京都の判定ランクにもとづく対策と工法

総合ランク	床板損傷原因	対策	工法
I	健全	−	−
II	1. 外的条件 　・気象条件 　　(塩害, 凍害, その他) 　・災害(火災, 地震など) 2. 荷重条件および構造条件 　・荷重変化および設計条件の変化 　・疲労損傷 3. 施工条件 　・コンクリートの品質不良 　・施工不良および施工誤差	補修	FRP接着工法 表面劣化防止工法 樹脂注入工法
III		補強	鋼板接着工法 増桁工法 増厚工法 部分打替え工法
IV〜V		打替え	鉄筋コンクリート床版 ユニット・スラブ I形鋼格子床版 鋼板・コンクリート合成床版 鋼床版 コンポスラブ
		改築・改良	架替え

(b) 独立行政法人・土木研究所・寒地土木研究所の対策工法適用基準

工法	損傷程度	A	B	C	D
打替え	床版打替え	恒久	恒久		
	鋼床版変更	恒久	恒久		
補強工法	鋼板接着	応急	恒久	恒久	
	縦桁増設	応急	恒久	恒久	
	鉄筋増設モルタル吹き付け		恒久	恒久	
	上面増厚		恒久	恒久	
	荷重分配横桁増設	恒久			
補修工法	FRP層接着	応急	応急	応急	
	グラウト注入	応急			
	防水	応急			

注)　■：恒久的対策　　▧：応急的対策

　このような時間経過の違いをランキング判定の時点で考えるのが合理的と思われる. そこで, 松井らは, **図6.20**のように, 供用後の年数を勘案して, 点検から得られたランキングに対し, とるべき対策を選択することを提案している. 右上がりで同じランクの対策判定領域が広がっている傾向は, 供用年数が多い場合にはたわみやひび割れ密度の増加速度が緩慢であり, 対策時期を延ばしてもよいとの判断からこのような選定基準を示している.

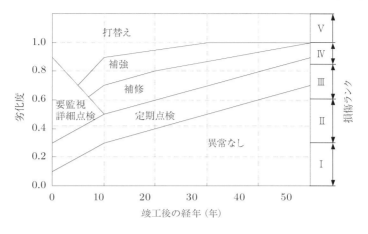

図 6.20 経年を考慮した床板の損傷ランクと対策区分

6.4.2 補修・補強の代表的手法

（１） 補修 (第三者被害を含む)

補修の代表的工法は，ひび割れへの樹脂注入工法である．ひび割れ幅が大きい場合に想定されるコンクリートへの影響としては，

① 中性化が進みやすく腐食雰囲気となりやすい，

② 水蒸気や結露水の浸入も容易，

などであり，床版内部の鉄筋の防食に樹脂注入が有効である．

また，環境の作用により床版の劣化が進み，かぶりの落下が危惧される場合には，それらを落としたうえで樹脂モルタルにより断面を復旧するか，ガラス繊維シートをエポキシ樹脂で包み込む工法が採用される．

（２） 補強 (おもに疲労劣化に対するもの)

道路橋床版において，補強が必要となるおもな劣化機構は，疲労による性能低下である．床版疲労の主原因は，交通量の増大と過積載車両の走行などの荷重条件であることが多いが，建設年度の古いものでは床版厚や配力鉄筋の不足など設計面の問題に起因していることもある．また，雨水の床版への浸透は疲労劣化を加速させるため，防水を完全に施すことも道路橋床版の疲労耐久性向上にとって重要となる．

疲労により性能低下した道路橋床版に対しては，このような諸条件や劣化状態，供用期間を考慮しながら，要求される性能を満足するような対策を選定する必要がある．また，たとえば，上面増厚補強工事を実施する場合は，交通規制あるいは全面通行止めが必要になるなど，補強工事における施工条件や補強後の維持管理の容易さ，対費

用効果も考慮し，補強工法を選定する必要がある．

これまで，わが国で開発された床版補強の代表的なものは，**図 6.21** に示す鋼板接着工法，縦桁増設工法，および上面増厚工法の三つである．ただし，床版損傷が末期状態に至っている場合は，補強よりも打替えが最も望ましい対策といえる．

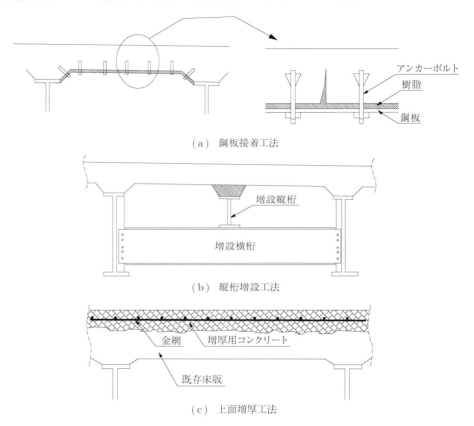

（a）鋼板接着工法

（b）縦桁増設工法

（c）上面増厚工法

図 6.21　床板補強の代表的な三つの方法

（a）　鋼板接着工法

鋼板接着工法は，床版下面に 4.5 mm 程度の薄鋼板をアンカーボルトを利用して取り付けた後，床版と鋼板間に設けた 2 ～ 3 mm のすきまにエポキシ樹脂を充填して，鋼板と床版の合成効果を発揮させる工法である．採用初期の施工時には，先に床版下面に樹脂を塗布し，次に鋼板を押し付けて接着する圧着工法がとられていたが，現在は充填工法が主流である．後者の方法によると，低圧であるものの樹脂がひび割れに徐々に浸透し，もとの RC 床版自体の剛性回復が期待できる利点もある．

　床版に鋼板を樹脂で接着するので，版としての曲げ剛性だけでなくせん断剛性も大幅に向上し，疲労耐久性が大きく改善される工法といえる．輪荷重走行試験機による疲労実験の事例があるが，設計荷重の3倍程度の荷重でも200万回の載荷に耐えるという，すぐれた耐久性が検証されている．

　この工法は，阪神高速道路において多用されているが，それ以外ではある時期から使用が減少傾向にある．その理由は，床版上面から浸透した水が鋼板上面に溜まり，鋼板が腐食する可能性があること，鋼板補強後はもとの床版下面の観察ができないためであると推定される．しかし，これまで鋼板のエッジから漏水した事例はあるものの，その部位は中央分離帯の下であり，車道部での漏水の報告はあまりないようである．

　鋼板は重量が大きいため，重機の使えない既設床版下面での作業が大変であることから，最近は軽量な炭素繊維シートやアラミド繊維シートをエポキシ樹脂で貼り付ける工法に変わりつつある．この工法も合成効果にすぐれ，補強後の床版の疲労耐久性は，破壊回数で7倍以上の耐久性を発揮することが確認されている．ただし，ひび割れへの樹脂注入がないので床版自体の剛性回復は期待できない．

　別の工法として，6 mm 程度の細い鉄筋格子を床版下面にアンカーボルトで取り付け，その鉄筋格子を埋め込むように樹脂系モルタルをこて塗り，あるいは吹き付けて塗布する下面増厚工法も開発，実用化されている．この工法の有効性も輪荷重走行試験機による疲労実験で検証されている．

（b）　縦桁増設工法

　縦桁増設工法は，たとえば，プレートガーダー橋において既設の主桁間に1本または2本の縦桁を増設し，床版支間をそれまでの1/2あるいは1/3に縮小して曲げモーメントを大幅に減じ，耐久性の向上を図るものである．ただし，縦桁を配置するためには，それらを支持する横桁も必要となる．増設する横桁，縦桁は，縦桁のたわみが $L/2000$ (L は縦桁増設前の床版支間長) 以下になるように設計し，床版と縦桁間にはすきまが生じないように樹脂モルタルなどを充填しなければならない．

　この工法は曲げに対する補強であるため，施工後に床版が再損傷を起こす事例がある．車両走行による床版の劣化はせん断力による疲労が主要因であるため，輪荷重によるせん断力を低減させる効果が少ない場合には，補強効果が現れにくいことが再損傷の原因と考えられる．たとえば，車輪がよく通過する直下に縦桁を増設すると，床版自体には大きなせん断力は作用しなくなる．そこで，上面のレーンマーク位置と主桁あるいは増設縦桁の位置関係を事前に調査する必要がある．そして，曲げ補強よりもせん断補強を行う設計をすべきである．また，この補強工法は，作用断面力を低減

させるのみであることから，損傷が過度に進行した末期状態の床版に対する効果はあまり期待できない.

（c）　上面増厚工法

鋼板接着工法のように床版下面の全面にわたって不透明な材料を貼り付けると，

① 施工後は床版のひび割れ進展が監視できない，

② 水の滞留が懸念される，

③ 交通開放下での施工となるため確実性が低下する，

などの懸念が生じるため，舗装をはがして，床版の表層部を 2 cm 程度除去して，その上に鋼繊維補強コンクリート (SFRC) を打設する上面増厚工法が開発された. これによると，床版の厚さを増すことにより，床版の曲げ剛性ならびにせん断剛性を増加させて，疲労耐久性の向上が可能になる. 前記の増厚工法よりも施工自体は容易と感じられるものの，この工法を実施する場合には交通規制が必要であり，警察協議などに時間を要することに注意しなければならない.

　この上面増厚工法も，採用されはじめてから 20 年程度経過しているが，施工量の数 % 程度の範囲であるものの，再損傷が発生しているようである. その原因には，SFRC と母床版との界面の不具合，あるいは，補強前の母床版の損傷が過度に進行していたことが考えられる. 前者の「界面の不具合」の原因は，増厚施工時の締固め不足，母床版コンクリートの表面の水分不足，清掃不良，切削機による骨材の付着劣化や既設コンクリートに生じるマイクロクラックなどが考えられる. 入念かつ責任をもった施工および適正な表層部コンクリートの除去方法の選定が望まれる.

　この上面増厚工法では，SFRC を用いるのが一般的であるが，増厚部内に鉄筋を配置し，早強コンクリートを打設する方法も採用されている.

　さらに，上面増厚工法の応用版として，床版表面に 30 × 60 cm 程度の繊維強化モルタル板を敷き詰めて，樹脂を用いて母床版と合成させる工法も採用されている.

6.4.3　輪荷重走行試験機を用いた補強効果の評価

6.4.2 項で述べたような新しく開発された補強工法に対しては，工法の開発と同時に補強効果の評価が要求される. これには静的載荷実験や環境耐久性試験だけでは不十分で，輪荷重走行試験機を用いた疲労実験による耐久性の検証が不可欠である. 前項で述べた各種の補強工法も輪荷重走行疲労試験によりその効果を確認しているが，これらの試験結果のうちの一例として，FRP シートおよび炭素繊維シートによる補強効果の確認試験について次節で紹介する. また，これ以外で松井らが実施した効果評価に関する研究を**付録**に研究論文リストとしてまとめているので参照されたい.

6.5　最近の代表的床版補強の効果評価

6.5.1　FRP シート補強

6.4.2(2) 項で述べたように，従来の鋼板接着工法に代わり，最近は連続繊維シート貼付け工法が多用されている．このような動向は，炭素繊維シートなどは高強度にもかかわらず非常に軽量であることと，エポキシ樹脂によって糊付け施工できる簡易性などに起因している．また，新材料であるがゆえに選択されるのも事実である．

炭素繊維シート，およびアラミド繊維シートの機械的性質を**表 6.10** に示す[11]．ヤング係数は鋼に比べておよそ $1/2 \sim 3$ 倍程度であるが，強度は 10 倍以上である．

表 6.10　繊維シートの代表例

繊維の種類		ヤング係数 (N/mm^2)	引張強度 (N/mm^2)	目付量 (g/m^2)	密度 (g/cm^3)
炭素繊維	高強度型	2.4×10^5	3400	$200 \sim 600$	1.80
	中弾性型	3.9×10^5	2900	$300 \sim 400$	1.82
		4.3×10^5	2400	$300 \sim 400$	$1.82 \sim 2.10$
	高弾性型	5.4×10^5	1900	300	2.10
		6.4×10^5	1900	300	2.10
アラミド繊維	アラミド 1[※1]	1.1×10^5	2000	$280 \sim 624$	1.45
	アラミド 2[※2]	7.8×10^4	2350	$235 \sim 525$	1.39

注)　そのほかに，炭素繊維，アラミド繊維ともに二方向に繊維を配置したクロスシートもある．
※ 1：全芳香族ポリアミド繊維，※ 2：芳香族ポリアミドエーテル繊維

この材料をコンクリートに貼り付けた場合，鉄筋コンクリート構造の鉄筋の役割を果たすことと，ひび割れの動きを抑制する効果も相乗する．FRP シートのヤング係数は平均的にみて鋼とほぼ同程度であるので，貼り付ける断面積が小さくてもコンクリート断面に対するヤング係数比分の大きな補強効果が得られる．そのうえ，部材表面に配置するので，縁端距離による曲げ補強効果も期待できる．また，接着に用いるエポキシ樹脂の接着強度およびせん断強度が大きいため，シート貼付け後は完全合成理論どおりの剛性が発揮され，ずれ破壊は発生しない．ひび割れをつなぐシートは，そのひび割れ部でゼロスパン伸びの繰返し作用を受けるが，その耐疲労抵抗が大きいために脆性的な破壊は起こらず，安定した強度を発揮するようである．

炭素繊維シートの製品を織り方により分類すると，織らないでフィラメントを平行方向に並べ，ビニロンメッシュを糊付けしたラミネートタイプ，フィラメントを千数百本に束ねたストランドを縦横に織込んだ平織りタイプ，さらに，ストランドは一方向であるが横糸で縦方向に織ってシート状にする縦編みタイプがある[12]．

ラミネートタイプでは，シートを直交二方向に重ね貼りして直交二方向の補強を行う．平織りタイプでは，1 枚で直交二方向の補強ができるが，剛性が不足する場合に

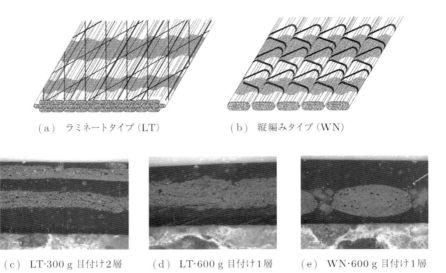

（a）ラミネートタイプ（LT）　　　　　　（b）縦編みタイプ（WN）

（c）LT・300 g 目付け 2 層　　（d）LT・600 g 目付け 1 層　　（e）WN・600 g 目付け 1 層

図 6.22　シートの織り方と樹脂の含浸状況

は数枚が重ねられる．縦編みタイプは，樹脂の含浸性を向上させるものとして開発されたものである．

　ラミネートタイプと縦編みタイプの違いと，両者に関して樹脂の含浸性を比較するために，樹脂の硬化後に顕微鏡写真を撮った結果を図 **6.22** に示す．

　図（d）と図（e）が 600 g 目付けの比較である．図（c）は 300 g 目付け 2 層の場合の含浸写真である．図（c），（d）ともにフィラメントが密に配置されているため，そのなかに樹脂が十分に含浸しにくいことが懸念される．一方，図（e）の縦編みタイプでは横糸が縦に入っているので，その部分から樹脂が浸入し，上下の樹脂層が一体化している．

　基本的に，これらのシート複数枚をエポキシ樹脂を含浸させて積層接着するが，複数枚に重ねるときは，時間をおかないで各層間を施工するか，時間をおく場合には先行シート表面をサンドペーパーなどで目荒らしした後に次の層を接着する方法を用いるなどの注意が必要である．また，夏場と冬場で樹脂の配合を変える必要があり，シートの弾性率に適合した樹脂の配合が重要である．

6.5.2　輪荷重走行疲労試験による補強効果の評価

　1995 年より大阪大学において，輪荷重走行試験機を使用し，炭素繊維シートによる床版補強の効果に関する一連の研究が実施された．補強後の床版も輪荷重を受けるた

め，輪荷重走行下での疲労耐久性の向上度に着目して，床版厚，炭素繊維シート枚数，炭素繊維シートの弾性係数，縦・横方向のシート貼付け順序，繊維の目付け量，樹脂の種類，上面増厚工法との併用効果，アラミド繊維シートとの比較，などをパラメータとして実験が行われた．これらの研究の詳細は，**付録**に示した研究論文に譲るとして，ここでは結果の総括を述べる．

（1）　炭素繊維シートのヤング係数の影響

表 6.11 に示すヤング係数が異なる 3 種類の炭素繊維シートで補強した床版の輪荷重走行試験機による疲労試験を実施した．試験状況を**図 6.23** に示す．また実験結果より得られた疲労寿命を**表 6.12** に示す．この表で明らかなように，高弾性になるほど疲労寿命の延びが大きい．これらの実験では，シートのヤング係数にほぼ比例するよい結果が得られたが，別のシートで行った同様の試験からは比例する結果は得られなかった．その理由は，接着に使用したエポキシ樹脂の追従性であると判断されている．シートの材料が高弾性であれば，接着層にも大きなせん断力が作用するため，それに見合うせん断強度の樹脂を用いる適切な配合設計が重要である．

表 6.11　ヤング係数の異なるシートの補強効果確認実験

供試体名	シートのヤング係数 (kN/mm^2)	目付け量 (g)	厚さ (mm)
A-1	682	300	0.143
A-2	473	300	0.143
A-3	229	300	0.167

表 6.12　使用限界疲労寿命 (活荷重たわみが引張側コンクリート無視の理論たわみに至るまでの寿命) の結果

供試体名	使用限界寿命 (回)	寿命比
無補強床版	108600	1.0
A-1	1490400	13.7
A-2	1262400	11.6
A-3	478000	4.4

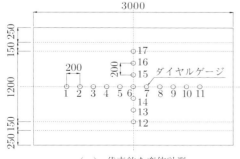

（a）　代表的な変位計測

（b）　実験状況

図 6.23　輪荷重走行試験機を用いた補強床板に対する疲労実験

（2）　高目付けシートの効果

表 6.13 に示すような目付け量の少ないシートを2枚貼る場合と，高目付け量のシートを1枚としトータル目付け量を同じにした場合の効果の比較を**表 6.14** に示す．300g目付け2枚の $L300 \times 2$ と，600g目付けの $L600$ を比較すると，後者のほうが破壊寿命の増加が若干大きい．よって，高目付けのものを利用しても疲労耐久性上の問題はなく，現場での省力化が可能といえる．（1）項の結果とあわせれば，シートの断面積とヤング係数の積で表される引張剛性が大きくなると，疲労寿命が向上することがうかがわれる．

表 6.13　編み方の異なる供試体の実験結果

供試体 名　称	種　類	目付け量 (g/m^2)	ヤング係数 (kN/mm^2)	引張強度 (N/mm^2)	設計厚 (mm)
WH600	高強度縦編み	600	245	3400 以上	0.333
$L300 \times 2$	高強度ラミネート	300×2	253	4160	0.333
$L600$	高強度ラミネート	600	245	4320	0.333

表 6.14　寿命延長率の比較

供試体 名　称	150 kN 換算等価走行回数, N_{eq}		寿命延長率
	補強あり (N_{eq1})	補強なし (N_{eq2})	α_1^*
WH600	51051000	1130000*	45.2
$L300 \times 2$	14455000	595000*	24.3
$L600$	17319000	595000*	29.1 以上

注）$* \, a_1$ はそれぞれの供試体の N_{eq2} を 1.0 とした寿命延長率

（3）　炭素繊維シート織り方の違い

図 6.22 で示した3種類のシートで床版を補強した**表 6.13** の供試体に対して疲労実験を行い，結果を比較したのが**表 6.14** である．この表に示すように，縦編みタイプの結果はラミネートタイプを上まわる結果を得たと考えられる．縦編みタイプのほうが樹脂の浸透のよいことが寄与していると思われる．

（4）　貼付け順序の違い

炭素繊維は，一方向にフィラメントあるいはストランドが配列されている．このため，床版の補強では橋軸直角方向および橋軸方向の直交二方向に，同枚数ずつ貼り付けられるのが一般的である．昭和39年の道路橋示方書を含む設計基準による旧来の床版では，配力鉄筋は主鉄筋量の 30 % 程度（示方書では 25 %以上となっている）しか配置されていないので，配力鉄筋量を増加させることに代わる繊維補強が必要であり，主鉄筋方向には主鉄筋断面の曲げ剛性およびせん断剛性の向上のためにシートが必要となっている．

そこで，主鉄筋方向と配力鉄筋方向のどちらを先に貼り付けるのがより効果的かを判定するため，貼付け順序を替えた2体の供試体による実験が実施された．結果として両者に有意な差は認められず，順序は問わなくてよいこととなったが，これは，シートの厚みが非常に小さいことと，シート間の接着性がよいためであると考えられる．ただし，床版下面におけるシート端部の仕舞い状態から判断して，橋軸直角方向を先に，橋軸方向を後にするのが良好なようであり，とくに，主桁のハンチに沿って直線的に伸びるように貼り付けるのが端部の美観にすぐれている．

（5）炭素繊維シートの貼付け枚数の影響

当初の炭素繊維シート補強の設計法は，鉄筋の応力が許容値内におさまるように枚数を決定するものであり，極端な場合，一方向に4層，合計で8層貼られるものもあったようである．

しかし，その後の輪荷重走行試験機による疲労実験が重ねられ，直交二方向に各1層でよいとの知見が得られ，阪神高速道路公団では各1層を基本とすることが規定された．土木研究所と炭素繊維補強研究会との共同研究では，2層ずつが最大の効果が得られると判断している．これは，各3層以上とした場合に，層数の増加とは反対に疲労寿命が低下したためである．層数が多くなるに従ってコンクリートに接する樹脂層の水平せん断力が大きくなり，その接着層のコンクリート側界面でずれ破壊が発生するためと考えられる．

接着層数を理論的に解明するには，複雑な構成則を駆使した三次元FEM解析が必要であるとともに，疲労強度についても特殊なモデルでの実験が必要である．次項で説明するが，炭素繊維シート補強することによって疲労寿命を10倍程度大きくするという性能が要求される場合であれば，1層ずつの貼り付けで十分であり，その疲労設計は可能である．

（6）全面貼りと格子貼りの違い[13]

従来，炭素繊維シートは，ハンチ部を含め，床版下面に一様に貼り付けられてきた．しかし，施工後は床版下面のひび割れ観察ができなくなることで採用が敬遠されることもある．補強後も緩やかではあるが劣化は進行するため，未補強の場合と同様に点検は行われるが，たたき点検は手間がかかるため，目視によるひび割れの進行確認を行いたいとの要望がある．これに応える方法として，25 cm 幅の炭素繊維シートを10 cm のすきまを設けながら二方向に貼ると，図 **6.24 (b)** に示すように 10 cm 平方の空間を多数設けられるという「格子貼り」が考案された．

この貼り付け方法では，シート縁どうしの交点で応力集中が発生し，シート間あるいはコンクリート下面とシートとの間で早期のはく離によって，図 **6.24 (a)** の「全

（a） 全面貼り

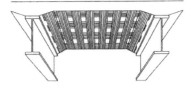

（b） 格子貼り（⇒口絵 8 ）

図 6.24 床板下面へのシートの貼付け方法

表 6.15 格子貼り供試体の種類

供試体	床版厚 (mm)	FRP 種類	FRP 幅 (mm)	FRP 間隔 (mm)	引張剛性 (kN/mm)
t15-C400	150	カーボン	250	100	68
t15-C470	150	カーボン	250	100	80
t16-C200	160	カーボン	250	100	30
t16-C300	160	カーボン	250	100	45
t16-A415	160	アラミド	250	100	24
t16-A623	160	アラミド	250	100	36
t18-C400	180	カーボン	250	150	60
t18-C470	180	カーボン	250	150	70

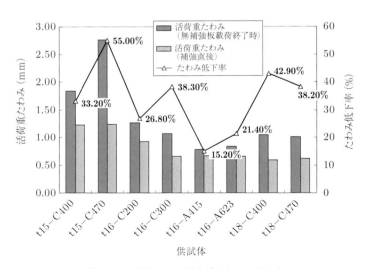

図 6.25 補強による活荷重たわみの減少率

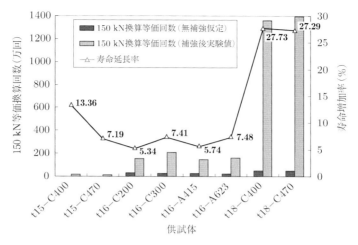

図 6.26 補強による疲労寿命の向上度

面貼り」に比べて耐久性の向上度が減少する可能性がある．この有無を確認するため，
これらの 2 種類の貼り方による床版の剛性や耐久性の違いが調べられた．供試体の種
類を**表 6.15** に示す．実験結果として，**図 6.25** および**図 6.26** にたわみの減少率と疲
労寿命の向上度を示したが，格子貼りしても局部的なはく離損傷は発生せず，かつ，
疲労寿命も全面貼りと変わらないことが確認された．そして，10 cm 平方の空間でひ
び割れ幅の増加状況を観察できることが確認された．

（7）　床版厚と補強効果

　シートの目付けや層数が同じであれば，コンクリート床版の厚さが大きくなるにつ
れて，シート補強の効果は小さくなるといえる．ある路線の複数橋梁で床版厚が異な
る場合，シート補強によって同程度に疲労耐久性の向上を図るように設計できれば，
経済的な補強が可能になる．このような考えのもと，**(6) 項**に示した比較で，床版厚
を変化させるとともに，シートの目付け量を変えた疲労実験が実施された．

　補強効果は**図 6.26** のとおり，それぞれ未補強の母床版の疲労寿命に対する補強床
版の寿命向上度で示すことができる．この図から，床版厚が 180 mm になると寿命延
長率が急激に大きくなることがわかる．床版厚が 160 mm 以下の場合，曲げ剛性は増
加するがせん断剛性の向上度合いが小さいので，180 mm 床版に比べて疲労寿命の向
上度が小さくなったようである．しかし，これらの薄い床版でも延命率は 5 倍以上と
なり，耐久性の向上効果は大きいといえる．

（8） アラミド繊維シートと炭素繊維シートの比較[14]

アラミド繊維のヤング係数は，**表 6.10** に示したように，炭素繊維シートの 1/2 ～ 1/5 である．このため，現在の設計では，アラミド繊維シートで補強する場合には，炭素繊維シートと同じ引張剛性になるように 2 ～ 5 倍の厚さにする方法がとられている．

この設計法の妥当性を確認するため，床版厚が 160 mm の供試体に対して，炭素繊維シートとアラミド繊維シートで補強し輪荷重走行試験機による比較の疲労実験が実施された．この結果も **図 6.26** に示したが，炭素繊維シートと同等の結果が得られている．これより，引張剛性が同等であれば，補強効果もほぼ同じになることが検証された．

6.5.3　補強設計のための S–N 曲線の表現[14]

これまでの疲労実験で得られた疲労寿命を S–N 曲線上にプロットすると，**図 6.27** のようになる．図中には，無補強 RC 床版の S–N 曲線が実線で示されている．縦軸の分母の P_{sx} は，**3.4.2 項の式 (3.63)** の x_m を RC 床版の材料特性とシートの引張剛性を考慮に入れた合成断面として求め，算出している．

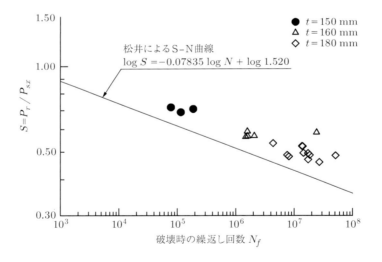

図 6.27　補強床板の S–N 曲線

シート補強床版の結果は，この S–N 曲線より上方にプロットされ，RC 床版よりも寿命が向上していることがわかる．これらのデータからシート補強した床版の疲労設計が可能と思われるが，床版厚の変化や，炭素繊維シートの目付け量，引張剛性などのパラメータを考慮した形になっていないので，設計は容易ではない．

そこで，シートの補強効果を容易に取り入れる方法についての検討がなされ，見かけのコンクリート強度を考慮した**式 (6.3)** が提案された．その結果が**図 6.28** で，この方法によりすべてのデータは従来の RC 床版の S–N 曲線上にプロットされた．

$$P_{sx} = 2B(f_v \cdot x_m + f'_t \cdot C_m) \tag{6.3}$$

$$f'_t = 1.5f_t \tag{6.4}$$

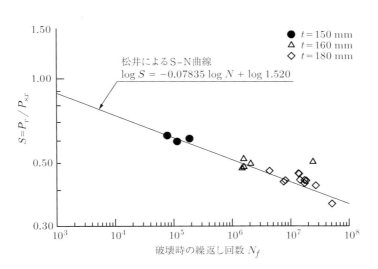

図 6.28 見かけのコンクリート強度を修正した S–N 曲線

別の方法として，炭素繊維シート補強した床版では，二方向に炭素繊維シートを貼っているため，床版の最終破壊時には，貫通ひび割れの発生した床版においても二方向に貼り付けた炭素繊維のうちの下側 (橋軸方向) の繊維が破断せずに引張に抵抗していることに着目できる．これを考慮して，配力鉄筋によるかぶり破壊に対する抵抗力が増加しているとの考えから，RC 床版の P_{sx} に **3.3.3 項**の**式 (3.57)** におけるせん断破壊する領域での配力鉄筋によるはく離破壊耐力分を加えた**式 (6.5)** が提案された．

$$P'_{sxi} = 2B(f_v \cdot x_m + f_t \cdot C_m) + 2\left[0.25f_t \cdot C_d(a + 2d_m)\right] \tag{6.5}$$

この式で算出した結果が**図 6.29** である．実験結果は，やはり従来の RC 床版の S–N 曲線上に精度よくプロットされている．このことから，**式 (6.5)** の P'_{sx} と RC 床版の S–N 曲線を用いることによって，シート補強した床版の寿命算定が容易で精度よく行えるようになった．もちろんこの方法は，炭素繊維シートだけでなく，アラミド繊維シートに対しても適用できる．

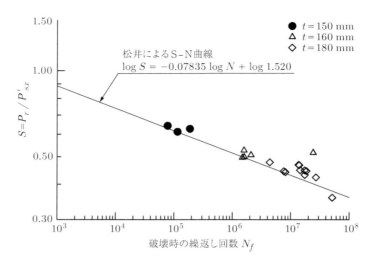

図 6.29 炭素繊維シートにより配力鉄筋方向のかぶり破壊への寄与を考慮した場合のS–N曲線

6.5.4 補強後の維持管理について

炭素繊維やアラミド繊維シートを床版下面に全面貼りで補強すると，その後の床版下面でのひび割れ観察は不可能であり，補強効果の確認やひび割れ損傷の進行度の抑制効果，その後の劣化度の判定については，別途，その方法を検討する必要がある．

鋼板接着工法では，下面からのたたき点検ではく離などの損傷の有無を観察しているが，この場合，床版下面に接近する必要があり，足場が必要である．補強工事後に，点検のみを目的として足場を架設することはまれであり，別の方法が必要である．

たとえば，赤外線カメラによる床版下面の撮影によって，はく離部分を推定することが可能である．路上から床版下面までの距離は目視距離としては大きいが，カメラ撮影が可能な範囲に含まれるため，容易な点検方法として採用できる．

第7章 交通荷重の実態と床版の 疲労に及ぼす影響

7.1 概 説

7.1.1 実態調査の背景

　道路橋床版の最も基本的な性能は，前章までに述べてきたように，タイヤに配分された自動車の重量，すなわち，軸重または輪荷重に対して十分な耐荷力と耐久性を確保していることである．これらの自動車に関する設計活荷重は，車両の性能向上と大型化，産業界などの自動車輸送へのニーズの高まりにともなって，これまで**表 7.1** に示すように改訂されてきた．

　しかし，現実は設計荷重を大幅に超過する過積載車の横行や交通量の増大によって，床版などの橋梁部材の損傷は著しく，交通荷重の実態を把握する必要性が訴えられてきた．すなわち，その実態把握は，道路橋の新設設計，維持管理計画の策定，補修補強工法の選定などにおいて非常に重要であり，かつ，有効に利用できるためである．

　ところが，このように重要性が叫ばれてきた交通荷重の実態は，道路交通センサス (全国道路・街路交通情勢調査) などの交通量調査と比較にならないほど稀にしか調査されていなかった．

　その理由としては，以下の点があげられる．

① 測定に多額な費用を要すること．
② 測定で交通流を乱すおそれがあること．
③ データの解析に多大な時間と労力を要すること．

　したがって，道路管理者にとって，このような問題点を克服した測定方法の開発が長年望まれていた．

7.1.2 交通荷重測定法の開発

　これまでに，交通荷重を調査した事例[1~3]もみられるが，その方法は，舗装下に埋設された車両重量計によるものや，桁のひずみによる方法であった．

表 **7.1** 設計活荷重のおもな変遷

名　称	活荷重 (車道)	
	車両荷重	等分布荷重
明治 19 年 8 月 (1886 年) 国県道の築造標準 (内務省訓令第 13 号)	規定なし	400 貫/坪 (4.4 kN/m²)
大正 8 年 12 月 (1919 年) 道路構造令および街路構造令 (内務省令)	街路, 国道, 府県道の区分 街路の例: 　自動車 3000 貫 (110.3 kN) 　転圧機 15 t (147 kN)	街路の例: 　15 貫/尺² (6.0 kN/m²)
大正 15 年 6 月 (1926 年) 道路構造に関する細則案 (内務省土木局)	街路, 国道, 府県道の区分を 一等橋, 二等橋, 三等橋と規定 一等橋の例: 　自動車 12 t (117.6 kN)	主桁, 主構とそれ以外に区分
昭和 14 年 2 月 (1939 年) 鋼道路橋設計示方書案 (内務省土木局)	一等橋, 二等橋の区分 一等橋の例: 　自動車 13 t (127.4 kN)	500 kg/m²(4.9 kN/m²) 　(支間長 30 m 以上は低減)
昭和 31 年 5 月 (1956 年) 鋼道路橋設計示方書 (建設省道路局長)	一等橋 (T-20), 二等橋 (T-14) 一等橋の例: 　自動車 20 t (196 kN)	線荷重は 5 t/m (49 kN/m) 等分布荷重は 350 kg/m² (3.4 kN/m²) 　(支間長 80 m 以上は低減)
昭和 47 年 3 月 (1972 年) 道路橋示方書 I 共通編 (建設省都市局長, 道路局長)	同上	線荷重は 5 t/m (49 kN/m) 等分布荷重は 350 kg/m² (3.4 kN/m²) 　(支間長 80 m 以上は低減)
昭和 55 年 2 月 (1980 年) 道路橋示方書 I 共通編 (建設省都市局長, 道路局長)	湾岸道路, 高速自動車国道等に 対して, TT-43 荷重を規定	同上
平成 5 年 11 月 (1993 年) 道路橋示方書 I 共通編 (建設省都市局長, 道路局長)	B 活荷重, A 活荷重の区分 後輪軸重 196 kN 設計自動車荷重 245 kN	P_1 は曲げモーメント (9.8 kN/m²) とせん断力 (11.8 kN/m²) を算出 する場合で区分 P_2 は 3.4 kN/m² 　(支間長 80 m 以上は低減)

ところが, これらの方法には, 以下のような問題点がある.

① 大型車の後軸 2 軸, すなわち, タンデム軸の 2 軸を分離して測定できない.

② ロードセルで大きな平滑載荷面を用いて計測するため, 橋梁が受けている走行中の車両の軸重とは異なる.

③ 設置箇所が固定され, 過積載車が通行を避けることがあり, 日常の実態と異なる可能性がある.

④ 計測装置に多額の費用を必要とする.

そこで, 松井ら[4] は, 車両が橋面上を通過するときに橋梁部材に生じる応答を計測することにより, ドライバーに知られることなく, 車両重量, とくに軸重を測定する WIM (weigh in motion) による荷重測定を試みてきた.

初期段階では主桁のひずみなどにより測定を行っていたので, タンデム軸を正確に分離して測定することができなかった. その後, RC 床版下面に発生した橋軸直角方

向のひび割れの開閉量を測定することにより，車両の車種・軸重・走行位置を精度よく測定できるだけでなく，1.3 m の間隔で隣接するタンデム軸さえも分離して測定することが可能となった．そして，本方法による測定結果と分析から，交通荷重の実態が明らかとなった．**7.2** 節において，この測定方法の概念を紹介する．

さらに，RC 床版とは異なる形式の橋梁床版 (鋼床版，補強された床版など) についても，本測定方法を応用することで，交通荷重を算定することができるようになった [5]．

7.1.3 実態調査の意義と活用法

（1） 設計活荷重，疲労設計荷重規定の見直し

床版上を安全・安心・安定して自動車を通行させるためには，交通荷重の実態を反映した設計活荷重・疲労設計荷重を規定する必要がある．そのためには，幅広く，定期的に交通荷重の実態を調査し，その現状や動向を把握する必要がある．

（2） シミュレーション解析のための交通荷重のモデル化

測定データを蓄積することによって，車種別，軸種別ごとに，路線別の交通荷重特性をモデル化することが可能となる．これをもとに作成した交通荷重列モデルを用いて，モンテカルロ法によるシミュレーションを行うことにより，橋梁へのさまざまな荷重作用を推定できる．

さらに，交通荷重の実態に配慮した床版の疲労寿命を予測することも可能となる．このデータ収集に関して **7.3** 節では，交通荷重の調査結果とリアルタイムでモニタリングを行っている事例について紹介する．

（3） 路線タイプ別の交通荷重のモデル化

交通荷重は路線や地域により異なると推測されるので，その特性に応じた合理的な橋梁の構造形式や維持管理対策を講じることが賢明である．そのためには，さまざまな交通環境に位置する橋梁の交通荷重の実態調査を行い，十分なサンプルの収集と正確な特性の分析を行うとともに適確な路線分類とモデル化を実施する必要がある．

また，路線タイプ別に交通荷重特性を把握することは，道路橋の設計や補修計画を行ううえでも非常に重要である．**7.4** 節では，四つの路線タイプの交通特性を用いて，床版の疲労への影響評価の適用例を紹介する．

7.2　RC 床版のひび割れ開閉量を用いた交通荷重の測定方法

7.2.1　概　説

本測定方法は，車両が橋梁上を通過するときに生じた橋梁部材の応答から車両重量を算出する BWIM (bridge weigh in motion) の一手法である．松井ら[4] は，床版下面に発生するひずみが軸重と比例関係にあり，さらに，RC 床版のひび割れ開閉量はひび割れ間のひずみの集約により，感度が向上することに着目して本方法を開発した．

本測定方法は，軸重計と比べると簡易で，安価に測定できるという利点がある．また，すべて橋梁下で処理することができるため，交通流を乱すことなく測定できる．さらに，温度，湿度，風などの天候の変化による影響を受けにくいなどの利点もある．

7.2.2　算定理論

後軸にタンデム軸を有する 3 軸車 (以下，「後タンデム 3 軸車」という) が，橋梁を通行したときに発生する床版支間 3 m 程度の床版支間部における直交二方向の曲げモーメント，軸力，ひずみの変化状態を有限要素法で解析すれば，図 **7.1** に示すような断面力の応答特性が得られる．

この図より，主鉄筋断面に発生するタンデム軸の橋軸直角方向曲げモーメント (図 (**a**)) は，裾野が広く，着目軸のピークの応答にはほかの軸の影響が含まれていることが読みとれる．タンデム軸の両軸重が同じである保証はまったくないことから，

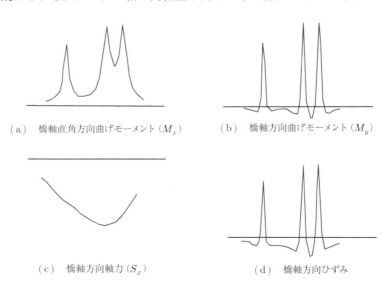

(a)　橋軸直角方向曲げモーメント(M_x)　　　(b)　橋軸方向曲げモーメント(M_y)

(c)　橋軸方向軸力(S_x)　　　(d)　橋軸方向ひずみ

図 7.1　有限要素法による床版支間中央付近の応答特性

この曲げモーメントにより発生するひずみなどからは，タンデム軸の軸重を正確に求めることは簡単ではない．

　一方，配力鉄筋断面に発生する橋軸方向曲げモーメント (図 (b)) は，裾野が非常に狭く，互いに影響を受けない独立峰となる特徴がある．

　以上より，配力鉄筋断面に発生する曲げモーメントによるひずみ応答 (橋軸直角方向のひび割れ開閉量) を利用すれば，1.3 m 程度しか隔離していない個々のタンデム軸重をほぼ正確に計測できるということが容易に理解できる．

　なお，このひび割れ開閉量は，桁作用分の圧縮軸力 (図 (c)) も包含したひずみ応答であるが，この圧縮軸力は全橋長にわたる滑らかな分布であり，図 (d) に示すように，曲げモーメントによるひずみ応答部分を微妙に相対変位させるだけである．したがって，輪荷重により局所的に跳ね上がる部分の応答振幅の大きさを計測することにより，輪荷重を算定することができる．

　また，本測定方法は，次の三つの仮定が成り立つことを原則としており，既往の研究によりその妥当性が検証されている [6]．

① 　軸重とひび割れの開閉量は比例関係にある．
② 　着目したひび割れを含む床版スパン内に，他車線の自動車が走行しない限り，その影響はない．
③ 　走行速度の違いによる応答値の影響は少ない．

7.2.3　軸重算定のアルゴリズム

図 **7.2** に，ひび割れ開閉量による軸重算定のフローを示す．

（1）　ひび割れの選定

測定に使用するひび割れは，桁支間の中央部付近で走行頻度の高い位置に発生している橋軸直角方向のひび割れで，左右の桁を越えて進展していないものを選定することが望ましい．また，長期間にわたって測定する場合には，劣化が進行中のひび割れには注意を要する．

（2）　ゲージの貼付

測定ゲージは，走行位置を考慮しながら，5 〜 8 箇所に添付することが望ましい．なお，間隔は 20 〜 30 cm が望ましい．

（3）　試験車によるキャリブレーション

軸重算定には一つのひび割れ測定点についての橋軸直角方向の影響線が必要となる．これは，重量が既知である車両 (以下，「試験車」という) の走行実験によるひび割れ開閉量の計測値により求める．実際の応答値は，床版剛性が未知な場合や，設計どお

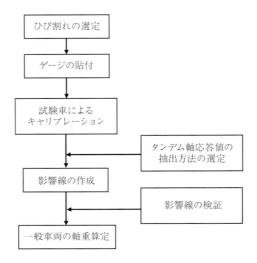

図 7.2　軸重算定フロー

りに製作されていない場合もあり，有限要素解析などの純理論的手法では求めること
ができない．また，測定対象の車両は走行しているため，ひび割れの開閉量には動的
な効果が含まれる．したがって，影響線は実験的に求めなければならない．

　試験車には，大型車両の各車種に共通する代表的な応答波形を示す後タンデム 3 軸
車を用い，その 3 軸について影響線を描く必要がある．後タンデム 3 軸車は，前輪が
シングルタイヤ，後輪 2 軸がダブルタイヤ (タンデム前軸，タンデム後軸) であり影響
線の作成に必要なタイヤ構成となっている．シングルタイヤとダブルタイヤでは，タ
イヤ間隔・接地面積などが異なり，同じ軸重でも応答値が異なるためである．

（4）　タンデム軸応答値の抽出方法の選定

　各ひび割れ測定点で得られた連続する応答波形から，各軸による応答振幅を求める
必要がある．その抽出方法について最初に説明する．

　試験車は，あらかじめ前軸の重量とタンデム軸合計の重量をトラックスケールで計
量しておく．

　ただし，タンデム軸の重量は軸ごとの計測が困難であるため，**図 7.3** に示す 4 ケー
スで応答振幅を抽出し，全試験回数で 2 軸の応答比のばらつきが最小となる抽出方法
を選定する．なお，この抽出方法の選定は一般車の読み方にも採用するため，非常に
重要である．

　なお，**図 7.3** においてケース 1 は，タンデム軸の通過前の極小点 (以下，B_1) と通
過後の極小点 (以下，B_3) を結ぶラインと，極大点 P_1，P_2 までの応答振幅を求める

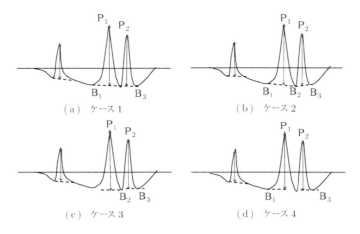

(a) ケース 1   (b) ケース 2

(c) ケース 3   (d) ケース 4

図 7.3 応答値の抽出方法

方法である. ケース 2 は, B_1, B_3 とタンデム前軸の通過後の極小点 (以下, B_2) をそれぞれ結ぶラインと, 極大点 P_1, P_2 までの応答振幅を求める方法である. ケース 3 は, B_2 と P_1, B_3 と P_2 の応答振幅を求める方法である. ケース 4 は, B_1 と P_1, B_3 と P_2 の応答振幅を求める方法である.

(5) 影響線の作成

(3) 項で紹介したように, 一般走行車両の軸重を算定するまえに, キャリブレーションで得られた応答値から三つの軸の影響線を作成する. 影響線の一例を図 **7.4 (a) ～ (c)** に示す.

各ゲージの応答値は, 軸重と車両の通行位置の関数であり, **式 (7.1)** のように三次または四次の多項式で表現できる.

$$Y_i = K_i \cdot W \cdot y(X), \quad y(X) = \sum_{n=0}^{3\,\text{or}\,4} a_n \cdot X^n \tag{7.1}$$

ここに, Y_i : ゲージ i の応答値

$\quad\quad K_i$: ゲージ i の補正係数 (計測器のレベル設定値, クラック特性など)

$\quad\quad W$: 軸重

$\quad\quad X$: 車両の通行位置 (車線右側端から左側車輪中心までの距離)

$\quad\quad a_n$: 係数 (最小自乗法により決定)

したがって, **式 (7.2)** に示すように, 各軸の軸重と通行位置の推定値の最確値は, 全ゲージの応答値と**式 (7.1)** で算定する値の誤差の自乗和が最小となる W と X の値である.

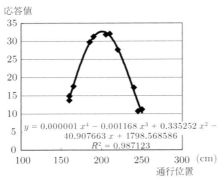

（a） シングルタイヤ

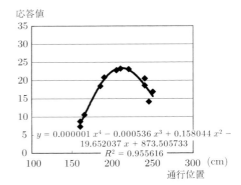

（b） ダブルタイヤ前軸

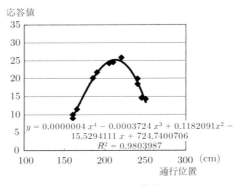

（c） ダブルタイヤ後軸

図 7.4 影響線

$$S = \sum_{i=1}^{j} (Y_i - Y_{ei})^2 \tag{7.2}$$

$$\frac{\partial S}{\partial X} = 0, \quad \frac{\partial S}{\partial W} = 0$$

ここに，　S　：残差の自乗和

　　　　　Y_{ei}：式 **(7.1)** による推定応答値

　　　　　i　：ゲージ番号

　　　　　j　：ゲージ数

（6）　影響線の検証

　キャリブレーションによる応答値には，さまざまな誤差を含んでいるため，作成した影響線で試験車の軸重，総重量，通行位置の検証を行うことが望ましい.

7.2.4 車種の分類

自動車諸元表によると，現在，わが国で生産されている大型車両は，車種形状，軸数，軸間距離により7種類に大別される．各車種の応答波形とあわせて**表 7.2**に示す．

表 7.2 車種分類と各車種の応答波形

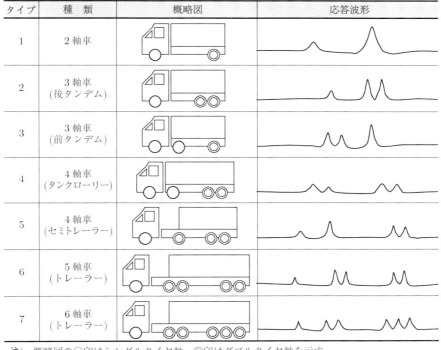

タイプ	種 類	概略図	応答波形
1	2軸車		
2	3軸車 (後タンデム)		
3	3軸車 (前タンデム)		
4	4軸車 (タンクローリー)		
5	4軸車 (セミトレーラー)		
6	5軸車 (トレーラー)		
7	6軸車 (トレーラー)		

注) 概略図の○印はシングルタイヤ軸，◎印はダブルタイヤ軸を示す．

車種を分類する場合，3軸車と4軸車はそれぞれ2種類あるので，軸数だけで区別することはできない．そこで，自動車諸元表の調査により，次のような識別法が用いられている．

すなわち，

① 前タンデム軸距 = 約 1.80 m

② 後タンデム軸距 = 約 1.30 m

③ 前輪軸と後輪軸間は 3.00 m 以上

となっているので，各軸のピークの間隔比 (軸間距離比) を用いることで，自動的に車種を分類することができる．

なお，2軸車には，乗用車から小型・中型・大型トラックまでが存在するが，本測定では，橋梁の構造挙動に影響を及ぼす軸重 19.6 kN (2 t) 以上を有するトラックを

対象としているため，測定車両は過積載の中型車を含む大型トラックを計測すること
となる．

7.3　計測された交通荷重の特性

これまで国土交通省近畿地方整備局管内の 11 橋梁の測定により得られた交通荷重
の特性[7] を，着目要素ごとに以下に紹介する．

7.3.1　総重量分布特性

計測した全車両の総重量で整理した総重量分布特性を**表 7.3** および**図 7.5** に示す．
各車種の相対頻度分布には，空積車，積載車が混在していることを示す双峰分布を表

表 7.3　総重量分布特性

タイプ	台　数 (台)	混入率 (%)	平　均 総重量 (kN)	標　準 偏　差 (kN)	最　大 総重量 (kN)	適合分布	混在率 (%)	平　均 (kN)	標準偏 差 (kN)
1	11916	49.2	74.6	43.1	454.7	対数正規	—	—	—
2	7301	30.1	200.1	81.7	646.8	正規分布	27	115	25
						対数正規	73	230	65
3	2906	12.0	169.2	69.6	535.1	対数正規	—	—	—
4	643	2.7	242.7	121.9	913.4	正規分布	29	145	25
						対数正規	71	300	125
5	716	3.0	285.8	133.2	854.6	正規分布	38	170	40
						対数正規	62	370	105
6	403	1.7	404.8	184.2	1029.0	正規分布	29	195	50
						対数正規	71	510	175
7	331	1.4	500.6	235.6	1042.7	正規分布	35	225	55
						対数正規	65	670	185
計	24216	100.0	145.8	113.4	1042.7	対数正規	—	—	—

適合分布（「適合分布」以降の3列は「適合分布」の大見出し下）

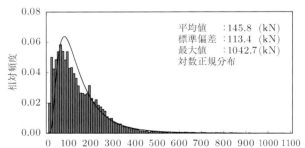

図 7.5　総重量相対頻度分布

す場合もある (**図 7.6**). このような場合には，最小自乗法により二つの分布に分離している.

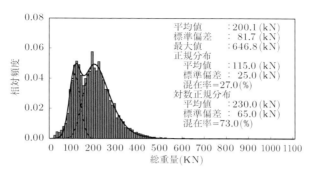

図 7.6 タイプ 2 の総重量相対頻度分布

7.3.2 軸重分布特性

軸重分布特性を**表 7.4** および**図 7.7** に示す．さらに，ダンプトラックのように車長が短いために，同じ重量のトレーラーよりも橋梁に大きな影響を与えるタイプ 2 車種の軸重相対頻度分布を一例として**図 7.8 (a) 〜 (c)** に示す．1 軸目，3 軸目は 40 〜 50 kN 付近にピークを有する対数正規分布をしている．2 軸目は，正規分布と対数正規分布を足し合わせた双峰分布であり，空積車・積載車の状態を示している．この車種の積載の有無は 2 軸目に明瞭に現れることがわかる．

表 7.4　軸重分布特性

タイプ	軸	軸数 (軸)	平均軸重 (kN)	標準偏差 (kN)	最大軸重 (kN)
1	1軸	11916	29.6	16.3	225.4
	2軸	11916	44.9	30.8	270.5
2	1軸	7301	54.5	17.3	239.1
	2軸	7301	83.6	40.2	311.6
	3軸	7301	61.9	36.2	254.8
3	1軸	2906	49.7	19.8	243.0
	2軸	2906	54.4	29.0	239.1
	3軸	2906	65.1	33.4	223.4
4	1軸	643	49.3	18.0	164.6
	2軸	643	64.9	41.9	239.1
	3軸	643	62.9	38.7	297.9
	4軸	643	65.6	42.2	294.0
5	1軸	716	59.2	19.3	147.0
	2軸	716	82.3	45.6	294.0
	3軸	716	68.5	39.1	235.2
	4軸	716	75.8	45.5	245.0
6	1軸	403	54.8	17.8	241.1
	2軸	403	80.4	37.2	219.5
	3軸	403	84.1	43.2	217.6
	4軸	403	87.5	50.7	245.0
	5軸	403	97.9	59.8	274.4
7	1軸	331	58.2	12.2	105.8
	2軸	331	84.0	35.1	186.2
	3軸	331	90.1	43.5	203.8
	4軸	331	82.0	48.5	235.2
	5軸	331	90.1	56.1	266.6
	6軸	331	96.2	61.8	319.5
合計		63890	55.3	35.6	319.5

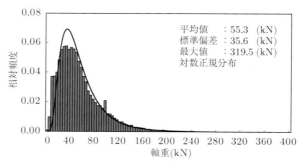

図 7.7　全車両のデータを統合した軸重の相対頻度分布

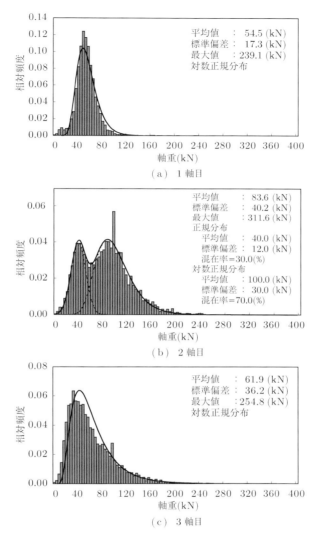

図 7.8　タイプ 2 の軸重の相対頻度分布

7.3.3　タンデム軸の相互作用の影響

2 軸が 1.3 m 程度の間隔で近接している軸群をタンデム軸という（例：タイプ 2 の 2 軸目と 3 軸目）．

タンデム軸は車両の構造上，積載物の重量を効率よく担う位置に配置されており，一般に大きな軸重が計測される（**図 7.9**）．さらに，2 軸が近接していることから，タンデム軸が床版に載荷されると各軸下のピークの応答には，互いにほかの軸の影響が

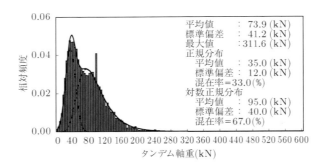

図 7.9 タンデム軸の相対頻度分布

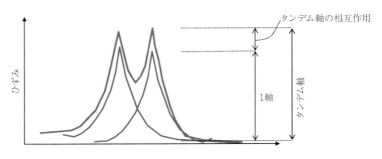

図 7.10 タンデム軸の相互作用

現れる．これをタンデム軸の相互作用という (**図 7.10**)．道路橋示方書 [8] の設計軸重も，このタンデム軸の相互作用を考慮して一組の集中荷重に置き換えたものである．この相互作用は，床版支間が大きくなるにつれて増加することが知られており [9]，相互作用の影響を考慮した等価タンデム軸は，**式 (7.3)** で表される．

$$T_f' = T_f + f(a) \cdot T_r, \quad T_r' = T_r + f(a) \cdot T_f \tag{7.3}$$

ここに，T_f' : 等価タンデム前軸重 (kN)

T_r' : 等価タンデム後軸重 (kN)

T_f : タンデム前軸重 (kN)

T_r : タンデム後軸重 (kN)

$f(a)$: タンデム軸の相互作用係数とよばれるもので，**式 (7.4)** であたえられる．

$$f(a) = 0.125a - 0.028 \tag{7.4}$$

ここに，a：床版支間 (m)

床版支間が 2，4，6 m の場合の等価タンデム軸，タンデム軸合計の相対頻度分布を

それぞれ図 **7.11 (a)** ～ **(c)** および図 **7.12** に示す．これらと図 **7.9** を比較すると，床版支間が長くなるにつれて，橋梁が受ける見かけ上の軸重は過大なものとなっていることがわかる．したがって，曲げモーメントが支配的となる部材の設計には，このタンデム軸の相互作用の影響を考慮する必要がある．

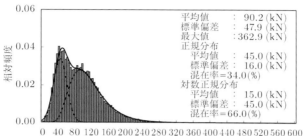

（ a ）　床版支間 2 m

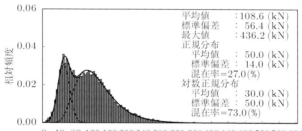

（ b ）　床版支間 4 m

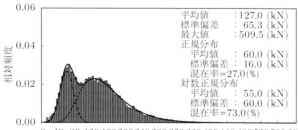

（ c ）　床版支間 6 m

図 7.11　等価タンデム軸の相対頻度分布

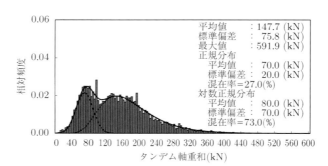

図 7.12　単純タンデム軸合計の相対頻度分布

7.3.4　路線タイプ別の交通荷重特性

道路橋示方書 [8] での路線特性についての配慮は，大型車の断面交通量による A 活荷重，B 活荷重の区分と床版厚の係数のみである．しかし，交通荷重の影響を一番受けやすい床版の疲労に着目すると，その要因は軸重と繰返し回数であり [10]，それらは路線によって大きく異なる．

したがって，より安全かつ効率的な構造形式や維持補修方法を計画するためには，その路線の交通特性を反映した検討が必要である．

本項では，これまでに測定が行われた橋梁について，どのような交通特性が存在するかを客観的に検討する一つの試みとして，数量化理論による路線分類の一例を紹介する．

交通荷重は機能的に特化したグループであるから，より多くの指標を用いた考察が有効である．そこで，データの特性把握，指標の整理統合，分類に適した主成分分析を最初に行う．

相関係数をもとに計算を行い，固有値，累積寄与率という結果を分析のための総合特性値として第 2 主成分までを採用すれば，**表 7.5** のような結果が得られる．

次に，各指標の変動状況を分析すれば，荷重の大きな路線ほど大きな値をとることがわかるので，第 1 主成分は荷重因子と推測される．第 2 主成分は大型車交通量の割合が大きくなるほど大きな値をとるので，大型車交通量因子と呼応することとする．これらの主成分に対する各指標の因子負荷量を算出し，説明力の強い第 2 主成分についてプロットすれば，**図 7.13** に示すような結果が得られる．

続いて，指標の構造が不明確でも，類似性のあるデータを一定の算法で客観的に分析し，多変量を一度に分類するために，クラスター分析を適用する．主成分分析によって得られたデータの変動に関する情報を分析に反映させるため，変数に各区間の第 2 主成分までの主成分得点を用いた分析結果をもとに分類すれば，ほぼ妥当な説明

表 7.5 固有値と寄与率

主成分	固有値	累積寄与率
1	4.250	60.7
2	2.262	93.0
3	0.322	97.6

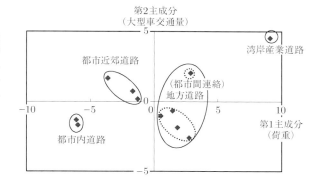

図 7.13 路線分類の結果

ができ，図 **7.13** において丸で囲んだグループに分類できる．なお，本項では，とくに荷重についてとらえることを目的としているため，都市間連絡道路は地方道路に属することとしている．

表 7.6 各路線タイプの交通特性

	1台あたりの軸数 (軸)	平均軸重 (kN)	平均総重量 (kN)	最大軸重 (kN)	最大総重量 (kN)
湾岸産業道路	3.0	70.6	208.8	319.5	1042.7
地 方 道 路	2.7	57.9	157.0	311.6	854.6
都市近郊道路	2.5	46.0	115.2	245.0	780.1
都 市 内 道 路	2.2	38.8	84.7	198.0	474.3

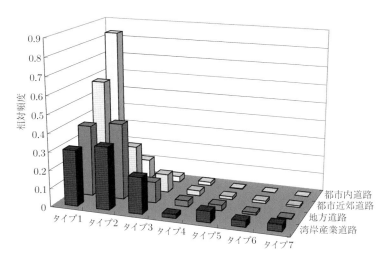

図 7.14 各路線タイプの混入率

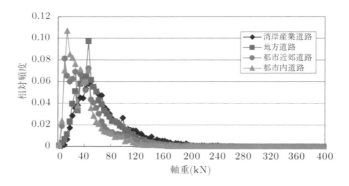

図 7.15　各路線タイプの軸重相対頻度分布

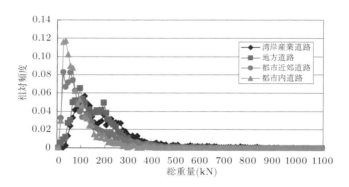

図 7.16　各路線タイプの総重量相対頻度分布

　このようにして分類した路線タイプごとにデータを整理すれば，**表 7.6** および **図 7.14 ～ 7.16** に示すように，各グループで交通量特性や荷重特性が大きく異なることがわかる．以上の例からもわかるように，より安全かつ効率的な構造計画や，維持補修の計画にあたっては，大型車交通量の断面交通量だけでなく，車種の混入率や軸重などの交通特性を路線ごとに考慮する必要があることがわかる．

7.3.5　大型車の走行位置特性

　床版の疲労には，大型車の軸重と繰返し回数だけでなく，走行位置が大きく影響する [10]．

　道路橋示方書 [8] でも，「主桁またはトラス橋等の縦桁の設計にあたっては，大型車の車輪の軌跡が床版に与える影響を考慮してその配置を定める」としており，走行位置を把握することは重要である．

　本項では，交通荷重実態調査で得られた大型車の走行位置の特性について紹介する．

　測定橋梁では，橋梁ごとに車線幅員が異なることから，走行位置は車線幅員 B に対する割合として，**式 (7.5)** により整理している．

$$f(x) = x/B \tag{7.5}$$

ここに，B： 測定した橋梁の車線幅員 (m)

　　　　x： 左側レーンマークから右側車輪中心までの距離 (m)

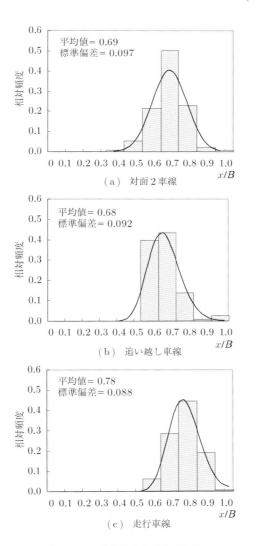

図 **7.17**　走行位置相対頻度分布

また，走行位置は車線構成にも大きく左右されることから，対面2車線道路，上下分離型複数車線道路 (追い越し車線，走行車線) に分類して整理され，図 **7.17** (a) 〜(c) の結果が得られている．

この結果は，対面2車線道路では平均 $0.69B$，標準偏差 $0.097B$ の正規分布をしており，参考文献 [1] の報告と一致した結果を示している．複数車線道路は，走行車線が内寄り，追い越し車線が外寄りを走行する傾向がある．

このことは，一般に複数車線道路は車線幅員が広いため，高欄との接触を避けるためにこのような結果になったと思われる．一方，参考文献 [11] によると，高速自動車国道では，大型車は走行車線では外寄り，追い越し車線は内寄りを走行すると報告している．これは，高速自動車国道の車線幅員や路肩が広いことから，高欄との接触の可能性が低いため，高速で走行する隣接車線の走行車両との接触を避けるために，逆の結果になったと考えるのが妥当であろう．

7.3.6　モニタリングシステムを用いたリアルタイム交通荷重実態調査

高度成長期に建設された多くの橋梁が供用 50 年を迎えることから，その老朽化にともなう，安全性，使用性の低下が重要な問題となっている．とくに緊急輸送路に指定されている重要路線が橋梁の損傷などにより寸断された場合，その影響は全国に波及する．たとえば，兵庫県南部地震で重要路線が寸断されたことにより，渋滞や迂回により企業の輸送コストの増大という間接被害が多く発生した [12]．

鋼橋の主要な損傷である疲労は，交通荷重による振動や応力振幅が原因である．このため，維持管理を効率的に行うためには，長期間にわたって継続的に交通荷重をモニタリングすることがきわめて重要となる．

そこで，最近のセンサー技術および既設光ファイバー通信網を利用し，走行車両の軸重，あるいは橋梁の疲労損傷や変状などを遠隔地からリアルタイムにモニタリングするシステムが開発され，国道 43 号武庫川大橋で長期にわたって継続的に交通荷重モニタリングが行われた．

システムの全体構成を図 **7.18** に示す．センサーで検知したアナログデータは近くの計測ハウスでデジタルデータに変換され，道路管理用光通信線を通じて，道路管理者とデータ分析を行う支援大学の研究室に転送される．

転送されたデータは，道路管理者が容易に評価・判定できるように，すべて解析処理して表示され (図 **7.19**)，24 時間リアルタイムで監視される．

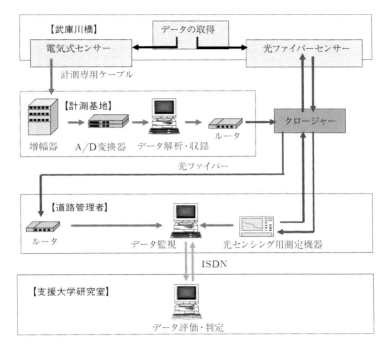

図 7.18 システムの全体構成

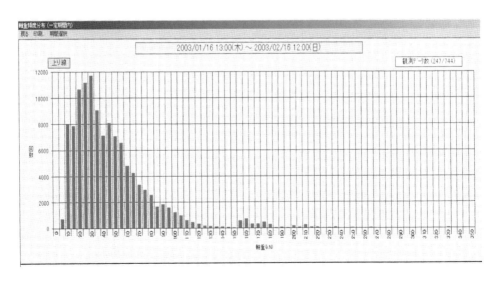

図 7.19 軸重測定結果の表示例

7.4 交通荷重実態調査にもとづく床版の疲労への影響

交通荷重の影響を直接受ける RC 床版の疲労の要因は，軸重と繰返し回数である [10]．

7.2.4 項で紹介したように，大型車には軸数の異なる 7 種類の車種が存在し，また，各軸によっても，荷重特性は大きく異なる．したがって，橋梁の維持管理計画を策定する場合には，交通荷重の実態と各車種の疲労への影響を考慮する必要がある．本節では，**7.3 節**で紹介した交通特性にもとづく RC 床版の疲労への影響について考察する．

7.4.1 疲労損傷率指数の算出方法 [13]

床版の疲労損傷の計算には，応力の m 乗に比例する「べき乗則」が適用できる．
そこで，**式 (7.6)** に示す疲労損傷率指数を定義する．

$$DI = w^m \cdot n \tag{7.6}$$

ここに，DI： 床版の疲労損傷率指数

$\quad n$： 繰返し回数 (回)

$\quad w$： 軸重 (kN)

$\quad m$： 設計疲労曲線の傾きを表すための係数の逆数 (ここでは，**式 (3.65)** による 12.76)

軸重がランダムな場合は，マイナーの線形累積被害則を適用したランダム疲労理論 (**図 7.20**)[14] より，大型車交通量を N 台と想定した場合の**式 (7.6)** は**式 (7.7)** で表される．

$$DI_N = \sum_{i=1}^{7} \sum_{j=1}^{k} W_{ij}^m \cdot a_i \cdot N \tag{7.7}$$

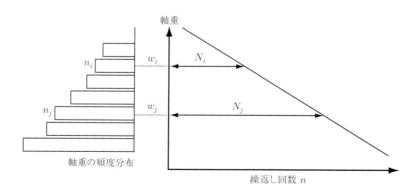

図 7.20 ランダム疲労理論の概念図

ここに，DI_N： 床版の大型車交通量 N 台の場合の疲労損傷率指数

W_{ij} ： タイプ i の j 軸目の軸重 (kN)

a_i ： タイプ i の混入率

N ： 想定する大型車交通量 (台)

なお，本節では測定されたデータの相対頻度により算出したが，確率密度関数により算出することもできる．

7.4.2 車種別の疲労への影響

7.3 節で紹介した交通特性について，大型車交通量を 1000 台/車線・日に想定した場合の疲労損傷率指数および影響率を**表 7.7** に示す．

表 7.7 車種別の床版の疲労への影響

タイプ	軸	混入率 (%)	軸数 (軸)	軸別疲労損傷率指数 $\times 10^{30}$	軸別影響度 (%)	車種別疲労損傷率指数 $\times 10^{30}$	車種別影響率 (%)
1	1 軸	49.2	984	0.035	0.28	0.530	4.31
	2 軸			0.495	4.02		
2	1 軸	30.1	905	0.113	0.92	3.906	31.76
	2 軸			2.912	23.67		
	3 軸			0.882	7.17		
3	1 軸	12.0	360	0.059	0.48	0.224	1.82
	2 軸			0.080	0.65		
	3 軸			0.085	0.69		
4	1 軸	2.7	106	0.000	0.00	2.448	19.90
	2 軸			0.128	1.04		
	3 軸			0.969	7.88		
	4 軸			1.351	10.98		
5	1 軸	3.0	118	0.000	0.00	1.389	11.30
	2 軸			0.883	7.18		
	3 軸			0.086	0.70		
	4 軸			0.420	3.42		
6	1 軸	1.7	83	0.045	0.37	1.348	10.96
	2 軸			0.027	0.22		
	3 軸			0.047	0.38		
	4 軸			0.215	1.74		
	5 軸			1.014	8.24		
7	1 軸	1.4	82	0.000	0.00	2.453	19.95
	2 軸			0.007	0.06		
	3 軸			0.029	0.24		
	4 軸			0.074	0.60		
	5 軸			0.307	2.49		
	6 軸			2.036	16.55		
合計		100	2638	12.300	100	12.300	100

この表から明らかなように，タイプ 2 の疲労損傷率指数が一番大きな値を示しており，とくに 2 軸目の影響が大きいことがわかる．

反対にタイプ 1 は混入率が高いにもかかわらず，影響率は低い値を示した．これはタイプ 1 の軸重が小さく，積載を担う軸が後軸 1 軸のみで軸数も少ないためである．

一方，タイプ 5 ～ 7 のトレーラー類については，軸重が大きく軸数も多いため，混入率と比較して影響率が増大する傾向にある．

7.4.3 路線タイプ別交通特性による車種別の疲労への影響

交通特性が異なれば，当然，床版の疲労への影響も異なる．本項では，路線特性による疲労への影響を確認するため，**7.3.4 項**で分類した四つの路線タイプについて分析した結果を**表 7.8** および**図 7.21** に示す．

車種別の影響率は，**図 7.21** に示すように，湾岸産業道路ではトレーラー類，地方道路・都市近郊道路ではタイプ 2，都市内道路ではタイプ 1 が大きくなるという，路線によってまったく異なる結果となっている．

また，同じ大型車交通量の場合でも，疲労損傷率指数は最大約 70 倍の違いが生じ

表 7.8 各路線タイプの車種別の床版の疲労への影響

(a) 湾岸産業道路

タイプ	混入率 (%)	軸数 (軸)	疲労損傷率指数 $\times 10^{30}$	影響率 (%)
1	30.56	611	1.210	5.15
2	34.22	1026	4.413	18.79
3	19.88	596	0.105	0.45
4	2.05	82	5.780	24.61
5	6.10	244	1.766	7.52
6	3.37	168	3.451	14.69
7	3.83	230	6.763	28.80
計	100	2957	23.487	100

(b) 地方道路

タイプ	混入率 (%)	軸数 (軸)	疲労損傷率指数 $\times 10^{30}$	影響率 (%)
1	38.88	778	0.208	2.13
2	41.65	1249	5.780	59.23
3	11.40	342	0.538	5.51
4	3.27	131	0.769	7.88
5	3.13	125	2.430	24.90
6	1.25	63	0.033	0.34
7	0.41	25	0.001	0.01
計	100	2713	9.758	100

(c) 都市近郊道路

タイプ	混入率 (%)	軸数 (軸)	疲労損傷率指数 $\times 10^{30}$	影響率 (%)
1	59.26	1185	0.054	2.50
2	24.04	721	1.436	66.59
3	9.98	299	0.063	2.91
4	2.79	111	0.334	15.48
5	1.61	64	0.057	2.65
6	1.38	69	0.206	9.56
7	0.95	57	0.007	0.31
計	100	2506	2.156	100

(d) 都市内道路

タイプ	混入率 (%)	軸数 (軸)	疲労損傷率指数 $\times 10^{30}$	影響率 (%)
1	83.51	1670	0.096	27.61
2	11.09	333	0.087	25.11
3	3.26	98	0.086	24.85
4	1.86	74	0.077	22.26
5	0.23	9	0.000	0.03
6	0.04	2	0.000	0.13
7	0.00	0	0.000	0.00
計	100%	2186	0.346	100

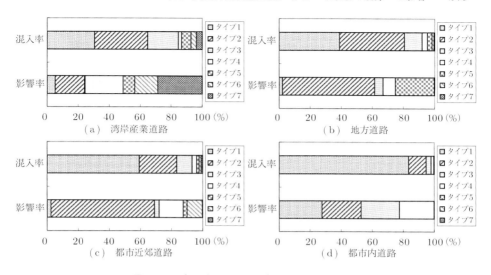

図 7.21 各路線タイプの車種別の混入率と影響率

表 7.9 各路線タイプの床版の疲労損傷率指数

路線分類	車種別疲労損傷率指数 ×10³⁰	比 率 (都市内道路を 1.00)
湾岸産業道路	23.487	67.88
地 方 道 路	9.758	28.20
都 市 近 郊 道 路	2.156	6.23
都 市 内 道 路	0.346	1.00

る結果となる (**表 7.9**). このことから，トレーラー類の混入率が高い路線では，繰返し回数 (総軸数) と軸重が増加するという相乗効果で過酷な疲労損傷を受けていると考えられる．よって，安全でかつ効率的な維持管理計画の策定にあたっては，大型車の断面交通量だけでなく，車種の混入率などの交通特性を総合的に評価する必要があることを強調したい．

おわりに

　道路橋床版の損傷問題が発生して約40年経過したが，既存橋梁数は膨大であり，かつ，未補修のものがやはり膨大な量で残っている．すなわち，床版損傷問題は継続しているといえる．損傷がひどいのに補修がなされずに放置されたままの床版や，初回の補修のままでその後の点検もなされていない床版が多い．管理技術者の認識不足による場合もあるが，安全上，問題があることがわかっていても予算処置ができないなどの問題もあるようである．現在の経済状況では，痛んだ床版，ひいては橋梁を簡単に更新するのは難しく，補修・補強によって長寿命化をはかることが最低限必要と思われる．これらの処置は予防保全も兼ねて，適切，かつ，迅速に行われることを陰ながら願っている．

　近年，わが国の橋梁では，床版だけでなく，種々の構造部位に損傷が発生している．これらは熟練した技術者が発見することが多いが，一般市民の指摘によるものもかなりあるようである．その理由として，ほとんどの損傷に雨水が関係しており，コンクリート構造物では遊離石灰を表面に沈着させた白色が目立ち，鋼構造ではさびが目立つためである．鋼構造の目立つさびも雨水の供給が多いところに卓越する．片持ち部床版に橋軸直角方向のひび割れが発生する確率が高いが，そのひび割れに遊離石灰が激しく沈着している場合，すべてが床版自身の内部に貫通ひび割れが発生しているためといいきれない．コンクリート製の壁高欄に設けられたひび割れ誘発目地がその下の地覆，ならびに床版のひび割れを誘発するとともに，目地に浸入した雨水が床版まで流れ落ちることを可能にしている．しかし，床版表面のみに防水層を設置すれば問題は解決すると一般的に考えられ，設置が実施されているが，少し考えが短絡過ぎるといえる．水みちを正確に把握し，その起点で止水することが重要である．各構造要素は，接合する部位において互いに影響しあっており，そこにどのような応力が伝達されているか，あるいはどのような拘束があるのかを理解することに努めてほしい．

　近年，ISO規格認定を管理機関だけでなく，企業も軒並み取得しているが，取得後はすべての業務に対し，工程ごとにチェックを行い，綿密な記録を残す必要がある．このため，工事に関連する技術者は，これらの関連書類の作成に多くの時間を取られ，現場管理はもちろん，工事内容についても監視する時間を割けない状態が多いと

聞く．また，熟練技術者が若年技術者を教育する時間がないとか，若年技術者は必要な技術書も読む時間がないといったこともよく耳にする．これは，パソコンでのインターネットなどに時間がとられるためと推定できる．橋梁構造物の損傷問題に関しては，過去のすぐれた調査や研究成果が多数公表されているが，それらが有効に活用されていないのが現状のようであり，損傷問題が発生するたびに学識経験者に対処方法について諮問することになる．発注機関はもとより，企業においても専門知識を有する若いエンジニアの育成が急務となっていると，とくに近ごろ強く感じている．

　高速道路では何年かに一度の単位でリフレッシュ工事が実施されているが，片側車線を規制して走行車線と追越車線を交互に補強する工事方法が社会的に許される方法として実施されている．しかし，このような方法で「本当に抜本的な補修・補強工事が行えるのか」と疑問に思うことが多い．LCC を考慮するならば，「取り替える，架け替える」ことが最善の方法と思われる場合が多い．床版も新しいものに取り替えるのが最も信頼性が高く，耐久性の面でもすぐれ，より経済的となる場合も多い．しかし，そのような工事が行えないのがわが国の高速道路の悲運となっている．よりよい社会基盤の持続的確保のため，関係者一同が協力し，社会的コンセンサスを得て，これまで蓄積してきたストックを効率的に保全，あるいは更新していく施策が実施されることを願っている．技術者サイドでも，一般市民の公共工事への理解を得るため，謙虚に情報を公開し，工事の必要性をわかりやすく説明するさらなる努力が必要であろう．

　効率的な道路交通システムの構築と維持は，市民生活の利便性，快適性を向上させるだけでなく，その国の物流の効率化をもたらし，生産性の向上に寄与するものであり，国際競争力の向上にも寄与するものである．橋梁技術者は，このことをあらゆる方面に PR し，道路交通システムの構築と維持管理事業に関する出費に対し，社会的コンセンサスを得ることにもう少し努力を払うべきであろう．

　平成 17 年 4 月に「公共工事の品質確保の促進に関する法律」が施行されたが，この目的は工事発注量の低下にともなう企業間の競争が激しいなかで，談合を排除し，ほとんどの工事を一般競争入札方式に変更することによって生じる低価格入札を防止し，公共工事の品質を確保するためである．最近は入札金額だけではなく，企業の技術内容ならびに技術履行能力を評価する総合評価方式が多用されている．入札とともに対象となる工事を合理的に施工し，環境も適切に考慮しつつ，できあがった構造物に必要かつ十分な機能と安全性を確保する技術提案を提出しなければならない．橋梁を例にとると，主構造に最も適した床版構造の選定，あるいは現場施工の合理化をはかれる床版形式の選定，設計寿命 100 年を超える橋梁における床版の十分な耐荷性と長寿命の耐久性を保証することなどについて，総合評価で高い評価点を得られるよう技術提案書に謳いあげなければならない．

　以上，とりとめもなく，最近の技術や技術者の現状と要求される技術レベルについて述べたが，橋梁という狭い範囲でも，今後，解決に向けて努力すべき問題が多々あると理解していただければと思う次第である．橋梁の構造形式がここ数年の間で大きく変化したが，これには大きな耐荷力と高耐久性のある床版が種々開発されてきたためと思っている．今後の橋梁の発展に本書が少しでも貢献できれば幸いである．

　最後に，本書には未熟な箇所が多々あると指摘されることは否めない．少し時間を頂いて版を改訂する努力を続ける予定にしている．読者各位から厳しいご批判を頂き，改訂を重ねることによって本書がよりよいものとなり，橋梁技術者の座右の書として利用されることを望んで止まない．

編　者　松　井　繁　之
幹事長　石　﨑　　　茂

付　　録

輪荷重走行試験による研究成果と輪荷重走行試験を用いた効果評価の研究リスト

（1）　鉄筋コンクリート床版の劣化機構と耐久性

［1］前田幸雄，松井繁之：道路橋 RC 床版のたわみによる劣化度判定法に関する研究，昭和 58 年土木学会関西支部「既設橋梁構造物およびその構成部材の健全度，耐久性の判定」シンポジウム論文集，pp.107-116，1983.

［2］松井繁之，前田幸雄：道路橋 RC 床版の劣化度判定法の一考察，土木学会論文集，No.374/I-6，pp.419-426，1986.10.

［3］松井繁之：橋梁の寿命予測－道路橋 RC 床版の疲労寿命予測－，安全工学，Vol.30，No.6，pp.432-440，コロナ社，1991.

［4］S.Matsui and K.Muto: Rating of lifetime of a damaged RC slab and replacement by steel plate-concrete composite deck, Technology Reports of Osaka University, 42-2115, pp.329-340, 1992.

［5］松井繁之，竹内修治，武藤和好：重交通路線における RC 床版損傷に対する疲労寿命評価と耐久性向上の一考察，橋梁と基礎，Vol.26，No.11，pp.14-17，建設図書，1992.11.

［6］S.Matsui and K.Muto: Rating for evaluation of deteriorated reinforced concrete slabs of highway bridges, Proceedings on Bridge Management 2—Inspection, Maintenance, Assessment and Repair, pp.75-84, Apr., 1993.

［7］S.Matsui: Deterioration and repair of RC slabs on highway bridges, Proceedings of the 4th East Asia -Pacific Conference on Structural Engineering and Construction, Seoul, pp.911-916. 1993.

［8］石井孝男，谷倉　泉，庄中　憲，國原博司，松井繁之：23 年供用した RC 床版の損傷実態・残存疲労寿命と維持管理との関係に関する基礎的研究，土木学会論文集，No.537/I-35，pp.155-166，1996.

［9］松井繁之：床版の技術開発－耐久性の向上，施工の合理化－，橋梁と基礎，Vol.31，No.8，pp.84-94，建設図書，1997.

（2）　床版防水に関する研究

［1］松井繁之，栗山研一，園田恵一郎，上林厚志：水環境下にある道路橋 RC 床版の耐久性向上のための防水工の研究，土木学会構造工学論文集，Vol.37A，pp.1419-1428，1991.3.

［2］大江博文，大西弘志，松井繁之：防水工を施した床版の水環境下における疲労耐久性，土木学会第二回道路橋床版シンポジウム講演論文集，pp.199-202，2000.

［3］H.Onishi, H.Ohe and S.Matsui: Fatigue durability of waterproof of bridge decks under wheel loads, Proceedings of the 6th International Conference on Short and Medium

Span Bridges, Vancouver, Canada, pp.813-820, 2002.

[４] 青木康素，岡田昌澄，大西弘志，松井繁之：急速施工型浸透系防水工の既存 RC 床版への適用評価，土木学会第四回道路橋床版シンポジウム講演論文集，pp.135-140, 2004.

[５] T.Koura, H.Onishi and S.Matsui: Development of new evaluation method for bonding durability of waterproofing system on RC slab, Proceedings of 1st International Conference of AESE, Nagoya, 2, pp.839-846, 2005.

[６] Y.Aoki, H.Onishi and S.Matsui: Development of a new type of wheel tracking machine, Proceedings of 1st International Conference of AESE, Nagoya, 2, pp.581-586, 2005.

（３）鋼板接着工法の効果評価

[１] 松井繁之，中井　博，栗田章光，黒山泰弘：鋼板接着工法により補強した RC 床版の疲労性状，土木学会合成構造の活用に関するシンポジウム講演論文集，pp.247-254, 1986.

[２] H.Hayashi, M.Okino, S.Matsui and K.Sonoda: Reliability of a repairing method for cracked and damaged RC slab of bridge deck, Pacific Concrete Conference, Auckland, New Zealand, 2, pp.613-624, 1988.

[３] Shigeyuki Matsui: State of the arts of steel plate bonding method in Japan, International Seminar on Structural Repair/Strengthening by The Plate Bonding Technique, The University of Sheffield, pp.1-20, 1990.

（４）上面増厚工法の効果評価

[１] 松井繁之，木村元哉，蓑毛　勉：増厚工法による RC 床版補強の耐久性評価，土木学会構造工学論文集，Vol.38A, pp.1085-1096, 1992.

[２] M.Mizukoshi, H.Shimauchi, H.Kaguma and S.Matsui: Properties of fatigue and the application of slab thickness increasing method using steel fiber reinforced concrete, Proceedings of the 4th International Conference on Short and Medium Span Bridges, Halifax, pp.959-970, 1994.

[３] 水越睦視，島内洋年，鹿熊文博，松井繁之：鋼繊維補強コンクリートの曲げ疲労性状，コンクリート工学協会コンクリート工学年次論文報告集，Vol.16, No.1, pp.1055-1060, 1994.

[４] 水越睦視，松井繁之，手塚光晴，内田美生，粟田　満：コンクリート用短繊維 CF の開発と CFRC の基礎的研究，土木学会構造工学論文集，Vol.44A, pp.81-92, 1998.

[５] M.Mizukoshi, S.Matsui, M.Tezuka, Y.Uchida and M.Awata: Developmental Study on Carbon Fiber Reinforced Concrete and Its Fundamental Properties, 5th International Conference on Short and Medium Span Bridges, Calgary, pp.507-522, 1998.

[６] 細江育夫，安井昌幸，渡辺康行，渡辺孝治，北村　元，松井繁之：移動載荷試験による D-RAP 工法の補強効果の確認，土木学会第一回鋼橋床版シンポジウム講演論文集，pp.311-316, 1998.

[７] 水越睦視，松井繁之：RC 床版部分上面増厚工法の適用性に関する輪荷重走行疲労実験と FEM 解析，コンクリート工学協会第 21 回コンクリート工学年次講演会論文集，pp.1561-1566, 1999.

[８] 水越睦視，松井繁之，手塚光晴，東山浩士，青木真材：各種コンクリートで上面増厚補強された RC 床版の疲労耐久性，土木学会第二回道路橋床版シンポジウム講演論文集，pp.67-74, 2000.

[９] 水越睦視，東山浩士，大西弘志，松井繁之：負曲げモーメントに対する上面増厚床版の

疲労耐久性照査，コンクリート工学協会第 25 回コンクリート工学年次講演会論文集，pp.1117-1122，2003.

（5）　下面増厚工法の効果評価

［1］ 佐藤貢一，渡辺裕一，松井繁之，高井　剣：下面増厚工法による RC 床版補強の耐久性，橋梁と基礎，Vol.30，No.9，pp.23-29，建設図書，1996.9.

［2］ 軽尾助夫，松井繁之，末田彰助，財津公明：PP モルタルを用いた下面増厚工法の床版補強効果確認実験，橋梁と基礎，Vol.31，No.5，pp.23-29，建設図書，1997.5.

［3］ K.Zaitsu, S.Matsui, S.Karuo and S.Sueda: Field loading tests on RC highway bridge slab repaired by increasing slab thickness method at the bottom with PP mortar, 5th International Conference on Short and Medium Span Bridges, Calgary, pp.1249-1262, 1998.

［4］ K.Satoh, Y.Watanabe and S.Matsui: Fatigue resistance of RC slab strengthened by bottom side thickening, 5th International Conference on Short and Medium Span Bridges, Calgary, pp.1741-1754, 1998.

［5］ 伊藤利和，松井繁之，牧添幸徳，財津公明：下面増厚工法によって補強された RC 床版の経年調査結果，土木学会第二回道路橋床版シンポジウム講演論文集，pp.75-82，2000.

［6］ K.Zaitsu, T.Itoh, Y.Makizoe and S.Matsui: Rating of strengthening effect of thickness increasing method from bottom on bridge slabs after 5 years, Proceedings of the 4th Korea-Japan Joint Seminar on Bridge Maintenance, Seoul, Korea, pp.39-51, 2001.

［7］ 東山浩士，松井繁之，伊藤定之，松本　弘：ポリマーセメントモルタルにより下面補強した RC 床版の押抜きせん断耐荷力，土木学会第三回道路橋床版シンポジウム講演論文集，pp.163-168，2003.

［8］ H.Higashiyama and S.Matsui: Punching shear failure models of prestressed concrete slabs, lightweight aggregate concrete slabs and strengthened slabs by bottom thickness increase method on steel bridges, Proceedings of 5th Japanese-German Joint Symposium on Steel and Composite Bridges, Osaka Japan, pp.285-294, 2003.

［9］ H.Higashiyama and S.Matsui: Punching shear capacity of reinforced concrete slabs strengthened by bottom thickness increasing method, Fourth International Conference on Concrete under Severe Conditions, Seoul, pp.1745-1752, 2004.

（6）　炭素繊維シート，アラミド繊維シート補強の効果評価

［1］ 松井繁之，西山清之：ひびわれを有する RC 部材の樹脂系補修材による補修効果に関する疲労実験，土木学会合成構造の活用に関するシンポジウム講演論文集，pp.261-269，1986.10.

［2］ 森　成道，若下藤紀，松井繁之，西川和廣：炭素繊維シートによる床版下面補強効果に関する研究，橋梁と基礎，Vol.29，No.3，pp.25-32，建設図書，1995.

［3］ T.Hoshijima, H.Sakai, H.Otaguro and S.Matui: Experimental study on strengthening effect of high-modulus carbon fiber sheet on damaged concrete deck slab, Japan-USA Workshop on Bridges, pp.1-13, 1997.

［4］ H.Sakai, H.Otaguro, N.Hisabe, T.Hoshijima, T.Ando and S.Matsui: Experimental study on strengthening effects of high-modulus carbon fiber on damaged concrete deck slab, 5th International Conference on Short and Medium Span Bridges, Calgary, pp.475-486, 1998.

［5］板野次雅，松井繁之：炭素繊維シートによる床版補強に関する研究，土木学会第一回鋼橋床版シンポジウム講演論文集，pp.277-282，1998.

［6］星島時太郎，坂井広道，太田黒博文，松井繁之：損傷した道路橋床版の炭素繊維シートによる補強効果に関する実験的研究，橋梁と基礎，Vol.32，No.9，建設図書，1998.9.

［7］松井繁之，板野次雅，鈴川研二，小林　朗：鋼橋床版の炭素繊維シート補強におけるシート貼付け順序に関する一考察，土木学会第二回道路橋床版シンポジウム講演論文集，pp.89-94，2000.

［8］M.Okada, A.Kobayashi, H.K.Chai and S.Matsui: Fatigue bond of carbon fiver sheets and concrete in RC slabs strengthened by CFRP, Proceedings of the Sixth International Symposium on FRP Reinforcement for Concrete Structures (FRPRCS-6), Singapore, 2, pp.865-874, 2003.

［9］岡田昌澄，大西弘志，松井繁之，小林　朗：格子配置された炭素繊維シートによる床版補強効果，土木学会第三回道路橋床版シンポジウム講演論文集，pp.175-180，2003.

［10］前田敏也，小牧秀之，上東　泰，松井繁之：緩衝材を用いた炭素繊維シート接着工法で補強されたRC床版の疲労耐久性，コンクリート工学協会第25回コンクリート工学年次講演会論文集，pp.1885-1890，2003.

［11］H.Onishi, S.Matsui, M.Okada and H.Fukagawa: Fatigue life extension of damaged RC slabs by strengthening with carbon sheet attaching method, Proceedings of 5th Japanese-German Joint Symposium on Steel and Composite Bridges, Osaka Japan, pp.307-316, 2003.

［12］H.Fukagawa, N.Hisabe and S.Matsui: Fatigue test of concrete decks reinforced with carbon fiber sheets, Japan-USA Work Shop, 2003.

［13］H.K.Chai, T.Kimura, H.Onishi and S.Matsui: Application of warp-knitted heavy carbon fiber sheets on the strengthening of deteriorated RC slabs, Proceedings of the 5th Japan-Korea Joint Seminar on Bridge Maintenance, Osaka, pp.259-268, 2004.

［14］小林　朗，岡田昌澄，蔡　華堅，松井繁之：炭素繊維シート格子接着法により補強したRC床版の疲労耐久性，コンクリート工学協会第27回コンクリート工学年次講演会論文集，pp.1513-1518，2005.6.

［15］H.K.Chai, H.Onishi and S.Matsui: Application of AFS in Strengthening of Deteriorated RC Bridge Slabs Subjected to Wheel Load, コンクリート工学協会第27回コンクリート工学年次講演会論文集，pp.1531-1536, 2005.

［16］H.K.Chai, S.Matsui,H.Onishi,M.Ahimonishi ad A.Kobayasi: Prediction of extended fatigue life of RC deck slabs, Proc.s of 5th Symposium on Decks of Highway Bridges, pp.167-172, July 2006.

［17］中島規道，樋口　昇，井之上賢一，小林健二郎，蔡　華堅，松井繁之：アラミド繊維シートで下面補強した道路橋PC床版の疲労耐久性，土木学会第五回道路橋床版シンポジウム講演論文集，pp.173-178，2006.7.

［18］H.K.Chai, H.Onishi, S.Matsui: Application of CFRP sheets with high fiber density in strengthening RC slabs subjected to fatigue load, Proceedings of The Third International Conference on Bridge Maintenance, Safety and Management, Porto, Portugal, July 16-19, 2006, pp.1023-1025(Abstract), Full paper in CDR, 2006.7.16-19.

(7)　外ケーブルを用いた床版補強の研究

[1]　松井繁之，東山浩士，林　功治：外ケーブルによりプレストレスした合成桁橋プレキャスト RC 床版の力学性状の向上に関する研究，鋼構造協会鋼構造論文集 4-13，pp.9-18，1997.11.

[2]　松井繁之，東山浩士，江頭慶三，太田博士：外ケーブルを併用した既設合成桁橋の連続化，鋼構造協会鋼構造論文集，1999.11.

(8)　合成床版化を用いた鋼床版の耐久性向上に関する研究

[1]　S. Matsui and H.Matoba: Fatigue strength of orthotropic steel deck and retrofitting into composite steel deck, 6th Japanese German Bridge Symposium, Munich Germany, pp.73-74(Abstract), CDR(Full paper), 2005.

[2]　高田佳彦，平野敏彦，坂野昌弘，松井繁之：阪神高速道路における鋼床版の疲労損傷と要因分析の検討，土木学会第五回道路橋床版シンポジウム講演論文集，pp.253-258，2006.7.

[3]　服部雅史，的場栄孝，松井繁之，古市　亨，伊藤正一：既設鋼床版の合成鋼床版化による疲労耐久性向上に関する研究，土木学会第五回道路橋床版シンポジウム講演論文集，pp.259-264，2006.7.

参 考 文 献

第 1 章

[1] 国広哲男：道路橋床版の問題点，橋梁と基礎，Vol.2，No.7，建設図書，1968.7.

[2] 太田　実：床版の破損と対策，橋梁と基礎，Vol.4，No.10，建設図書，1970.10.

[3] 太田　実：道路橋配力鉄筋量の検討，土木技術資料，Vol.10-1，pp.20-25，1967.

[4] 日本道路協会橋梁委員会：鋼道路橋床版の設計に関する暫定基準 (案) および施工に関する注意事項，道路，No.332，1968.10.

[5] 国広哲男，井刈治久：床版支持桁の不等沈下によって生じる床版の曲げモーメント，土木技術資料，Vol.13-1，No.5，1971.1.

[6] 土木学会関西支部，鉄筋コンクリート床版疲労設計委員会：鉄筋コンクリート床版の損傷と疲労設計へのアプローチ，1977.1.

[7] 岡田　清，岡村宏一，園田恵一郎，島田　功：道路橋鉄筋コンクリート床版のひび割れ損傷と疲労性状，土木学会論文報告集，第 321 号，pp.49-60，1982.5.

[8] 前田幸雄，松井繁之：輪荷重動移動装置による道路橋床版の疲労に関する研究，コンクリート工学協会第 6 回コンクリート工学年次講演会論文集，pp.221-224，1984.5.

[9] 阪神高速道路公団，阪神高速道路管理技術センター：道路橋 RC 床版のひび割れ損傷と耐久性，1991.12.

[10] 土木学会：鋼構造物シリーズ⑨ B，鋼構造物設計指針 PART B 合成構造物 [平成 9 年版]，1997.9.

第 2 章

[1] 土木学会関西支部，鉄筋コンクリート床版疲労設計委員会：鉄筋コンクリート床版の損傷と疲労設計へのアプローチ，1977.1.

[2] 岡田　清，岡村宏一，園田恵一郎，島田　功：道路橋鉄筋コンクリート床版のひび割れ損傷と疲労性状，土木学会論文報告集，第 321 号，pp.49-60，1982.5.

[3] 前田幸雄，松井繁之：輪荷重動移動装置による道路橋床版の疲労に関する研究，コンクリート工学協会第 6 回コンクリート工学年次講演会論文集，pp.221-224，1984.5.

[4] 阪神高速道路公団，阪神高速道路管理技術センター：道路橋 RC 床版のひび割れ損傷と耐久性，1991.12.

[5] 西川和廣，見波　潔，柏原荘助，山本幹雄：広暮坪陸橋の塩害による損傷と対策，① 過去の損傷および補修，橋梁と基礎，Vol.27，No.11，建設図書，1993.11.

[6] 児島孝之，杉江　功，丸山　悟，村山康雄：アルカリ骨材反応による RC 床版の損傷と補修，コンクリート工学，Vol.32，No.2，コンクリート工学協会，1994.2.

[7] 宮川豊章：アルカリ骨材反応による鉄筋破断が生じた構造物の安全性評価，土木学会 コンクリート委員会アルカリ骨材反応対策小委員会報告，土木学会誌，Vol.88，No.9，2003.9.

[8] 角田与史雄，藤田嘉夫：RC スラブの疲労押し抜きせん断強度に関する基礎的研究，土木学会論文報告集，第 317 号，pp.149-157，1982.1.

[9] 後藤裕司：鋼橋 RC 床版の破損機構に関する一考察，橋梁と基礎，Vol.17，No.8，pp.111-115，建設図書，1983.8.

[10] 松井繁之：道路橋コンクリート系床版の疲労と設計法に関する研究，大阪大学学位論文，1984.11.

[11] Siemes, A. J. M.: Miner's Rule with Respect to Plain Concrete Variable Amplitude Tests, ACI SP-75, pp.343-372, 1982.

[12] 三木千寿，豊福俊康，吉村洋司，村越　潤：道路橋の疲労照査のための活荷重実応力比，土木学会論文集，第 386／Ⅰ-8，pp.125-133，1987.10.

[13] 中谷昌一，内田賢一，西川和廣他：道路橋床版の疲労耐久性に関する試験，国土技術政策総合研究所資料第 28 号，p.46，2002.3.

[14] 松井繁之：移動荷重を受ける道路橋 RC 床版の疲労強度と水の影響について，コンクリート工学協会第 9 回コンクリート工学年次講演会論文集，pp.627-632，1987.

[15] 土木学会：2001 年制定　コンクリート標準示方書・維持管理編，2001.1.

第 3 章

[1] 日本道路協会：道路橋示方書・同解説，Ⅰ共通編，Ⅱ鋼橋編，2002.2.

[2] Zienkiewicz O. C. and Cheung Y. K.: The finite element method for analysis of elastic isotropic and orthotropic slabs, Proc. Inst. Civ. Eng., 28, pp.471-488, 1964.

[3] Timoshenko, S., Woinowsky-Krieger S.: Theory of plate and shells, Macgraw-Hill, pp.364-371, 1959.

[4] 土木学会：鋼構造物シリーズ⑨ B，鋼構造物設計指針 PART B 合成構造物 [平成 9 年版]，1997.9.

[5] 前田幸雄，松井繁之：道路橋 RC 床版の設計曲げモーメント式に関する一考察，土木学会論文報告集，第 252 号，pp.82-93，1976.8.

[6] 松井繁之，石崎　茂：2 方向支持された長支間道路橋 RC 床版の設計曲げモーメント式について，土木学会構造工学論文集，Vol.42A，pp.1031-1038，1996.3.

[7] 石崎　茂，松井繁之：2 方向支持された道路橋 RC 床版の劣化機構と耐久性評価法に関する研究，土木学会論文集 No.738／Ⅰ-64，pp.257-270，2003.7.

[8] 国広哲男，井刈治久，伊藤　満：床版支持桁の不等沈下によって生じる床版の曲げモーメント計算図表その 1，土木研究所資料第 771 号，1972.9.

[9] 佐伯彰一，高野義武，平山伸司：床版支持桁の不等沈下によって生じる床版の曲げモーメント計算図表その 3，土木研究所資料第 1338 号，1978.2.

[10] Ingerslev, A.: The strength of rectangular slabs, Journal of Institute Structural Engineers, Vol.1, No.1, 1923.

[11] Johansen, K. W.: Yield Line Theory, English Translation, Cement and Concrete Association, London, 1962.

[12] Park, R. and Gamble, W. L.: Reinforced Concrete Slabs, Second Edition, John Wiley & Sons, Inc., 1999.

[13] 東　洋一：鉄筋コンクリートスラブの降伏線理論と終局耐力，コンクリートジャーナル，Vol.6，No.10，pp.40-49，土木学会，1968.

[14] Report of ACI-ASCE Committee 326: Shear and Diagonal Tension Part 3, ACI

Journal, Vol.59, No.3, pp.353-394, 1962.

[15] 角田与史雄，井藤昭夫，藤田嘉夫：鉄筋コンクリートスラブの押抜きせん断耐力に関する実験的研究，土木学会論文報告集，第 229 号，pp.105-115，1974.

[16] 前田幸雄，松井繁之：鉄筋コンクリート床版の押抜きせん断耐荷力の評価式，土木学会論文報告集，第 348 号，pp.133-141，1984.

[17] 土木学会：2002 年制定　コンクリート標準示方書・構造性能照査編，，pp.67-75，2002.

[18] ACI 318-05/318R-03: Building code requirements for structural concrete and commentary, American Concrete Institute, 2003.

[19] 松井繁之，谷垣博司，平塚慶達：橋梁を利用した自動車荷重測定と車種別特性に関する研究，機械学会関西支部第 72 期定期総会講演会講演論文集，No.974-1，1997.

[20] 建設省土木研究所：設計活荷重に関する研究 (交通荷重の実態と橋梁設計への適用)，土木研究所資料第 701 号，1971.

[21] 日本道路協会：鋼道路橋設計示方書，1964.

[22] 前田幸雄・松井繁之：輪荷重動移動装置による道路橋床版の疲労に関する研究，コンクリート工学協会第 6 回コンクリート工学年次講演会論文集，pp.221-224，1984.5.

[23] 松井繁之：橋梁の寿命予測，安全工学，Vol.30，No.6，pp.432-440，コロナ社，1991.

[24] 松井繁之：道路橋コンクリート系床版の疲労と設計法に関する研究，大阪大学学位論文，1984.

[25] 松井繁之：移動荷重を受ける道路橋 RC 床版の疲労強度と水の影響について，コンクリート工学協会第 9 回コンクリート工学年次講演会論文集，pp.627-632，1987.

[26] Siemes, A. J. M. : Miner's rule with respect to plain concrete variable amplitude tests, ACI SP-75, pp.343-372, 1982.

[27] 松井繁之，前田幸雄：道路橋 RC 床版の劣化度判定法の一提案，土木学会論文集，第 374 号/I-6，pp.419-426，1986.

[28] 関口幹夫，國府勝郎：FWD による床版の健全度評価手法の検討，土木学会第三回道路橋床版シンポジウム講演論文集，pp.145-150，2003.6.

第 4 章

[1] 日本道路協会：道路橋示方書・同解説 I 共通編，II 鋼橋編，2002.3.

[2] 日本道路協会：道路橋示方書・同解説 I 共通編，III コンクリート橋編，2002.3.

[3] 土木学会：2001 年制定　コンクリート標準示方書・維持管理編，2001.1

[4] 土木学会：2002 年制定　コンクリート標準示方書・構造性能照査編，2002.3.

[5] 土木学会：2002 年制定　コンクリート標準示方書・施工編，2002.3.

[6] 松井繁之，合田研吾：自動車荷重特性と設計活荷重，土木学会第 47 回年次学術講演会講演概要集，第 1 部，pp.1236-1237，1992.

[7] 日本橋梁建設協会：合成床版設計・施工の手引き，2005.5.

[8] 土木学会：鋼構造物シリーズ⑨ B，鋼構造物設計指針 PART B 合成構造物 [平成 9 年版]，1997.9.

[9] プレストレストコンクリート建設業協会：プレストレストコンクリート施工管理基準 (案)，1998.

[10] 日本道路協会：コンクリート道路橋施工便覧，1998.1.

[11] 高速道路技術センター：第二東名高速道路長支間場所打ち PC 床版の設計施工に関する技術検討報告書，2002.

[12] 土木学会：プレストレストコンクリート工法設計施工指針，コンクリートライブラリー，第 66 号，1991.4.

[13] プレストレストコンクリート技術協会：PC 定着工法，1988.

[14] 高橋昭一，志村 勉，橘 吉宏，小西哲司：PC 床版 2 主 I 桁橋「ホロナイ川橋」の設計および解析・試験研究，橋梁と基礎，Vol.30，No.2，pp.23-30，建設図書，1996.2.

[15] 水口和之，村山 陽，北山耕造，山下茂樹：東海大府高架橋におけるプレキャスト PC 床版の設計と施工，プレストレストコンクリート，Vol.40，No.2，pp.19-30，プレストレストコンクリート技術協会，1998.3.

[16] 本間淳史，長谷俊彦，榊原和成，中村和己，上原 正，河西龍彦：長支間場所打ち PC 床版の設計と施工 —第二東名高速道路薬科川橋—，橋梁と基礎，Vol.36，No.10，pp.2-10，建設図書，2002.10.

[17] 道路建設に関する回覧 (ARS)，Verkehrsblatt-Dokument Nr.B5255-Vers.，Nov.1994.

[18] 本間淳史：場所打ち PC 床版を有する鋼橋の合理化建設に関する研究，大阪大学学位論文，2006.1.

[19] 日本橋梁建設協会：PC 床版を有するプレストレスしない連続合成桁設計要領 (案)，1996.3.

[20] 土木学会：平成 8 年制定 コンクリート標準示方書・設計編，1996.

[21] 寺田典生，福永靖雄，本間淳史，會澤信一，高瀬和男，福田長司郎：長支間場所打ち PC 床版における温度応力に関する考察，橋梁と基礎，Vol.36，No.9，pp.36-45，建設図書，2002.9.

[22] 八部順一，河西龍彦，西垣義彦，益子博志，寺田典生，丸山久一，松井繁之：長支間場所打ち PC 床版の施工時ひび割れに関する実験検証，橋梁と基礎，Vol.39，No.6，pp.19-28，建設図書，2005.6.

[23] 緒方紀夫，中須 誠，岩立次郎，春日井俊博，大野 崇：鋼連続合成桁中間支点部の PC 床版疲労実験，土木学会構造工学論文集，Vol.43A，pp.1277-1284，1997.3.

[24] 松井繁之：プレストレッシングによる道路橋床版の耐久性向上について，プレストレストコンクリート技術協会，第 6 回プレストレストコンクリートの発展に関するシンポジウム論文集，pp.163-168，1996.10.

[25] プレストレスト・コンクリート建設業協会：PC 床版設計・施工マニュアル (案)，1999.5.

[26] 松井繁之，太田孝二，西川和廣：プレキャスト床版，橋梁と基礎，Vol.31，No.9，pp.36-41，建設図書，1998.9.

[27] 金閏七：プレキャストコンクリート床版における継手の力学的特性と疲労耐久性に関する研究，大阪大学学位論文，2000.12.

[28] 中井 博 編：プレキャスト床版合成桁橋の設計・施工，森北出版，1988.

[29] 本間淳史，河西龍彦，林 暢彦，松村寿男：長支間場所打ち PC 床版 (薬科川橋) の FEM 解析に基づく設計曲げモーメント，土木学会第 55 回年次学術講演会講演概要集，共通セッション，CS-278，pp.556-557，2000.9.

[30] 真鍋英規，松井繁之：チャンネル形状プレキャスト PC 床版の力学的特性および設計手法に関する研究，土木学会論文集 No.745/ I -65，pp.89-104，2003.10.

[31] 駒井鉄工，片山ストラテック，栗本鐵工所：鋼・コンクリート合成床版 パイプスラブ設計・施工マニュアル (案)，2004.8.

[32] 住友金属工業：TRC 床版設計・施工の手引き (案)，2004.7.

[33] 田中正明，中村隆志，中本啓介，橘 肇，大久保宣人，大山 理：鋼管を用いた鋼・コ

ンクリート合成床版の型枠剛性試験，土木学会第 58 回年次学術講演会講演概要集，共通
セッション，CS6-033，2003.9.

[34] 松井繁之，佐々木　洋，渡辺　滉，武藤和好：合成床版の走行荷重による疲労試験 (第二
報)，土木学会関西支部昭和 62 年度年次学術講演会講演概要，I-42，1987.4.

[35] 松井繁之，佐々木　洋，福本唟士，梶川靖治：走行荷重下における鋼板・コンクリート合成
床版の疲労特性に関する研究，土木学会構造工学論文集，Vol.34A，pp.409-420，1988.3.

[36] 松井繁之，文兌景，福本唟士：鋼板・コンクリート合成床版中のスタッドの疲労破壊性
状について，土木学会構造工学論文集，Vol.39A，pp.1303-1311，1993.3.

[37] 橋の疲労設計に関する研究グループ (代表：松井繁之)：橋の疲労設計に関する研究，土
木学会関西支部共同研究グループ報告書，1993.5.

[38] 平城弘一，栗田章光，赤尾親助：スタッドの押抜き挙動に及ぼす影響因子に関する基礎
的研究，土木学会合成構造の活用に関するシンポジウム講演論文集，pp.81-90，1986.9.

[39] 赤尾親助，栗田章光，平城弘一：頭付きスタッドの押抜き挙動に及ぼすコンクリートの
打込み方向の影響，土木学会論文集，No.380/I-7，pp.311-320，1987.4.

[40] 土木学会：複合構造物の性能照査指針 (案)，構造工学シリーズ 11，2002.10.

[41] 松井繁之，平城弘一，福本唟士：頭付きスタッドの強度評価式の誘導 —疲労強度評価式
—，土木学会構造工学論文集，Vol.35A，pp.1233-1244，1989.3.

[42] 日本鋼構造協会：鋼構造物の疲労設計指針・同解説，1993.4.

[43] 松井繁之，秋山　武，渡辺　滉：合成鋼床版合成桁・田中橋の設計と施工，橋梁，Vol.22，
No.11，pp.31-39，橋梁編纂会，1986.11.

[44] Hitz 日立造船：Hit スラブ設計・施工マニュアル (案)，2003.9.

[45] 強化プラスチック協会：FRP 構造設計便覧，1994.9.

[46] 石崎　茂，久保圭吾，松井繁之：FRP 永久型枠を用いた RC 床版の静的強度・疲労耐久
性に関する研究，土木学会構造工学論文集，Vol.40A，pp.1413-1424，1994.3.

[47] 石崎　茂，久保圭吾，松井繁之：FRP 合成床版の輪荷重走行試験機による階段状載荷試
験，土木学会第二回道路橋床版シンポジウム講演論文集，pp.113-118，2000.10.

[48] 渡辺　明：床版工事の近代化と PC 合成床版工法，土木学会論文集，No.414/V-12，1990.2.

[49] PC 合成床版工法協会：PC 合成床版工法，カタログ，2000.3.

[50] 川崎邦重，松崎正明：埋設型枠を用いた床版 (PC 合成床版) の設計と施工，プレストレ
ストコンクリート，Vol.29，No.2，pp.27-34，プレストレストコンクリート技術協会，
1983.4.

[51] 土木学会：PC 合成床版工法設計施工指針 (案)，コンクリートライブラリー，第 62 号，
1987.3.

[52] PC 合成床版協会：道路橋 PC 合成床版工法設計施工便覧，平成 14 年度版，2002.

[53] 阪神高速道路公団，日本材料学会：PC 埋設型枠床版の耐荷性状に関する調査研究報告
書，1982.3.

[54] 澤田浩昭，西川和廣，神田昌幸，内田賢一：PC 合成げた橋 (PC 合成床版タイプ) に関す
る実験および解析，プレストレストコンクリート技術協会，第 7 回プレストレストコン
クリートの発展に関するシンポジウム論文集，pp.61-64，1997.10.

[55] 建設省土木研究所構造橋梁部橋梁研究室，プレストレストコンクリート建設業協会：コ
ンクリート橋の設計・施工の省力化に関する共同研究報告書 (II)—PC 合成げた橋 (PC
合成床版タイプ) に関する研究—，整理番号 No.215，1998.10.

292 参考文献

[56] プレストレストコンクリート建設業協会：PRESTRESSED CONCRETE YEAR BOOK，第 22 報，プレストレストコンクリート，1995.

[57] 谷口義則，肥沼年光，堀川都志雄：ハーフプレキャスト合成床版の応力と断面力について，土木学会第二回道路橋床版シンポジウム講演論文集，2000.10.

[58] 岡本　浩，川島知佳夫，木村勝利，平岩昌久，土谷逸郎，松井繁之：トラス鉄筋付 PC 版合成床版の疲労耐久性，土木学会第一回道路橋床版シンポジウム講演論文集，1998.10.

[59] 岡本　浩，木村勝利，平岩昌久，中内悠介，松井繁之：トラス鉄筋付 PC 版合成床版の疲労耐久性，土木学会関西支部，平成 11 年度年次学術講演概要，1999.5.

[60] Okamoto, H., Hiraiwa, M., Tuchiya, I. and Matsui, S. : Fatigue durability of composite slabs consisting of prestressed half precast decks and in-situ concrete, The Second International Symposium on Prefabrication, May, 2000.

[61] 谷口義則：輪荷重走行実験によるハーフプレキャスト合成床版の挙動および実橋床版への適用について，大阪工業大学修士論文，2001.2.

[62] 岡本　浩：プレキャスト版合成床版の高度化に関する研究，京都大学学位論文，2003.9.

[63] 建設省土木研究所：道路橋床版の輪荷重走行試験における疲労耐久性評価手法の開発に関する共同研究報告書，第 221 号，1999.3.

[64] 建設省土木研究所：道路橋床版の輪荷重走行試験における疲労耐久性評価手法の開発に関する共同研究報告書 (その 3)，第 223 号，1999.10.

[65] 建設省土木研究所：道路橋床版の輪荷重走行試験における疲労耐久性評価手法の開発に関する共同研究報告書 (その 5)，第 223 号，2001.3.

[66] 左東有次，日野伸一，松井繁之，平岩昌久，児玉　崇：トラス鉄筋ハーフプレハブ合成床版の構造特性に関する実験的研究—架設系における静的曲げ性状—，土木学会第二回道路橋床版シンポジウム講演論文集，2000.10.

[67] 岡本　浩，小櫃一巳，川島知佳夫：トラス鉄筋付ハーフプレキャスト版を用いた合成床版の開発，土木学会プレキャストコンクリートの力学的特性に関するシンポジウム講演論文集，2001.6.

[68] 左東有次，日野伸一，松井繁之，平岩昌久：トラス鉄筋ハーフプレハブ合成はりの架設系及び完成系における曲げ特性，コンクリート工学協会第 23 回コンクリート工学年次講演会論文集，Vol.23，No.1，2001.7.

[69] 左東有次，日野伸一，平岩昌久，児玉　崇，太田俊昭：トラス鉄筋ハーフプレハブ合成床版の押抜きせん断耐力に関する研究，土木学会第 56 回年次学術講演会，2001.10.

[70] 道路保全技術センター：打ち換え用プレキャスト床版の計画資料 (平成 12 年度報告書)，2001.3.

[71] 建設省土木研究所：コンクリート橋の設計・施工の省力化に関する共同研究報告書 (Ⅱ)—PC 合成げた橋 (PC 合成床版タイプ) に関する研究—，共同研究報告書，第 215 号，1998.12.

[72] 松井繁之，川本安彦，梨和　甫：トラス鉄筋によりせん断補強した RC 床版の疲労耐久性，土木学会第 49 回年次学術講演会講演概要集，pp.682-683，1994.9.

[73] DIN 1045 : Beton und Stahlbeton, pp.173-188, Jul., 1988.

[74] 高橋昭一，志村　勉，木村　宏，小西哲司：PC 床版 2 主桁橋「ホロナイ川橋」の現場施工，橋梁と基礎，Vol.30，pp.2-7，建設図書，1996.3.

[75] 角田安一，山寺徳明，関沢　進，北島彰夫：首都高速道路 5 号線に採用したプレキャスト

床版，橋梁と基礎，Vol.5，No.3，pp.34-43，建設図書，1971.3.

[76] 横河ブリッジ，横河工事：新形式プレキャスト床版の開発，横河テクニカルパンフレット No.1.

[77] 松井繁之，角　昌隆，向井盛夫，北山耕造：RC ループ継手を有するプレキャスト床版接合部の疲労耐久試験，プレストレストコンクリート技術協会第 6 回プレストレストコンクリートの発展に関するシンポジウム論文集，pp.149-154，1996.10

[78] 加形　護，中丸　貢，石田　稔，児玉孝喜，西川隆晴・栗原和彦：SFRC 舗装による鋼床版の疲労損傷対策，橋梁と基礎，Vol.38，pp.27-32，建設図書，2004.10.

[79] 三田村　浩，今野久志，松井繁之，須田久美子，福田一郎：高靭性セメント複合材料で上面増厚した鋼床版の輪荷重走行試験，土木学会第 60 回年次学術講演会講演概要集，共通セッション，CS2-057，pp.157-158，2005.9.

[80] 伊藤康幸，池田博之，筒井孝幸，肥沼年光，堀川都志雄，松井繁之：ハーフプレキャスト合成床版の設計・施工，橋梁と基礎，Vol.38，pp.21-27，建設図書，2004.9.

[81] 河西龍彦，村田　茂，中島義信，竹田憲史：トラス鉄筋付 PCF 版合成床版 (ハーフプレハブ合成床版) の開発，土木学会第 55 回年次学術講演会講演概要集，共通セッション，CS-282，pp.564-565，2000.9.

[82] 東山浩士，松井繁之：走行荷重による橋軸方向プレストレスしたコンクリート床版の疲労耐久性に関する研究，土木学会論文集，No.605/Ⅰ-45，pp.79-90，1998.10.

[83] 大西弘志，松井繁之：橋軸直角方向にプレストレスを導入した鉄筋コンクリート床版の疲労耐久性，土木学会構造工学論文集，Vol.44A，pp.1373-1382，1998.3.

[84] 松井繁之，中井　博，袴田文雄，竹中裕文：プレストレスを導入するプレキャスト床版の継目部の連続性と耐荷力に関する実験的研究，土木学会構造工学論文集，Vol.34A，pp.275-284，1988.3.

[85] 松井繁之：プレストレッシングによる道路橋床版の耐久性向上について，プレストレストコンクリート技術協会，第 6 回プレストレストコンクリートの発展に関するシンポジウム論文集，pp.163-168，1996.10.

第 5 章

[1] 日本道路公団試験研究所：防水システム設計・施工マニュアル (案)，2001.3.

[2] 大江博文，大西弘志，松井繁之：防水工を施した床版の水環境下における疲労耐久性，第二回道路橋床版シンポジウム講演論文集，pp.199-202，2000.10.

[3] 災害科学研究所：道路橋床版高機能防水システムの耐久性評価に関する研究報告書，2005.9.

[4] 日本道路協会：道路橋鉄筋コンクリート床版防水層設計・施工資料，1987.1.

第 6 章

[1] 全国道路利用者会議：道路統計年報 − 2006 年版 −，2006.8.

[2] 西川和廣，村越　潤，上仙　靖，福地友博，中嶋浩之：橋梁の架替に関する調査結果 (Ⅲ)，土木研究所資料，第 3512 号，1997.10.

[3] 土木学会メインテナンス工学連合小委員会：社会基盤メインテナンス工学，東京大学出版会，2004.3.

[4] 大西弘志：橋梁構造における各種損傷の評価とその対策に関する研究，大阪大学学位論文，2005.12.

[5] 土木学会：2001 年制定　コンクリート標準示方書・維持管理編，2001.1.

[6] 前田幸雄，松井繁之：道路橋 RC 床版のたわみによる劣化度判定法に関する研究，土木学会関西支部昭和 47 年「既設橋梁構造物およびその構成部材の健全度，耐久性の判定」シンポジウム論文集，pp.107-116，1983.

[7] 前田幸雄，松井繁之：輪荷重動移動装置による道路橋床版の疲労に関する研究，コンクリート工学協会第 6 回コンクリート工学年次講演会論文集，pp.221-224，1984.

[8] 東京測器研究所パンフレット：Ｍ式方向ひび割れ計

[9] 土木学会鋼構造委員会道路橋床版の調査研究小委員会：道路橋床版の新技術と性能照査型設計・第 4 分科会報告・RC 床版の維持管理，pp.281-304，2004.11.

[10] 松井繁之，前田幸雄：道路橋 RC 床版の劣化度判定法の一考察，土木学会論文集第 374 号 I-6，pp.419-426，1986.

[11] H.K.Chai, H.Onishi, S.Matsui: Application of CFRP sheets with high fiber density in strengthening RC slabs subjected to fatigue load, Proceedings of The Third International Conference on Bridge Maintenance, Safety and Management, Porto, Portugal, pp.1023-1025(Abstract), Full paper in CDR. 2006.7.16-19.

[12] 小林　朗，岡田昌澄，蔡　華堅，松井繁之：炭素繊維シート格子接着法により補強した RC 床版の疲労耐久性，コンクリート工学協会第 27 回コンクリート工学年次講演会論文集，pp.1513-1518, 2005.

[13] 中島規道，樋口　昇，井之上賢一，小林健二郎，蔡　華堅，松井繁之：アラミド繊維シートで下面補強した道路橋 PC 床版の疲労耐久性，土木学会第五回道路橋床版シンポジウム講演論文集，pp.173-178，2006.7.

[14] H.K.Chai:Improvement of RC slab fatigue durability by FRP sheet strengthening, 大阪大学学位論文，2005.12.

第 7 章

[1] 建設省土木研究所：設計活荷重に関する研究 (交通荷重の実態と橋梁設計への適用)，土木研究所資料第 701 号，1971.

[2] 阪神高速道路公団，阪神高速道路管理技術センター：阪神高速道路の設計荷重体系に関する調査研究，設計荷重（HDL）委員会報告書，1986.12.

[3] 三木千壽，村越　潤，米田利博：走行車両の重量測定，橋梁と基礎，Vol.21，No.4，建設図書，1987.4.

[4] 松井繁之，EL-HARIM：RC 床版のひび割れ開閉量による輪荷重の測定に関する研究，土木学会構造工学論文集，Vol.35A，pp.407-418，1989.3.

[5] 井藤詳三：W.I.M を用いた走行車両の荷重特性の調査と荷重特性を利用した橋梁の安全性評価に関する研究，大阪大学修士論文，2005.2.

[6] 本摩　敦：実測に基づく自動車荷重特性と道路橋の活荷重に関する研究，大阪大学修士論文，1991.2.

[7] Shozo Ito, Shigeyuki Matsui, Hiroshi Tanigaki：Characteristics of axle loads and total weight of large vehicles measured by a WIM method at slab concrete cracks, Proc of the 2nd Int. Conf. on Bridge Maintenance, Safety and Management,18-22 Oct., 2004, Kyoto, Japan. pp.18-22，2004.10.

[8] 日本道路協会：道路橋示方書・同解説，Ⅰ共通編，Ⅱ鋼橋編，2002.3.

[9] 谷垣博司：近畿管内の道路橋における交通荷重の実態から見た路線別交通特性と橋梁部

材の確率論的安全性評価に関する基礎的研究，大阪大学修士論文，1996.2.

[10] 松井繁之：道路橋コンクリート系床版の疲労と設計法に関する研究，大阪大学学位論文，1984.11.

[11] 石井孝男，篠原修二：東名高速道路の通行車両の連行特性，土木学会論文集，No.492/IV-23，pp.29-46，1994.

[12] 本田武志，谷垣博司，飯田祐三，岸野啓一：震災の影響調査に対する京阪神都市圏での取り組み，土木学会土木計画学研究・講演集，No.19(2)，pp.311-314，1996.11.

[13] 平塚慶達：実測荷重を用いた道路橋部材の設計荷重に関する研究，大阪大学修士論文，1998.2.

[14] 日本道路協会：鋼道路橋の疲労設計指針，2002.3.

索　　引

編著者略歴

松井　繁之（まつい・しげゆき）

1966 年　大阪大学工学部構築工学科卒業
1968 年　大阪大学大学院工学研究科構築工学専攻修了
1971 年　大阪大学大学院工学研究科構築工学専攻・単位取得退学
1971 年　大阪大学工学部土木工学科助手
1977 年　大阪大学工学部土木工学科講師
1985 年　大阪大学工学部土木工学科助教授
1985 年　工学博士（大阪大学）
1991 年　大阪大学工学部土木工学科教授
1998 年　大阪大学大学院工学研究科土木工学専攻教授
2006 年　大阪大学定年退職
2006 年　大阪大学名誉教授
2006 年　大阪工業大学・八幡工学実験場構造実験センター教授
　　　　　現在に至る

受賞歴
昭和 61 年度土木学会田中賞（論文部門）
専　門
橋梁工学，コンクリート工学，維持管理工学
所属学会
土木学会，日本コンクリート工学協会，国際構造工学会（IABSE），
国際合成構造協会（ASCCS），溶接学会
委員会活動
土木学会・鋼構造委員会鋼橋床版の調査研究小委員会顧問，同・複合構造研
究小委員会顧問，国土交通省近畿地方整備局・道路防災ドクター，橋梁ド
クター，(財) 高速道路技術センター・調査研究委員会委員長，阪神高速道
路(株)・技術審議会委員，関西道路研究会・劣化診断小委員会委員長，建
設コンサルタンツ協会近畿支部・橋梁維持管理研究委員会会長，日本溶接
協会・溶接検定委員会委員

道路橋床版　　　　　　　　　　　　　　　　　　　© 松井繁之　2007

2007 年 10 月 2 日　第 1 版第 1 刷発行　　【本書の無断転載を禁ず】
2012 年 2 月 29 日　第 1 版第 2 刷発行

編　著　者　松井繁之
発　行　者　森北博巳
発　行　所　森北出版株式会社
　　　　　　東京都千代田区富士見 1-4-11（〒 102-0071）
　　　　　　電話 03-3265-8341／FAX 03-3264-8709
　　　　　　http://www.morikita.co.jp/
　　　　　　日本書籍出版協会・自然科学書協会・工学書協会　会員
　　　　　　JCOPY ＜(社) 出版者著作権管理機構 委託出版物＞

落丁・乱丁本はお取替えいたします　　印刷／エーヴィスシステムズ・製本／協栄製本

Printed in Japan ／ ISBN978-4-627-48551-8

道路橋床版　**POD 版**　　　　　　　©松井繁之 *2007*

2019 年 8 月 20 日　　発行　　　【本書の無断転載を禁ず】

編 著 者　松井繁之

発 行 者　森北博巳

発 行 所　森北出版株式会社
　　　　　東京都千代田区富士見 1·4·11（〒102·0071）
　　　　　電話 03·3265·8341／FAX 03·3264·8709
　　　　　https://www.morikita.co.jp/

印刷・製本　大日本印刷株式会社

ISBN978·4·627·48559·4／Printed in Japan

|JCOPY|＜(一社)出版者著作権管理機構　委託出版物＞